全国高职高专建筑类专业规划教材

工程造价控制与管理

主　编　赵富田　厉　莎
副主编　张　昊　何宗花
　　　　孟祥礼　胡　凯
主　审　张碧莹

黄河水利出版社
·郑州·

内 容 提 要

本书为全国高职高专建筑类专业规划教材，是根据教育部对高职高专教育的教学基本要求及全国水利水电高职教研会制定的工程造价控制与管理课程教学大纲编写完成的，是职业教育工程造价管理类专业教学用书。本书共分八章，主要内容包括工程造价构成，工程定额，建设项目决策、设计、招标投标、施工、竣工阶段的工程造价控制及国外工程造价控制与管理。为了便于学生巩固所学知识，提高分析与解决问题的能力，每个单元均附有思考题与习题。

本书可作为高等职业技术学院和高等专科学校工程造价管理类专业的教材，也可作为中等专业学校相应专业的师生及工程技术人员的参考资料，还可作为学员参加全国注册造价工程师考试的参考资料。

图书在版编目(CIP)数据

工程造价控制与管理/赵富田，厉莎主编．—郑州：黄河水利出版社，2010.8 （2015.1 重印）
全国高职高专建筑类专业规划教材
ISBN 978-7-80734-843-6

Ⅰ.①工… Ⅱ.①赵…②厉… Ⅲ.①建筑造价管理-高等学校：技术学校-教材 Ⅳ.①TU723.3

中国版本图书馆 CIP 数据核字(2010)第 135474 号

组稿编辑：王路平 电话：0371-66022212 E-mail：hhslwlp@163.com
简 群 66026749 w_jq001@163.com

出 版 社：黄河水利出版社
地址：河南省郑州市顺河路黄委会综合楼 14 层 邮政编码：450003
发行单位：黄河水利出版社
发行部电话：0371-66026940、66020550、66028024、66022620(传真)
E-mail：hhslcbs@126.com
承印单位：黄河水利委员会印刷厂
开本：787 mm×1 092 mm 1/16
印张：18
字数：420 千字 印数：8 001—11 000
版次：2010 年 8 月第 1 版 印次：2015 年 1 月第 3 次印刷

定价：32.00 元

前　言

本书是根据《教育部、财政部关于实施国家示范性高等职业院校建设计划，加快高等职业教育改革与发展的意见》（教高[2006]14号）、《教育部关于全面提高高等职业教育教学质量的若干意见》（教高[2006]16号）等文件精神，由全国水利水电高职教研会拟定的教材编写规划，在中国水利教育协会指导下，由全国水利水电高职教研会组织编写的建筑类专业规划教材。本套教材以学生能力培养为主线，具有鲜明的时代特点，体现出实用性、实践性、创新性的教材特色，是一套理论联系实际、教学面向生产的高职高专教育精品规划教材。

本书体现了职业教育的基本理念，符合职业教育课程教学的基本要求，具有先进性和教学适应性。本书既可以作为学历教学用书，也可以作为职业资格考试的参考书及培训教材。

本书是为贯彻落实《国务院关于大力推进职业教育改革与发展的决定》精神，适应建筑行业改革与高等职业教育发展的需要，结合建筑行业的相关政策文件而编写的。在编写过程中，本书依照最新的《全国注册造价工程师考试大纲》、《建设工程工程量清单计价规范》（GB 50500—2008）等，结合专业特点，按课程数学的基本要求，整合课程内容，便于学生以后深入学习。

本书编写人员及编写分工如下：山西电力职业技术学院赵富田（第一章、第七章第二节）、浙江同济科技职业学院厉莎（第二章）、长江工程职业技术学院胡凯（第三章）、广西水利电力职业技术学院李群乔（第四章）、北京农业职业学院张昊（第五章）、广东水利电力职业技术学院何宗花（第六章）、辽宁水利职业学院孟祥礼（第七章第一节）、杨凌职业技术学院申琳（第八章）。本书由赵富田、厉莎担任主编，张昊、何宗花、孟祥礼、胡凯担任副主编，内蒙古机电职业技术学院张碧莹担任主审。

高等职业技术教育起步较晚，教育改革有待进一步深入，高职教材如何适应建筑行业的发展和职业教育的发展，尚需进一步调查研究。因此，本书难免有不足和疏漏之处，敬请读者批评指正。

编　者

2010年4月

目录

第一章　工程造价构成

【学习目标】

1. 掌握工程造价的内容构成。
2. 熟悉设备购置费的计算方法。
3. 掌握建筑安装工程费用的计算内容与方法。
4. 了解工程建设其他费用的内容组成。
5. 掌握预备费及建设期贷款利息的计算方法。

【能力要求】

1. 具有计算工程造价各内容组成的初步能力。
2. 具有对工程造价构成管理的初步能力。

第一节　概　述

一、我国现行建设项目投资构成和工程造价的构成

建设项目投资是指在工程项目建设阶段所需要的全部费用的总和。生产性建设项目总投资包括建设投资、建设期利息和流动资金三部分,非生产性建设项目总投资包括建设投资和建设期利息两部分。其中,建设投资和建设期利息之和对应于固定资产投资,固定资产投资与建设项目的工程造价在量上相等。由于工程造价具有大额性、动态性、兼容性等特点,要有效管理工程造价,就必须按照一定的标准对工程造价的费用构成进行分解,一般可以按建设资金支出的性质、途径等方式来分解工程造价。工程造价基本构成包括用于购买工程项目所含各种设备的费用、用于建筑施工和安装施工所需支出的费用、用于委托工程勘察设计应支付的费用、用于购置土地所需的费用和用于建设单位自身进行项目筹建及项目管理所花费的费用等。总之,工程造价是按照确定的建设内容、建设规模、建设标准、功能要求和使用要求等将工程项目全部建成并验收合格交付使用所需的全部费用。

工程造价的主要构成部分是建设投资,国家发展和改革委员会、建设部已发布的《建设项目经济评价方法与参数》第三版(发改投资[2006]1325号)规定:建设投资包括工程费用、工程建设其他费用和预备费三部分。工程费用是指直接构成固定资产实体的各种费用,可以分为设备及工器具购置费用和建筑安装工程费用;工程建设其他费用是指根据国家有关规定应在投资中支付,并列入建设项目总造价或单项工程造价的费用;预备费是为了保证工程项目的顺利实施,避免在难以预料的情况下造成投资不足而预先安排的一笔费用。

建设项目总投资的具体构成内容如图1-1所示。

- 建设项目总投资
  - 固定资产投资——工程造价
    - 建设投资
      - 工程费用
        - 设备及工器具购置费用
        - 建筑安装工程费用
          - 直接费
          - 间接费
          - 利润
          - 税金
      - 工程建设其他费用
        - 固定资产其他费用
        - 无形资产费用
        - 其他资产费用
      - 预备费
        - 基本预备费
        - 涨价预备费
    - 建设期利息
  - 流动资产投资——流动资金

图 1-1　建设项目总投资的具体构成

二、世界银行工程造价的构成

1978 年,世界银行、国际咨询工程师联合会对项目的总建设成本(相当于我国的工程造价)作了统一规定,工程项目总建设成本包括项目直接建设成本、项目间接建设成本、应急费和建设成本上升费等。各部分内容详述如下。

(一)项目直接建设成本

项目直接建设成本包括以下内容:

(1)土地征购费。

(2)场外设施费用。如道路、码头、桥梁、机场、输电线路等设施费用。

(3)场地费用。指用于场地准备、厂区道路、铁路、围栏、场内设施等的建设费用。

(4)工艺设备费。指主要设备、辅助设备及零配件的购置费用,包括海运包装费用、交货港的离岸价,但不包括税金。

(5)设备安装费。指设备供应商的监理费用,本国劳务及工资费用,辅助材料、施工设备、消耗品和工具等费用,以及安装承包商的管理费和利润等。

(6)管道系统费用。指与系统的材料及劳务相关的全部费用。

(7)电气设备费。其内容与第(4)项类似。

(8)电气安装费。指设备供应商的监理费用,本国劳务与工资费用,辅助材料、电缆管道和工具费用,以及营造承包商的管理费和利润。

(9)仪器仪表费。指所有自动仪表、控制板、配线和辅助材料的费用以及供应商的监理费用、外国或本国劳务及工资费用、承包商的管理费和利润。

(10)机械的绝缘和油漆费。指与机械及管道的绝缘和油漆相关的全部费用。

(11)工艺建筑费。指原材料费、劳务费以及与基础、建筑结构、屋顶、内外装修、公共设施有关的全部费用。

(12)服务性建筑费用。其内容与第(11)项相似。

(13)工厂普通公共设施费。包括材料费和劳务费以及与供水、燃料供应、通风、蒸汽发生及分配、下水道、污物处理等公共设施有关的费用。

(14)车辆费。指工艺操作必需的机动设备零件费用,包括海运包装费用以及交货港的离岸价,但不包括税金。

(15)其他当地费用。指那些不能归类于以上任何一个项目,不能计入项目间接成本,但在建设期间又是必不可少的当地费用。如临时设备、临时公共设施及场地的维持费,营地设施及其管理、建筑保险和债券、杂项开支等费用。

(二)项目间接建设成本

项目间接建设成本包括以下内容:

(1)项目管理费。

①总部人员的薪金和福利费,以及用于初步和详细工程设计、采购、时间和成本控制、行政及其他一般管理机构的费用。

②施工管理现场人员的薪金、福利费,以及用于施工现场监督、质量保证、现场采购、时间和成本控制、行政及其他施工管理机构的费用。

③零星杂项费用,如返工、旅行、生活津贴、业务支出等。

④各种酬金。

(2)开工试车费。指工厂投料试车必需的劳务和材料费用。

(3)业主的行政性费用。指业主的项目管理人员费用及支出。

(4)生产前费用。指前期研究、勘测、建矿、采矿等费用。

(5)运费和保险费。指海运、国内运输、许可证及佣金、海洋保险、综合保险等费用。

(6)地方税。指地方关税、地方税及对特殊项目征收的税金。

(三)应急费

应急费包括以下内容:

(1)未明确项目的准备金。此项准备金用于在估算时不可能明确的潜在项目,包括那些在做成本估算时因为缺乏完整、准确和详细的资料而不能完全预见和不能注明的项目,并且这些项目是必须完成的,或它们的费用是必定要发生的。在每一个组成部分中均单独以一定的百分比确定,并作为估算的一个项目单独列出。此项准备金不是为了支付工作范围以外可能增加的项目,不是用以应付天灾、非正常经济情况及罢工等情况,也不是用来补偿估算的任何误差,而是用来支付那些极有可能发生的费用。因此,它是估算不可缺少的一个组成部分。

(2)不可预见准备金。此项准备金(在未明确项目的准备金之外)用于在估算达到了一定的完整性并符合技术标准的基础上,由于物质、社会和经济的变化,导致估算增加的情况。此种情况可能发生,也可能不发生。因此,不可预见准备金只是一种储备,可能不动用。

(四)建设成本上升费

通常,估算中使用的构成工资率、材料和设备价格基础的截止日期就是估算日期,必须对该日期或已知成本基础进行调整,以补偿直至工程结束时的未知价格增长。工程的各个主要组成部分(国内劳务和相关成本、本国材料、外国材料、本国设备、外国设备、项目管理机构)的细目划分确定以后,便可确定每一个主要组成部分的增长率。这个增长率是一项判断因素,它以已发表的国内和国际成本指数、公司记录等为依据,并与实际供应商进行核对，然后根据确定的增长率和从工程进度表中获得的各主要组成部分的中点值，计算出每项主要组成部分的成本上升值。

第二节　设备及工器具购置费用的构成

设备及工器具购置费用是由设备购置费和工器具及生产家具购置费组成的，它是固定资产投资中的积极部分。在生产性工程建设中，设备及工器具购置费用占工程造价比重的增大，意味着生产技术的进步和资本有机构成的提高。

一、设备购置费的构成及计算

设备购置费是指为建设项目购置或自制的达到固定资产标准的各种国产或进口设备、工器具的购置费用。它由设备原价和设备运杂费构成，用公式表示为

$$设备购置费 = 设备原价 + 设备运杂费 \tag{1-1}$$

式中：设备原价指国产设备或进口设备的原价；设备运杂费指除设备原价外的关于设备采购、运输、途中包装及仓库保管等方面支出费用的总和。

（一）国产设备原价的构成及计算

国产设备原价一般指的是设备制造厂的交货价或订货合同价。它一般根据生产厂或供应商的询价、报价、合同价确定，或采用一定的方法计算确定。国产设备原价分为国产标准设备原价和国产非标准设备原价。

1. 国产标准设备原价

国产标准设备是指按照主管部门颁布的标准图纸和技术要求，由我国设备生产厂批量生产的、符合国家质量检测标准的设备。国产标准设备原价有两种，即带有备件的原价和不带备件的原价。在计算时，一般采用带有备件的原价。国产标准设备一般有完善的设备交易市场，因此可以通过查询相关交易市场价格或向设备生产厂家询价得到国产标准设备原价。

2. 国产非标准设备原价

国产非标准设备是指国家尚无定型标准，各设备生产厂不可能在工艺过程中采用批量生产，只能按订货要求并根据具体的设计图纸制造的设备。国产非标准设备由于单件生产、无定型标准，所以无法获取市场交易价格，只能按其成本构成或相关技术参数估算其价格。国产非标准设备原价有多种不同的计算方法，如成本计算估价法、系列设备插入估价法、分部组合估价法、定额估价法等。但无论采用哪种方法都应该使国产非标准设备计价接近实际出厂价，并且计算方法要简便。成本计算估价法是一种比较常用的估算国产非标准设备原价的方法。按成本计算估价法，国产非标准设备的原价由以下各项组成：

（1）材料费。其计算公式为

$$材料费 = 材料净重 \times (1 + 加工损耗系数) \times 每吨材料综合价 \tag{1-2}$$

（2）加工费。包括生产工人工资和工资附加费、燃料动力费、设备折旧费、车间经费等。其计算公式为

$$加工费 = 设备总重(t) \times 设备每吨加工费 \tag{1-3}$$

(3)辅助材料费(简称辅材费)。包括焊条、焊丝、氧气、氮气、油漆、电石等费用。其计算公式为

$$辅助材料费 = 设备总重 \times 辅助材料费指标 \tag{1-4}$$

(4)专用工具费。按(1)~(3)项之和乘以一定百分比计算。

(5)废品损失费。按(1)~(4)项之和乘以一定百分比计算。

(6)外购配套件费。按设备设计图纸所列的外购配套件的名称、型号、规格、数量、质量,根据相应的价格加运杂费计算。

(7)包装费。按以上(1)~(6)项之和乘以一定百分比计算。

(8)利润。可按(1)~(5)项加第(7)项之和乘以一定利润率计算。

(9)税金。主要指增值税。其计算公式为

$$增值税 = 当期销项税额 - 进项税额 \tag{1-5}$$

$$当期销项税额 = 销售额 \times 适用增值税率(\%) \tag{1-6}$$

式中:销售额为(1)~(8)项之和。

(10)国产非标准设备设计费。按国家规定的设计费收费标准计算。

综上所述,单台国产非标准设备原价可用下面的公式表达

$$\begin{aligned}单台国产非标准设备原价 = &\{[(材料费 + 加工费 + 辅助材料费) \times (1 + 专用工具费率) \times (1 + 废品损失费率) + 外购配套件费] \times (1 + 包装费率) - 外购配套件费\} \times (1 + 利润率) + 销项税额 + 国产非标准设备设计费 + 外购配套件费\end{aligned} \tag{1-7}$$

【例1-1】 某工厂采购一台国产非标准设备,制造厂生产该台设备所用材料费20万元,加工费2万元,辅助材料费4 000元,制造厂为制造该设备,在材料采购过程中发生进项增值税额3.5万元。专用工具费率1.5%,废品损失费率10%,外购配套件费5万元,包装费率1%,利润率7%,适用增值税率为17%,国产非标准设备设计费2万元,求该国产非标准设备原价。

解:

专用工具费 = (20 + 2 + 0.4) × 1.5% = 0.336(万元)

废品损失费 = (20 + 2 + 0.4 + 0.336) × 10% = 2.274(万元)

包装费 = (22.4 + 0.336 + 2.274 + 5) × 1% = 0.3(万元)

利润 = (22.4 + 0.336 + 2.274 + 0.3) × 7% = 1.772(万元)

当期销项税额 = (22.4 + 0.336 + 2.274 + 5 + 0.3 + 1.772) × 17% = 5.454(万元)

单台国产非标准设备原价 = 22.4 + 0.336 + 2.274 + 0.3 + 1.772 + 5.454 + 2 + 5
= 39.536(万元)

(二)进口设备原价的构成及计算

进口设备原价是指进口设备的抵岸价,通常由进口设备到岸价(CIF)和进口从属费构成。进口设备到岸价,即抵达买方边境港口或边境车站的价格。在国际贸易中,交易双方所使用的交货类别不同,则交易价格的构成内容也有所差异。进口从属费包括银行财务费、外贸手续费、进口关税、消费税、进口环节增值税等,进口车辆还需缴纳车辆购置税。

1. 进口设备的交易价格

在国际贸易中，较广泛使用的交易价格术语有 FOB、CFR 和 CIF。

(1) FOB(free on board)，意为装运港船上交货，亦称为离岸价格。FOB 是指当货物在指定的装运港越过船舷时，卖方即完成交货义务。风险转移以在指定的装运港货物越过船舷时为分界点。费用划分与风险转移的分界点相一致。在 FOB 交货方式下，卖方的基本义务有：办理出口清关手续，自负风险和费用，领取出口许可证及其他官方文件；在约定的日期或期限内，在合同规定的装运港，按港口惯常的方式，把货物装上买方指定的船只，并及时通知买方；承担货物在装运港越过船舷之前的一切费用和风险；向买方提供商业发票和证明货物已交至船上的装运单据或具有同等效力的电子单证。买方的基本义务有：负责租船订舱，按时派船到合同约定的装运港接运货物，支付运费，并将船期、船名及装船地点及时通知卖方；负担货物在装运港越过船舷后的各种费用以及货物灭失或损坏的一切风险；负责获取进口许可证或其他官方文件，以及办理货物入境手续；受领卖方提供的各种单证，按合同规定支付货款。

(2) CFR(cost and freight)，意为成本加运费，或称之为运费在内价。CFR 是指在装运港货物越过船舷卖方即完成交货，卖方必须支付将货物运至指定目的港所需的费用，但交货后货物灭失或损坏的风险，以及由于各种事件造成的任何额外费用，却由卖方转移到买方。与 FOB 价格相比，CFR 的费用划分与风险转移的分界点是不一致的。在 CFR 交货方式下，卖方的基本义务有：提供合同规定的货物，负责订立运输合同并租船订舱，在合同规定的装运港和规定的期限内，将货物装上船并及时通知买方，支付运至目的港的运费；负责办理出口清关手续，提供出口许可证或其他官方批准的文件；承担货物在装运港越过船舷之前的一切费用和风险；按合同规定提供正式有效的运输单据、发票或具有同等效力的电子单证。买方的基本义务有：承担货物在装运港越过船舷以后的一切风险及运输途中因遭遇风险所引起的额外费用；在合同规定的目的港受领货物，办理进口清关手续，缴纳进口税；受领卖方提供的各种约定的单证，并按合同规定支付货款。

(3) CIF(cost insurance and freight)，意为成本加保险费、运费，习惯称到岸价格。在 CIF 交货方式下，卖方除负有与 CFR 相同的义务外，还应办理货物在运输途中最低险别的海运保险，并应支付保险费。若买方需要更高的保险险别，则需要与卖方明确地达成协议，或者自行做出额外的保险安排。除保险这项义务外，买方的义务与 CFR 的相同。

2. 进口设备到岸价的构成及计算

进口设备到岸价的构成用公式表示为

$$\begin{aligned}\text{进口设备到岸价(CIF)} &= \text{离岸价格(FOB)} + \text{国际运费} + \text{运输保险费} \\ &= \text{运费在内价(CFR)} + \text{运输保险费}\end{aligned} \tag{1-8}$$

(1) 货价。一般指装运港船上交货价(FOB)。设备货价分为原币货价和人民币货价，原币货价一律折算为美元表示，人民币货价按原币货价乘以外汇市场美元兑换人民币汇率中间价确定。进口设备货价按有关生产厂商询价、报价、订货合同价计算。

(2) 国际运费。即从装运港(站)到达我国目的港(站)的运费。我国进口设备大部分采用海洋运输，小部分采用铁路运输，个别采用航空运输。进口设备国际运费计算公式为

$$\text{国际运费(海、陆、空)} = \text{原币货价(FOB)} \times \text{运费率(\%)} \tag{1-9}$$

$$国际运费(海、陆、空) = 单位运价 \times 运量 \tag{1-10}$$

式中:运费率或单位运价参照有关部门或进出口公司的规定执行。

(3)运输保险费。对外贸易货物运输保险是由保险人(保险公司)与被保险人(出口人或进口人)订立保险契约,在被保险人交付议定的保险费后,保险人根据保险契约的规定对货物在运输过程中发生的承保责任范围内的损失给予经济上的补偿。这是一种财产保险,计算公式为

$$运输保险费 = \frac{原币货价(FOB) + 国际运费}{1 - 保险费率(\%)} \times 保险费率(\%) \tag{1-11}$$

式中:保险费率按保险公司规定的进口货物保险费率计算。

3. 进口从属费的构成及计算

进口从属费的构成用公式表示为

$$\begin{aligned}进口从属费 = {} & 银行财务费 + 外贸手续费 + 关税 + 消费税 + \\ & 进口环节增值税 + 车辆购置税\end{aligned} \tag{1-12}$$

(1)银行财务费。一般是指在国际贸易结算中,中国银行为进出口商提供金融结算服务所收取的费用,可按下式简化计算

$$银行财务费 = 离岸价格(FOB) \times 人民币外汇汇率 \times 银行财务费率(\%) \tag{1-13}$$

(2)外贸手续费。指按对外经济贸易部规定的外贸手续费率计取的费用,外贸手续费率一般取1.5%。其计算公式为

$$外贸手续费 = 到岸价格(CIF) \times 人民币外汇汇率 \times 外贸手续费率(\%) \tag{1-14}$$

(3)关税。由海关对进出国境或关境的货物和物品征收的一种税。其计算公式为

$$关税 = 到岸价格(CIF) \times 人民币外汇汇率 \times 进口关税税率(\%) \tag{1-15}$$

到岸价格作为关税的计征基数时,通常又可称为关税完税价格。进口关税税率分为优惠和普通两种。优惠税率适用于与我国签订关税互惠条款的贸易条约或协定的国家的进口设备,普通税率适用于未与我国签订关税互惠条款的贸易条约或协定的国家的进口设备。进口关税税率按我国海关总署发布的进口关税税率计算。

(4)消费税。仅对部分进口设备(如轿车、摩托车等)征收,一般计算公式为

$$消费税 = \frac{到岸价格(CIF) \times 人民币外汇汇率 + 关税}{1 - 消费税税率(\%)} \times 消费税税率(\%) \tag{1-16}$$

式中:消费税税率根据规定的税率计算。

(5)进口环节增值税。是对从事进口贸易的单位和个人,在进口商品报关进口后征收的税种。我国增值税条例规定,进口应税产品均按组成计税价格和增值税税率直接计算应纳税额,即

$$进口环节增值税 = 组成计税价格 \times 增值税税率(\%) \tag{1-17}$$

$$组成计税价格 = 关税完税价格 + 关税 + 消费税 \tag{1-18}$$

式中:增值税税率根据规定的税率计算。

(6)车辆购置税。进口车辆需缴纳进口车辆购置税。其公式为

$$车辆购置税 = (关税完税价格 + 关税 + 消费税) \times 车辆购置税率(\%) \tag{1-19}$$

【例1-2】 从某国进口设备,质量1 000 t,装运港船上交货价为400万美元,工程建设

项目位于国内某省会城市。如果国际运费标准为300美元/t，海上运输保险费率为0.3%，银行财务费率为5%，外贸手续费率为1.5%，进口关税税率为22%，增值税税率为17%，消费税税率为10%，银行外汇牌价为1美元=6.8元人民币，试对该设备的原价进行估算。

解：

进口设备FOB $=400\times6.8=2\ 720$（万元）

国际运费 $=300\times1\ 000\times6.8=204$（万元）

海上运输保险费 $=\dfrac{2\ 720+204}{1-0.3\%}\times0.3\%=8.80$（万元）

CIF $=2\ 720+204+8.80=2\ 932.8$（万元）

银行财务费 $=2\ 720\times5\%=136$（万元）

外贸手续费 $=2\ 932.8\times1.5\%=43.99$（万元）

关税 $=2\ 932.8\times22\%=645.22$（万元）

消费税 $=\dfrac{2\ 932.8+645.22}{1-10\%}\times10\%=397.56$（万元）

进口环节增值税 $=(2\ 932.8+645.22+397.56)\times17\%=675.85$（万元）

进口从属费 $=136+43.99+645.22+397.56+675.85=1\ 898.62$（万元）

进口设备原价 $=2\ 932.8+1\ 898.62=4\ 831.42$（万元）

（三）设备运杂费的构成及计算

1.设备运杂费的构成

设备运杂费通常由下列各项构成：

（1）运费和装卸费。国产设备由设备制造厂交货地点起至工地仓库（或施工组织设计指定的需要安装设备的堆放地点）所发生的运费和装卸费，进口设备则由我国到岸港口或边境车站起至工地仓库（或施工组织设计指定的需要安装设备的堆放地点）所发生的运费和装卸费。

（2）包装费。在设备原价中没有包含的为运输而进行的包装支出的各种费用。

（3）设备供销部门的手续费。按有关部门规定的统一费率计算。

（4）采购与仓库保管费。指采购、验收、保管和收发设备所发生的各种费用，包括设备采购人员、保管人员和管理人员的工资、工资附加费、办公费、差旅交通费，设备供应部门办公和仓库所占固定资产使用费、工具用具使用费、劳动保护费、检验试验费等。这些费用可按主管部门规定的采购与仓库保管费费率计算。

2.设备运杂费的计算

设备运杂费按设备原价乘以设备运杂费费率计算，其公式为

$$设备运杂费 = 设备原价 \times 设备运杂费费率(\%) \qquad (1\text{-}20)$$

式中：设备运杂费费率按各部门及省、市有关规定计取。

二、工器具及生产家具购置费的构成及计算

工器具及生产家具购置费是指新建或扩建项目初步设计规定的保证初期正常生产必须购置的没有达到固定资产标准的设备、仪器、工卡模具、器具、生产家具和备品备件等的

购置费用。一般以设备购置费为计算基数,按照部门或行业规定的工器具及生产家具费费率计算。其计算公式为

$$\text{工器具及生产家具购置费} = \text{设备购置费} \times \text{定额费率} \tag{1-21}$$

第三节　建筑安装工程费用构成

一、建筑安装工程费用内容及构成概述

(一)建筑安装工程费用内容

1. 建筑工程费用内容

(1)各类房屋建筑工程和列入房屋建筑工程预算的供水、供暖、卫生、通风、煤气等设备费用及其装设、油饰工程的费用,列入建筑工程预算的各种管道、电力、电信和电缆导线敷设工程的费用。

(2)设备基础、支柱、工作台、烟囱、水塔、水池、灰塔等建筑工程,以及各种炉窑的砌筑工程和金属结构工程的费用。

(3)为施工而进行的场地平整,工程和水文地质勘察,原有建筑物和障碍物的拆除及施工临时用水、电、气、路和完工后的场地清理,环境绿化、美化等工作的费用。

(4)矿井开凿、井巷延伸、露天矿剥离,石油、天然气钻井,修建铁路、公路、桥梁、水库、堤坝、灌渠及防洪等工程的费用。

2. 安装工程费用内容

(1)生产、动力、起重、运输、传动和医疗、试验等各种需要安装的机械设备的装配费用,与设备相连的工作台、梯子、栏杆等设施的工程费用,附属于被安装设备的管线敷设工程费用,以及被安装设备的绝缘、防腐、保温、油漆等工作的材料费和安装费。

(2)为测定安装工程质量,对单台设备进行单机试运转、对系统设备进行系统联动无负荷试运转工作的调试费。

(二)建筑安装工程费用构成

根据建设部、财政部《关于印发〈建筑安装工程费用项目组成〉的通知》(建标[2003]206号),我国现行建筑安装工程费用项目主要由四部分组成:直接费、间接费、利润和税金。其具体构成如图1-2所示。

- 建筑安装工程费用
  - 直接费
    - 直接工程费
    - 措施费
  - 间接费
    - 规费
    - 企业管理费
  - 利润
  - 税金

图1-2　建筑安装工程费用构成

二、直接费

建筑安装工程直接费由直接工程费和措施费组成。

(一)直接工程费

直接工程费是指施工过程中耗费的直接构成工程实体的各项费用,包括人工费、材料费、施工机械使用费。

1. 人工费

建筑安装工程费用中的人工费是指直接从事建筑安装工程施工作业的生产工人开支的各项费用。构成人工费的基本要素有两个,即人工工日消耗量和人工日工资单价。

(1)人工工日消耗量。是指在正常施工生产条件下,建筑安装产品(分部分项工程或结构构件)必须消耗的某种技术等级的人工工日数量。它由分项工程所综合的各个工序施工劳动定额包括的基本用工、其他用工两部分组成。

(2)相应等级的日工资单价包括生产工人基本工资、工资性补贴、生产工人辅助工资、职工福利费及生产工人劳动保护费。

人工费的基本计算公式为

$$\text{人工费} = \sum(\text{工日消耗量} \times \text{日工资单价}) \tag{1-22}$$

2. 材料费

建筑安装工程费用中的材料费是指施工过程中耗费的构成工程实体的原材料、辅助材料、构配件、零件、半成品的费用。构成材料费的基本要素是材料消耗量、材料基价和检验试验费。

(1)材料消耗量。是指在合理使用材料的条件下,建筑安装产品(分部分项工程或结构构件)必须消耗的一定品种规格的原材料、辅助材料、构配件、零件、半成品等的数量标准。它包括材料净用量和材料不可避免的损耗量。

(2)材料基价。是指材料在购买、运输、保管过程中形成的价格,其内容包括材料原价(或供应价格)、材料运杂费、运输损耗费、采购及保管费等。

(3)检验试验费。是指对建筑材料、构件和建筑安装物进行一般鉴定、检查所发生的费用,包括自设实验室进行试验所耗用的材料和化学药品等费用。其不包括新结构、新材料的试验费和建设单位对具有出厂合格证明的材料进行检验、对构件做破坏性试验及其他特殊要求检验试验的费用。

材料费的基本计算公式为

$$\text{材料费} = \sum(\text{材料消耗量} \times \text{材料基价}) + \text{检验试验费} \tag{1-23}$$

3. 施工机械使用费

建筑安装工程费中的施工机械使用费是指施工机械作业所发生的机械使用费及机械安拆费和场外运费。构成施工机械使用费的基本要素是施工机械台班消耗量和机械台班单价。

(1)施工机械台班消耗量。是指在正常施工条件下,建筑安装产品(分部分项工程或结构构件)必须消耗的某类某种型号施工机械的台班数量。

(2)机械台班单价。包括台班折旧费、台班大修理费、台班经常修理费、台班安拆费及场外运输费、台班人工费、台班燃料动力费、台班养路费及车船使用税。施工机械使用费的基本计算公式为

$$施工机械使用费 = \sum(施工机械台班消耗量 \times 机械台班单价) \tag{1-24}$$

有关人工工日单价、材料单价、机械台班单价的具体构成和计算将在第二章第三节重点阐述。

(二)措施费

措施费是指实际施工中必须发生的施工准备和施工过程中技术、生活、安全、环境保护等方面的非工程实体项目的费用。所谓非工程实体项目,是指其费用的发生和金额的大小与使用时间、施工方法或者两个以上工序相关,并且不形成最终的实体工程,如大型机械设备进出场及安拆、文明施工和安全防护、临时设施等。措施费项目的构成需考虑多种因素,除工程自身的因素外,还涉及水文、气象、环境、安全等因素。综合建设部、财政部《关于印发〈建筑安装工程费用项目组成〉的通知》(建标[2003]206 号)、《建设工程工程量清单计价规范》(GB 50500—2008)以及建设部《关于印发〈建筑工程安全防护、文明施工措施费用及使用管理规定〉的通知》(建办[2005]89 号)的规定,措施项目费可以归纳为以下几项。

1. 安全、文明施工费

安全、文明施工费全称是安全防护、文明施工措施费用,是指按照国家现行的建筑施工安全、施工现场环境与卫生标准和有关规定,购置和更新施工安全防护用具及设施、改善安全生产条件和作业环境所需要的费用。其具体内容见表 1-1。

表 1-1 建筑工程安全防护、文明施工措施项目主要内容

类别	项目名称	具体要求
文明施工与环境保护	安全警示标志牌	在易发生伤亡事故(或危险)处设置明显的、符合国家标准要求的安全警示标志牌
	现场围挡	(1)现场采用封闭围挡,高度不小于 1.8 m (2)围挡材料可采用彩色、定型钢板,砖、混凝土砌块等墙体
	五板一图	在进门处悬挂工程概况、管理人员名单及监督电话、安全生产、文明施工、消防保卫五板和施工现场总平面图
	企业标志	现场出入的大门应设有本企业标识或企业标识
	场容场貌	(1)道路畅通 (2)排水沟、排水设施通畅 (3)工地地面硬化处理 (4)绿化
	材料堆放	(1)材料、构件、料具等堆放时,悬挂有名称、品种、规格等标牌 (2)水泥和其他易飞扬细颗粒建筑材料应密闭存放或采取覆盖等措施 (3)易燃易爆和有毒有害物品分类存放
	现场防火	消防器材配置合理,符合消防要求
	垃圾清运	施工现场应设置密闭式垃圾站,施工垃圾、生活垃圾应分类存放,施工垃圾必须采用相应容器或管道运输

续表 1-1

类别	项目名称		具体要求
临时设施	现场办公生活设施		(1)施工现场办公、生活区与作业区分开设置,保持安全距离 (2)工地办公室、现场宿舍、食堂、厕所、饮水、休息场所符合卫生和安全要求
	施工现场临时用电	配电线路	(1)按照 TN - S 系统要求配备五芯电缆、四芯电缆和三芯电缆 (2)按要求架设临时用电线路的电杆、横担、瓷夹、瓷瓶等,或电缆埋地的地沟 (3)对靠近施工现场的外电线路,设置木质、塑料等绝缘体的防护设施
		配电箱开关箱	(1)按三级配电要求配备总配电箱、分配电箱、开关箱三类标准电箱。开关箱应符合一机、一箱、一闸、一漏,三类电箱中的各类电器应是合格品 (2)按两级保护的要求,选取符合容量要求和质量合格的总配电箱和开关箱中的漏电保护器
		接地保护装置	施工现场保护零线的重复接地应不少于 3 处
安全施工	临边洞口交叉高处作业防护	楼板、屋面、阳台等临边防护	用密目式安全立网全封闭,作业层另加两边防护栏杆和 18 cm高的踢脚板
		通道口防护	设防护棚,防护棚应为不小于 5 cm 厚的木板或两道相距 50 cm的竹笆,两侧应沿栏杆架用密目式安全网封闭
		预留洞口防护	用木板全封闭,短边超过 1.5 m 长的洞口,除封闭外四周还应设有防护栏杆
		电梯井口防护	设置定型化、工具化、标准化的防护门,在电梯井内每隔两层(不大于 10 m)设置一道安全平网
		楼梯边防护	设 1.2 m 高的定型化、工具化、标准化的防护栏杆,18 cm 高的踢脚板
		垂直方向交叉作业防护	设置防护隔离棚或其他设施
		高空作业防护	悬挂安全带的悬索或其他设施,操作平台,上下的梯子或其他形式的通道

建筑工程安全防护、文明施工措施费用是由《建筑安装工程费用项目组成》中措施费所含的环境保护费、文明施工费、安全施工费、临时设施费组成的。

1)环境保护费

环境保护费的计算方法为

$$\text{环境保护费} = \text{直接工程费} \times \text{环境保护费费率}(\%) \tag{1-25}$$

$$\text{环境保护费费率}(\%) = \frac{\text{本项费用年度平均支出}}{\text{全年建安产值} \times \text{直接工程费占总造价的比例}(\%)} \tag{1-26}$$

2)文明施工费

文明施工费的计算方法为

$$\text{文明施工费} = \text{直接工程费} \times \text{文明施工费费率}(\%) \tag{1-27}$$

$$文明施工费费率(\%) = \frac{本项费用年度平均支出}{全年建安产值 \times 直接工程费占总造价的比例(\%)} \tag{1-28}$$

3)安全施工费

安全施工费的计算方法为

$$安全施工费 = 直接工程费 \times 安全施工费费率(\%) \tag{1-29}$$

$$安全施工费费率(\%) = \frac{本项费用年度平均支出}{全年建安产值 \times 直接工程费占总造价的比例(\%)} \tag{1-30}$$

4)临时设施费

临时设施费的构成包括周转使用临建费、一次性使用临建费和其他临时设施所占比例。其计算公式为

$$临时设施费 = (周转使用临建费 + 一次性使用临建费) \times (1 + 其他临时设施所占比例(\%)) \tag{1-31}$$

(1)周转使用临建费的计算公式为

$$周转使用临建费 = \sum\left(\frac{临建面积 \times 每平方米造价}{使用年限 \times 365 \times 利用率(\%)} \times 工期(d)\right) + 一次性拆除费 \tag{1-32}$$

(2)一次性使用临建费的计算公式为

$$一次性使用临建费 = \sum[临建面积 \times 每平方米造价 \times (1 - 残值率(\%))] + 一次性拆除费 \tag{1-33}$$

(3)其他临时设施在临时设施费中所占比例,可由各地区造价管理部门依据典型施工企业的成本资料经分析后综合测定。

2. 夜间施工增加费

夜间施工增加费是指因夜间施工所发生的夜班补助、夜间施工降效、夜间施工照明设备摊销及照明用电等费用。

夜间施工增加费的计算公式为

$$夜间施工增加费 = \left(1 - \frac{合同工期}{定额工期}\right) \times \frac{直接工程费中的人工费合计}{平均日工资单价} \times 每工日夜间施工费开支 \tag{1-34}$$

3. 二次搬运费

二次搬运费是指因施工场地狭小等特殊情况而发生的二次搬运费用。

二次搬运费的计算公式为

$$二次搬运费 = 直接工程费 \times 二次搬运费费率(\%) \tag{1-35}$$

$$二次搬运费费率(\%) = \frac{年平均二次搬运费开支额}{全年建安产值 \times 直接工程费占总造价的比例(\%)} \tag{1-36}$$

4. 冬雨季施工增加费

冬雨季施工增加费是指在冬季、雨季施工期间,为了确保工程质量,采取保温、防雨

措施所增加的材料费、人工费和设施费用，以及因工效和机械作业效率降低所增加的费用。

冬雨季施工增加费的计算公式为

$$冬雨季施工增加费 = 直接工程费 \times 冬雨季施工增加费费率(\%) \tag{1-37}$$

$$冬雨季施工增加费费率(\%) = \frac{年平均冬雨季施工增加费开支额}{全年建安产值 \times 直接工程费占总造价的比例(\%)} \tag{1-38}$$

5. 大型机械设备进出场及安拆费

大型机械设备进出场及安拆费是指机械整体或分体自停放场地运至施工现场或由一个施工地点运至另一个施工地点，所发生的机械进出场运输和转移费用及机械在施工现场进行安装、拆卸所需的人工费、材料费、机械费、试运转费和安装所需的辅助设施的费用。

大型机械设备进出场及安拆费的计算公式为

$$大型机械设备进出场及安拆费 = \frac{一次进出场及安拆费 \times 年平均安拆次数}{年工作台班} \tag{1-39}$$

6. 施工排水费

施工排水费是指为确保工程在正常条件下施工，采取各种排水措施所发生的各种费用。

施工排水费的计算公式为

$$施工排水费 = \sum(排水机械台班费 \times 排水周期) + 排水使用材料费、人工费 \tag{1-40}$$

7. 施工降水费

施工降水费是指为确保工程在正常条件下施工采取各种降水措施所发生的各种费用。

施工降水费的计算公式为

$$施工降水费 = \sum(降水机械台班费 \times 降水周期) + 降水使用材料费、人工费 \tag{1-41}$$

8. 地上地下设施、建筑物的临时保护设施费

地上地下设施、建筑物的临时保护设施费是指为了保护施工现场的一些成品免受其他施工工序的破坏，而在施工现场搭设一些临时保护设施所发生的费用。这项费用一般都以直接工程费为取费依据，根据工程所在地工程造价管理机构测定的相应费率计算支出。

9. 已完工程及设备保护费

已完工程及设备保护费是指竣工验收前对已完工程及设备进行保护所需费用。

已完工程及设备保护费的计算公式为

$$已完工程及设备保护费 = 成品保护所需机械费 + 材料费 + 人工费 \tag{1-42}$$

10. 专业措施项目

根据《建设工程工程量清单计价规范》(GB 50500—2008)的规定，上述九项措施项目为各专业工程均可列的通用措施项目。此外，《建筑安装工程费用项目组成》中列示的混

凝土、钢筋混凝土模板及支架费被列为建筑工程的专业措施项目，脚手架费被列为建筑工程、装饰装修工程和市政工程的专业措施项目。

1）混凝土、钢筋混凝土模板及支架费

混凝土、钢筋混凝土模板及支架费是指混凝土施工过程中需要的各种钢模板、木模板、支架等的支、拆、运输费用及模板、支架的摊销（或租赁）费用。

混凝土、钢筋混凝土模板及支架分自有和租赁两种，采取不同的计算方法。

（1）自有模板及支架费的计算公式为

$$模板及支架费 = 模板摊销量 \times 模板价格 + 支、拆、运输费 \tag{1-43}$$

$$摊销量 = 一次使用量 \times (1 + 施工损耗) \times \left[\frac{1 + (周转次数 - 1) \times 补损率}{周转次数} - \frac{(1 - 补损率) \times 50\%}{周转次数}\right] \tag{1-44}$$

（2）租赁模板及支架费的计算公式为

$$租赁模板及支架费 = 模板使用量 \times 使用日期 \times 租赁价格 + 支、拆、运输费 \tag{1-45}$$

2）脚手架费

脚手架费是指施工需要的各种脚手架搭、拆、运输费用及脚手架的摊销（或租赁）费用。

脚手架同样分自有和租赁两种，采取不同的计算方法。

（1）自有脚手架费的计算公式为

$$脚手架搭拆费 = 脚手架摊销费 \times 脚手架价格 + 搭、拆、运输费 \tag{1-46}$$

$$脚手架摊销量 = \frac{单位一次使用量 \times (1 - 残值率)}{耐用期 \div 一次使用量} \tag{1-47}$$

（2）租赁脚手架费的计算公式为

$$租赁脚手架费 = 脚手架每日租金 \times 搭设周期 + 搭、拆、运输费 \tag{1-48}$$

三、间接费

建筑安装工程间接费是指虽不直接由施工工艺过程所引起，但与工程的总体条件有关的，建筑安装企业为组织施工和进行经营管理，以及间接为建筑安装生产服务的各项费用。

（一）间接费的组成

按现行规定，建筑安装工程间接费由规费和企业管理费组成。

1. 规费

规费是指政府和有关权力部门规定必须缴纳的费用，包括：

（1）工程排污费。是指施工现场按规定缴纳的工程排污费。

（2）社会保障费。包括：①养老保险费：是指企业按国家规定的标准为职工缴纳的基本养老保险费；②失业保险费：是指企业按国家规定的标准为职工缴纳的失业保险费；③医疗保险费：是指企业按国家规定的标准为职工缴纳的基本医疗保险费。

（3）住房公积金。是指企业按规定标准为职工缴纳的住房公积金。

(4)危险作业意外伤害保险。是指按照建筑法规定,企业为从事危险作业的建筑安装施工人员支付的意外伤害保险费。

2. 企业管理费

企业管理费是指建筑安装企业组织施工生产和经营管理所需费用,包括:

(1)管理人员工资。是指管理人员的基本工资、工资性补贴、职工福利费、劳动保护费等。

(2)办公费。是指企业管理办公用的文具、纸张、账表、印刷、邮电、书报、会议、水电、烧水和集体取暖(包括现场临时宿舍取暖)用煤等费用。

(3)差旅交通费。是指职工因公出差、调动工作的差旅费、住勤补助费,市内交通费和误餐补助费,职工探亲路费,劳动力招募费,职工离退休、退职一次性路费,工伤人员就医路费,工地转移费以及管理部门使用的交通工具的油料、燃料、养路费及牌照费。

(4)固定资产使用费。是指管理和试验部门及附属生产单位使用的属于固定资产的房屋、设备仪器等的折旧、大修、维修或租赁费。

(5)工具用具使用费。是指企业管理过程中使用的不属于固定资产的生产工具、器具、家具、交通工具和检验、试验、测绘、消防用具等的购置、维修和摊销费。

(6)劳动保险费。是指由企业支付离退休职工的易地安家补助费、职工退职金、6个月以上的病假人员工资、职工死亡丧葬补助费、抚恤费、按规定支付给离休干部的各项经费。

(7)工会经费。是指企业按职工工资总额计提的工会经费。

(8)职工教育经费。是指企业为职工学习先进技术和提高文化水平,按职工工资总额计提的费用。

(9)财产保险费。是指施工管理用财产、车辆保险。

(10)财务费。是指企业为筹集资金而发生的各种费用。

(11)税金。是指企业按规定缴纳的房产税、车船使用税、土地使用税、印花税等。

(12)其他。包括技术转让费、技术开发费、业务招待费、绿化费、广告费、公证费、法律顾问费、审计费、咨询费等。

(二)间接费的计算方法

间接费的计算公式为

$$间接费 = 取费基数 \times 间接费费率(\%) \tag{1-49}$$

间接费的取费基数有三种,分别是以直接费为计算基础、以人工费和机械费合计为计算基础,以及以人工费为计算基础。

$$间接费费率(\%) = 规费费率(\%) + 企业管理费费率(\%) \tag{1-50}$$

在不同的取费基数下,规费费率和企业管理费费率计算方法均不相同。

1. 以直接费为计算基础

(1)规费费率按下式计算

$$规费费率(\%) = \frac{\sum(规费缴纳标准 \times 每万元发承包价计算基数)}{每万元发承包价中的人工费含量} \times 人工费占直接费的比例(\%) \tag{1-51}$$

(2)企业管理费费率按下式计算

$$\text{企业管理费费率}(\%) = \frac{\text{生产工人年平均管理费}}{\text{年有效施工天数} \times \text{人工单价}} \times \text{人工费占直接费比例}(\%) \tag{1-52}$$

2. 以人工费和机械费合计为计算基础

(1)规费费率按下式计算

$$\text{规费费率}(\%) = \frac{\sum(\text{规费缴纳标准} \times \text{每万元发承包价计算基数})}{\text{每万元发承包价中的人工费含量和机械费含量}} \times 100\% \tag{1-53}$$

(2)企业管理费费率按下式计算

$$\text{企业管理费费率}(\%) = \frac{\text{生产工人年平均管理费}}{\text{年有效施工天数} \times (\text{人工单价} + \text{每一工日机械使用费})} \times 100\% \tag{1-54}$$

3. 以人工费为计算基础

(1)规费费率按下式计算

$$\text{规费费率}(\%) = \frac{\sum(\text{规费缴纳标准} \times \text{每万元发承包价计算基数})}{\text{每万元发承包价中的人工费含量}} \times 100\% \tag{1-55}$$

(2)企业管理费费率按下式计算

$$\text{企业管理费费率}(\%) = \frac{\text{生产工人年平均管理费}}{\text{年有效施工天数} \times \text{人工单价}} \times 100\% \tag{1-56}$$

四、利润和税金

建筑安装工程费用中的利润和税金是建筑安装企业职工为社会劳动所创造的那部分价值在建筑安装工程造价中的体现。

(一)利润

利润是指施工企业完成所承包工程获得的盈利。利润的计算同样因计算基础的不同而不同。

(1)以直接费为计算基础时利润的计算公式为

$$\text{利润} = (\text{直接费} + \text{间接费}) \times \text{相应利润率}(\%) \tag{1-57}$$

(2)以人工费和机械费合计为计算基础时利润的计算公式为

$$\text{利润} = \text{直接费中的人工费和机械费合计} \times \text{相应利润率}(\%) \tag{1-58}$$

(3)以人工费为计算基础时利润的计算公式为

$$\text{利润} = \text{直接费中的人工费合计} \times \text{相应利润率}(\%) \tag{1-59}$$

在建筑产品的市场定价过程中,应根据市场的竞争状况适当确定利润水平。取定的利润水平过高可能会导致丧失一定的市场机会,取定的利润水平过低又会面临很大的市场风险。相对于相对固定的成本水平来说,利润率的选定体现了企业的定价政策,利润率的确定是否合理也反映出企业的市场成熟度。

(二)税金

建筑安装工程税金是指国家税法规定的应计入建筑安装工程费用的营业税、城市维护建设税及教育费附加。

1. 营业税

营业税按计税营业额乘以营业税税率确定。其中，建筑安装企业营业税税率为3%，其计算公式为

$$营业税 = 计税营业额 \times 3\% \tag{1-60}$$

计税营业额是含税营业额，指从事建筑、安装、修缮、装饰及其他工程作业收取的全部收入，包括建筑、修缮、装饰工程所用原材料及其他物资和动力的价款。当安装的设备的价值作为安装工程产值时，亦包括所安装设备的价款。但建筑安装工程总承包方将工程分包或转包给他人的，其营业额中不包括付给分包方或转包方的价款。营业税的纳税地点为应税劳务的发生地。

2. 城市维护建设税

城市维护建设税是为筹集城市维护和建设资金，稳定和扩大城市、乡镇维护建设的资金来源，而对有经营收入的单位和个人征收的一种税。城市维护建设税按应纳营业税额乘以适用税率确定，计算公式为

$$城市维护建设税 = 应纳营业税额 \times 适用税率(\%) \tag{1-61}$$

城市维护建设税的纳税地点在市区的，其适用税率为营业税的7%；所在地为县镇的，其适用税率为营业税的5%；所在地为农村的，其适用税率为营业税的1%。城市维护建设税的纳税地点与营业税纳税地点相同。

3. 教育费附加

教育费附加按应纳营业税额乘以3%确定，计算公式为

$$教育费附加 = 应纳营业税额 \times 3\% \tag{1-62}$$

建筑安装企业的教育费附加要与其营业税同时缴纳。即使办有职工子弟学校的建筑安装企业，也应当先缴纳教育费附加，教育部门可根据企业的办学情况，酌情返还给办学单位，作为对办学经费的补助。

4. 税金的综合计算

在工程造价的计算过程中，三种税金通常一并计算。由于营业税的计税依据是含税营业额，城市维护建设税和教育费附加的计税依据是应纳营业税额，而在计算税金时，往往已知条件是税前造价，即直接费、间接费、利润之和。因此，税金的计算往往需要将税前造价先转化为含税营业额，再按相应的公式计算缴纳税金。

第四节　工程建设其他费用组成

工程建设其他费用是指建设项目的建设投资中开支的、为保证工程建设顺利完成和交付使用后能够正常发挥效用而发生的固定资产其他费用、无形资产费用和其他资产费用。

一、固定资产其他费用

固定资产其他费用是固定资产费用的一部分。固定资产费用是指项目投产时将直接形成固定资产的建设投资，包括已在本章第二节与第三节中详细介绍的工程费用以及在

工程建设其他费用中按规定将形成固定资产的费用,后者被称为固定资产其他费用。

(一)建设管理费

建设管理费是指建设单位从项目筹建开始直至工程竣工验收合格或交付使用发生的项目建设管理费用。

1.建设管理费的内容

(1)建设单位管理费。是指建设单位发生的管理性质的开支。其包括工作人员工资、工资性补贴、施工现场津贴、职工福利费、住房基金、基本养老保险费、基本医疗保险费、失业保险费、办公费、差旅交通费、劳动保护费、工具用具使用费、固定资产使用费、必要的办公及生活用品购置费、必要的通信设备及交通工具购置费、零星固定资产购置费、招募生产工人费、技术图书资料费、业务招待费、设计审查费、工程招标费、合同契约公证费、法律顾问费、咨询费、完工清理费、竣工验收费、印花税和其他管理性质开支。

(2)工程监理费。是指建设单位委托工程监理单位实施工程监理的费用。此项费用应按国家发展和改革委员会、建设部《关于印发〈建设工程监理与相关服务收费管理规定〉的通知》(发改价格[2007]670号)计算。依法必须实行监理的建设工程施工阶段的监理收费实行政府指导价,具他建设工程施工阶段的监理收费和其他阶段的监理与相关服务收费实行市场调节价。

2.建设单位管理费的计算

建设单位管理费按照工程费用之和(包括设备及工器具购置费用和建筑安装工程费用)乘以建设单位管理费费率计算。

$$建设单位管理费 = 工程费用之和 \times 建设单位管理费费率 \quad (1\text{-}63)$$

建设单位管理费费率按照建设项目的不同性质、不同规模确定。有的建设项目按照建设工期和规定的金额计算建设单位管理费。若采用监理,建设单位部分管理工作量转移至监理单位。监理费应根据委托的监理工作范围和监理深度在监理合同中商定或按当地或所属行业部门有关规定计算。若建设单位采用工程总承包方式,其总承包管理费由建设单位与总承包单位根据总承包工作范围在合同中规定,从建设管理费中支出。

(二)建设用地费

任何一个建设项目都固定于一定地点与地面相连接,必须占用一定量的土地,也就必然要发生为获得建设用地而支付的费用,这就是土地使用费。它是指通过划拨方式取得土地使用权而支付的土地征用及迁移补偿费,或者通过土地使用权出让方式取得使用权而支付的土地使用权出让金。

1.土地征用及迁移补偿费

土地征用及迁移补偿费是指建设项目通过划拨方式取得无限期的土地使用权,依照《中华人民共和国土地管理法》等规定所支付的费用。其总和一般不得超过被征用土地年产值的30倍,土地年产值则按该地被征用前3年的平均产量和国家规定的价格计算。其内容包括以下几方面:

(1)土地补偿费。征用耕地(包括菜地)的补偿标准,按政府规定,为该耕地被征用前3年平均年产值的6~10倍,具体补偿标准由省、自治区、直辖市人民政府在此范围内制定。征用园地、鱼塘、藕塘、宅基地、草原等的补偿标准,由省、自治区、直辖市人民政府参照征用耕地的土地补偿费制定。征收无收益的土地，不予补偿。土地补偿费归农村集体经济组织所有。

(2)青苗补偿费和被征用土地上的房屋、水井、树木等附着物补偿费。这些补偿费的标准由省、自治区、直辖市人民政府制定。征用城市郊区的菜地时，还应按照有关规定向国家缴纳新菜地开发建设基金。地上附着物及青苗补偿费归地上附着物及青苗的所有者所有。

(3)安置补助费。征用耕地、菜地的，其安置补助费按照需要安置的农业人口数量计算。每一个需要安置的农业人口的安置补助费标准，为该耕地被征用前3年平均年产值的4~6倍。但是，每公顷被征用耕地的安置补助费必须专款专用，为该耕地被征用前三年平均年产值的15倍。需要安置的人员由农村集体经济组织安置的，安置补助费支付给农村集体经济组织，由农村集体经济组织管理和使用；由其他单位安置的，安置补助费支付给安置单位；不需要统一安置的，安置补助费发放给被安置人员个人或者征得被安置人员同意后用于支付被安置人员的保险费用。市、县和乡(镇)人民政府应当加强对安置补助费使用情况的监督。

(4)缴纳的耕地占用税或城镇土地使用税、土地登记费及征地管理费等。市、县土地管理机关从征地费中提取土地管理费的比率，按征地工作量大小，视不同情况，在1%~4%幅度内提取。

(5)征地动迁费。包括征用土地上的房屋及附属构筑物、城市公共设施等拆除、迁建补偿费，搬迁运输费，企业单位因搬迁造成的减产、停工损失补贴费，拆迁管理费等。

(6)水利水电工程水库淹没处理补偿费。包括农村移民安置迁建费，城市迁建补偿费，库区工矿企业、交通、电力、通信、广播、管网、水利等的恢复、迁建补偿费，库底清理费，防护工程费，环境影响补偿费用等。

2. 土地使用权出让金

土地使用权出让金指建设项目通过土地使用权出让方式，取得有限期的土地使用权，依照《中华人民共和国城镇国有土地使用权出让和转让暂行条例》规定支付的土地使用权出让金。

(1)明确国家是城市土地的唯一所有者，并分层次、有偿、有限期地出让和转让城市土地。第一层次是城市政府将国有土地使用权出让给用地者，该层次由城市政府垄断经营。出让对象可以是有法人资格的企事业单位，也可以是外商。第二层次及以下层次的转让则发生在使用者之间。

(2)城市土地的出让和转让可采用协议、招标、公开拍卖等方式。

①协议方式是由用地单位申请，经市政府批准同意后双方洽谈具体地块及地价。该方式适用于市政工程、公益事业用地以及需要减免地价的机关、部队用地和需要重点扶持的、优先发展的产业用地。

②招标方式是在规定的期限内，由用地单位以书面形式投标，市政府根据投标报价、所提供的规划方案以及企业信誉综合考虑，择优而取。该方式适用于一般工程建设用地。

③公开拍卖是指在指定的地点和时间，由申请用地者叫价应价，价高者得。这完全是由市场竞争决定的，适用于盈利高的行业用地。

(3)在有偿出让和转让土地时，政府对地价不作统一规定，但应坚持以下原则：

①地价对目前的投资环境不产生大的影响。

②地价与当地的社会经济承受能力相适应。

③地价要考虑已投入的土地开发费用、土地市场供求关系、土地用途和使用年限。

(4)关于政府有偿出让土地使用权的年限,各地可根据时间、区位等各种条件作不同的规定。根据《中华人民共和国城镇国有土地使用权出让和转让暂行条例》,土地使用权出让最高年限按下列用途确定:

①居住用地70年。

②工业用地50年。

③教育、科技、文化、卫生、体育用地50年。

④商业、旅游、娱乐用地40年。

⑤综合或者其他用地50年。

(5)土地有偿出让和转让,土地使用者和所有者要签约,明确使用者对土地享有的权利和对土地所有者应承担的义务。其主要内容如下:

①有偿转让和转让使用权,要向土地受让者征收契税。

②转让土地如有增值,要向转让者征收土地增值税。

③在土地转让期间,国家要区别不同地段、不同用途向土地使用者收取土地占用费。

(三)可行性研究费

可行性研究费是指在建设项目前期工作中,编制和评估项目建议书(或预可行性研究报告)、可行性研究报告所需的费用。此项费用应依据前期研究委托合同计划,或参照国家计委《关于印发〈建设项目前期工作咨询收费暂行规定〉的通知》(计价格[1999]1283号)的规定计算。

(四)研究试验费

研究试验费是指为建设项目提供和验证设计参数、数据、资料等所进行的必要的试验费用,以及设计规定在施工中必须进行试验、验证所需的费用。其包括自行或委托其他部门研究试验所需的人工费、材料费、试验设备及仪器使用费等。这项费用按照设计单位根据本工程项目的需要提出的研究试验内容和要求计算。在计算时要注意不应包括以下项目:

(1)应由科技三项费用(即新产品试制费、中间试验费和重要科学研究补助费)开支的项目。

(2)应在建筑安装费用中列支的施工企业对建筑材料、构件和建筑物进行一般鉴定、检查所发生的费用及技术革新的研究试验费。

(3)应由勘察设计费或工程费用中开支的项目。

(五)勘察设计费

勘察设计费是指委托勘察设计单位进行工程水文地质勘察、工程设计所发生的各项费用。其包括工程勘察费、初步设计费(基础设计费)、施工图设计费(详细设计费)、设计模型制作费。此项费用应按国家计委、建设部《关于发布〈工程勘察设计收费管理规定〉的通知》(计价格[2002]10号)的规定计算。

(六)环境影响评价费

环境影响评价费是指按照《中华人民共和国环境保护法》、《中华人民共和国环境影响评价法》等规定，为全面、详细地评价本建设项目对环境可能产生的污染或造成的重大影响所需的费用。其包括编制环境影响报告书（含大纲）、环境影响报告表进行评估等所需的费用。此项费用可参照国家计委、国家环保局《关于规范环境影响咨询收费有关问题的通知》（计价格[2002]125号）的规定计算。

（七）劳动安全卫生评价费

劳动安全卫生评价费是指按照劳动部《建设项目（工程）劳动安全卫生监察规定》和《建设项目（工程）劳动安全卫生预评价管理办法》的规定，为预测和分析建设项目存在的职业危险、危害因素的种类和危险危害程度，并提出先进、科学、合理、可行的劳动安全卫生技术和管理对策所需的费用。其包括编制建设项目劳动安全卫生预评价大纲和劳动安全卫生预评价报告书以及为编制上述文件所进行的工程分析和环境现状调查所需的费用。必须进行劳动安全卫生预评价的项目包括：

（1）属于国家计划委员会、国家基本建设委员会、财政部《关于基本建设项目和大中型划分标准的规定》中规定的大中型建设项目。

（2）属于《建筑设计防火规范》（GB 50016—2006）中规定的火灾危险性生产类别为甲类的建设项目。

（3）属于劳动部颁布的《爆炸危险场所安全规定》（劳部发[1995]56号）中规定的爆炸危险场所等级为特别危险场所和高度危险场所的建设项目。

（4）大量生产或使用《职业性接触毒物危害程度分级》（GB 5044—85）规定的Ⅰ级、Ⅱ级危害程度的职业性接触毒物的建设项目。

（5）大量生产或使用石棉粉料或含有10%以上的游离二氧化硅粉料的建设项目。

（6）其他由劳动行政部门确认的危险、危害因素大的建设项目。

（八）场地准备及临时设施费

1. 场地准备及临时设施费的内容

（1）建设项目场地准备费是指建设项目为达到工程开工条件进行的场地平整和对建设场地余留的有碍于施工建设的设施进行拆除清理的费用。

（2）建设单位临时设施费是指为满足施工建设需要而供到场地界区的、未列入工程费用的临时供水、电、路、气、通信等其他工程费用和建设单位的现场临时建（构）筑物的搭设、维修、拆除、摊销或建设期间租赁费用，以及施工期间专用公路或桥梁的加固、养护、维修等费用。

2. 场地准备及临时设施费的计算

（1）场地准备及临时设施应尽量与永久性工程统一考虑。建设场地的大型土石方工程应列入工程费用中的总图运输费用中。

（2）新建项目的场地准备及临时设施费应根据实际工程量估算，或按工程费用的比例计算。改扩建项目一般只计拆除清理费。

$$\text{场地准备及临时设施费} = \text{工程费用} \times \text{费率} + \text{拆除清理费} \tag{1-64}$$

（3）发生拆除清理费时可按新建同类工程造价或主材费、设备费的比例计算。凡可回收材料的拆除工程采用以料抵工方式冲抵拆除清理费。

（4）此项费用不包括已列入建筑安装工程费用中的施工单位临时设施费用。

（九）引进技术和引进设备其他费

引进技术和引进设备其他费包括以下内容：

(1)引进项目图纸资料翻译复制费、备品备件测绘费。可根据引进项目的具体情况计列或按引进货价（FOB）的比例估列，引进项目发生备品备件测绘费时按具体情况估列。

(2)出国人员费用。包括买方人员出国设计联络、出国考察、联合设计、监造、培训等所发生的生活费、旅费等。依据合同或协议规定的出国人次、期限以及相应的费用标准计算。生活费按照财政部、外交部规定的现行标准计算，旅费按中国民航公布的票价计算。

(3)来华人员费用。包括卖方来华工程技术人员的现场办公费用、往返现场交通费用、接待费用等。依据引进合同或协议有关条款及来华技术人员派遣计划进行计算。来华人员接待费用可按每人次费用指标计算。引进合同价款中已包括的费用内容不得重复计算。

(4)银行担保及承诺费。是指引进项目由国内外金融机构出面承担风险和责任担保所发生的费用，以及支付贷款机构的承诺费用。其应按担保或承诺协议计取。投资估算和概算编制时可以按担保金额或承诺金额为基数乘以费率计算。

（十）工程保险费

工程保险费是指建设项目在建设期间根据需要对建筑工程、安装工程、机器设备和人身安全进行投保而发生的保险费用。其包括建筑安装工程一切险、引进设备财产保险和人身意外伤害险等。

根据不同的工程类别，分别以其建筑、安装工程费乘以建筑、安装工程保险费率计算。民用建筑（住宅楼、综合性大楼、商场、旅馆、医院、学校）占建筑工程费的2‰～4‰，其他建筑（工业厂房、仓库、道路、码头、水坝、隧道、桥梁、管道等）占建筑工程费的3‰～6‰，安装工程（农业、工业、机械、电子、电器、纺织、矿山、石油、化学及钢铁工业、钢结构桥梁）占建筑工程费的3‰～6‰。

（十一）联合试运转费

联合试运转费是指新建项目或新增加生产能力的工程，在交付使用前按照批准的设计文件所规定的工程质量标准和技术要求，进行整个生产线或装置的负荷联合试运转或局部联动试车所发生的费用净支出（试运转支出大于收入的差额部分费用）。试运转支出包括试运转所需原材料、燃料及动力消耗、低值易耗品、其他物料消耗、工具用具使用费、机械使用费、保险金、施工单位参加试运转人员工资及专家指导费等，试运转收入包括试运转期间的产品销售收入和其他收入。联合试运转费不包括应由设备安装工程费用开支的调试及试车费用，以及在试运转中暴露出来的因施工原因或设备缺陷等发生的处理费用。

（十二）特殊设备安全监督检验费

特殊设备安全监督检验费是指在施工现场组装的锅炉及压力容器、压力管道、消防设备、燃气设备、电梯等特殊设备和设施，由安全监察部门按照有关安全监察条例和实施细则以及设计技术要求进行安全检验，应由建设项目支付的、向安全监察部门缴纳的费用。此项费用按照建设项目所在省（自治区、直辖市）安全监察部门的规定标准计算。无具体规定的，在编制投资估算和概算时可按受检设备现场安装费的比例估算。

（十三）市政公用设施费

市政公用设施费是指使用市政公用设施的建设项目，按照项目所在地省级人民政府有关规定建设或缴纳的市政公用设施建设配套费用，以及绿化工程补偿费用。此项费用按工程所在地人民政府规定标准计列。

二、无形资产费用

无形资产费用是指直接形成无形资产的建设投资，主要是指专利及专有技术使用费。

（一）专利及专有技术使用费的主要内容

（1）国外设计及技术资料费，引进有效专利、专有技术使用费和技术保密费。

（2）国内有效专利、专有技术使用费。

（3）商标权、商誉和特许经营权费等。

（二）专利及专有技术使用费的计算

在专利及专有技术使用费计算时应注意以下问题：

（1）按专利使用许可协议和专有技术使用合同的规定计列。

（2）专有技术的界定应以省、部级鉴定批准为依据。

（3）项目投资中只计需在建设期支付的专利及专有技术使用费。协议或合同规定在生产期支付的使用费应在生产成本中核算。

（4）一次性支付的商标权、商誉及特许经营权费按协议或合同规定计列。协议或合同规定在生产期支付的商标权或特许经营权应在生产成本中核算。

（5）为项目配套的专用设施投资，包括专用铁路线、专用公路、专用通信设施、送变电站、地下管道、专用码头等，如由项目建设单位负责投资但产权不归属本单位的，应作无形资产处理。

三、其他资产费用

其他资产费用是指建设投资中除形成固定资产和无形资产外的部分，主要包括生产准备及开办费等。

（一）生产准备及开办费的内容

生产准备及开办费是指建设项目为保证正常生产（或营业、使用）而发生的人员培训费、提前进厂费以及投产使用必备的生产办公、生活家具用具及工器具等购置费用。其包括以下几方面：

（1）人员培训费及提前进厂费。包括自行组织培训或委托其他单位培训的人员工资、工资性补贴、职工福利费、差旅交通费、劳动保护费、学习资料费等。

（2）为保证初期正常生产（或营业、使用）所必需的生产办公、生活家具用具购置费。

（3）为保证初期正常生产（或营业、使用）所必需的第一套不够固定资产标准的生产工具、器具、用具购置费，不包括备品备件费。

（二）生产准备及开办费的计算

（1）新建项目以设计定员为基数计算，改扩建项目以新增设计定员为基数计算。

$$生产准备费 = 设计定员 \times 生产准备费指标（元/人） \tag{1-65}$$

（2）可采用综合的生产准备费指标进行计算，也可以按费用内容的分类指标计算。

第五节　预备费和建设期贷款利息

一、预备费

按我国现行规定，预备费包括基本预备费和涨价预备费。

（一）基本预备费

1. 基本预备费的内容

基本预备费是指针对在项目实施过程中可能发生难以预料的支出，需要事先预留的费用，又称工程建设不可预见费。其主要指设计变更及施工过程中可能增加工程量的费用。基本预备费一般由以下三部分组成：

（1）在批准的初步设计范围内，技术设计、施工图设计及施工过程中所增加的工程费用，设计变更、工程变更、材料代用、局部地基处理等增加的费用。

（2）一般自然灾害造成的损失和预防自然灾害所采取的措施费用。实行工程保险的工程项目，该费用应适当降低。

（3）竣工验收时为鉴定工程质量对隐蔽工程进行必要的挖掘和修复费用。

2. 基本预备费的计算

基本预备费是按工程费用和工程建设其他费用二者之和为计取基础，乘以基本预备费费率进行计算。

$$基本预备费 = （工程费用 + 工程建设其他费用）\times 基本预备费费率 \quad (1\text{-}66)$$

式中：基本预备费费率的取值应执行国家及有关部门的规定。

（二）涨价预备费

1. 涨价预备费的内容

涨价预备费是指针对建设项目在建设期间由于材料、人工、设备等价格可能发生变化引起工程造价变化，而事先预留的费用，亦称为价格变动不可预见费。涨价预备费的内容包括人工、设备、材料、施工机械的价差费，建筑安装工程费用及工程建设其他费用调整，利率、汇率调整等增加的费用。

2. 涨价预备费的测算方法

涨价预备费一般根据国家规定的投资综合价格指数，以估算年份价格水平的投资额为基数，采用复利方法计算。其计算公式为

$$PF = \sum_{t=1}^{n} \{ I_t [(1+f)^m (1+f)^{0.5} (1+f)^{t-1} - 1] \} \quad (1\text{-}67)$$

式中　PF——涨价预备费；

n——建设期年份数；

I_t——建设期中第 t 年的投资计划额，包括工程费用、工程建设其他费用及基本预备费，即第 t 年的静态投资；

f——年均投资价格上涨率；

m——建设期前期年限（从编制估算到开工建设）。

二、建设期贷款利息

建设期贷款利息包括向国内银行和其他非银行金融机构贷款、出口信贷、外国政府贷款、国际商业银行贷款以及在境内外发行的债券等在建设期间应计的借款利息。当总贷款是分年均衡发放时,建设期利息的计算可按当年借款在年中支用考虑,即当年贷款按半年计息,上年贷款按全年计息。其计算公式为

$$q_j = \left(P_{j-1} + \frac{1}{2}A_j\right)i \tag{1-68}$$

式中 q_j——建设期第 j 年应计利息;

P_{j-1}——建设期第 $j-1$ 年年末累计贷款本金与利息之和;

A_j——建设期第 j 年贷款金额;

i——年利率。

国外贷款利息的计算中,还应包括国外贷款银行根据贷款协议向贷款方以年利率的方式收取的手续费、管理费、承诺费,以及国内代理机构经国家主管部门批准以年利率的方式向贷款单位收取的转贷费、担保费、管理费等。

思考题与习题

1. 我国建设项目的投资由哪些部分构成?

2. 工程造价与建设项目总投资在概念与内容上有什么区别?

3. 国产非标准设备的原价如何确定?

4. 分析进口设备原价的构成和计算方法。

5. 简述建筑安装工程费用的构成。

6. 简述建筑安装工程费用中措施费的构成。

7. 指出建筑安装工程费用中利润的三种计算方法。

8. 简述工程建设其他费用的组成。

9. 当用成本计算估价法计算国产非标准设备原价时,已知材料费为 50 万元,加工费为 20 万元,辅助材料费为 10 万元,专用工具费率为 5%,废品损失费率为 2%,外购配套件费为 15 万元,利润率为 8%,设计费为 5 万元,不考虑增值税,则该国产非标准设备的原价是多少?

10. 某进口设备,到岸价格(CIF)为 5 600 万元(人民币),关税税率为 21%,增值税税率为 17%,无消费税,则该进口设备应缴纳的增值税为多少?该进口设备的原价是多少(不考虑车辆购置附加费)?

11. 某建设项目,建设期为 2 年,第一年投资 6 500 万元,第二年投资 9 000 万元,年均投资价格上涨率为 8%,则建设项目建设期间的涨价预备费是多少?

12. 某新建项目,建设期为 3 年,分年均衡进行贷款,第一年贷款 500 万元,第二年贷款 800 万元,第三年贷款 600 万元,年利率为 6%,建设期内利息只计息不支付,则建设期贷款利息的总额是多少?

第二章　工程定额

【学习目标】

1. 介绍工程定额的概念、特点、作用及其分类。

2. 工程定额编制的原理及原则，以及施工定额、预算定额、概算定额与概算指标、估算指标等定额的概念、作用及消耗指标的确定。

3. 基础单价的内容和计算方法。

4. 工程单价的概念和分类。

5. 我国建筑工程现行计价模式的分类和编制。

【能力要求】

1. 理解工程定额的概念，掌握工作时间的分析内容，掌握施工定额、预算定额各种要素消耗量确定的方法。

2. 理解和掌握基础单价的确定内容和方法。

3. 正确理解综合单价、定额单价的概念和计算方法。

4. 掌握工程量清单计价的内容。

第一节　概　述

一、工程定额的概念

在生产过程中，为了完成某一单位合格产品，就要消耗一定的人工、材料、机具设备和资金。由于这些消耗受技术水平、组织管理水平及其他客观条件的影响，所以其消耗水平是不相同的。因此，为了统一考核其消耗水平，便于经营管理和经济核算，就需要有一个统一的平均消耗标准。

定额是指在一定的外部条件下，预先规定完成某项合格产品所需的要素（人力、物力、财力、时间等）的标准额度。它反映一定时期的社会生产力水平的高低。

定额水平是指规定消耗在单位合格产品上的劳动、机械和材料数量的多少，即在一定程序规定的施工生产中活劳动和物化劳动的消耗水平。它是一定时期社会生产力水平的反映。

工程定额是指在一定的技术组织条件、正常施工条件下，以及合理的劳动组织、合理地使用材料和机械的条件下，完成建设工程单位合格产品所必须消耗的各种资源的数量标准。

二、工程定额的特性和作用

（一）工程定额的特性

1. 科学性

工程定额的科学性包括两重含义：一重含义是指工程定额和生产力发展水平相适应，

反映出工程建设中生产消费的客观规律；另一重含义是指工程定额管理在理论、方法和手段上适应现代科学技术和信息社会发展的需要。

工程定额的科学性首先表现在用科学的态度制定定额，尊重客观实际，力求定额水平合理；其次表现在制定定额的技术方法上，利用现代科学管理的成就，形成一套系统的、完整的、在实践中行之有效的方法；再次表现在定额制定和贯彻的一体化，制定定额是为了提供贯彻的依据，贯彻是为了实现管理的目标，也是对定额的信息反馈。

2. 系统性

工程定额是相对独立的系统。它是由多种定额结合而成的有机整体，其结构复杂，层次鲜明，目标明确。

工程定额的系统性是由工程建设的特点决定的。按照系统论的观点，工程建设就是庞大的实体系统，工程定额是为这个实体系统服务的。因此，工程建设本身的多种类、多层次决定了以它为服务对象的工程定额的多种类、多层次。

3. 统一性

工程定额的统一性主要是由国家对经济发展的有计划的宏观调控职能决定的。为了使国民经济按照既定的目标发展，就需要借助于某些标准、定额、参数等，对工程建设进行规划、组织、调节、控制。

工程定额的统一性按照其影响力和执行范围来看，有全国统一定额、地区统一定额和行业统一定额等；按照定额的制定、颁布和贯彻使用来看，有统一的程序、统一的原则、统一的要求和统一的用途。

4. 指导性

随着我国建设市场的不断成熟和规范，工程定额尤其是统一定额原来具备的指令性特点逐渐弱化，转而成为对整个建设市场和具体建设产品交易的指导作用。

工程定额的指导性体现在两个方面：一方面，工程定额作为国家各地区和行业颁布的指导性依据，可以规范建设市场的交易行为，在具体的建设产品定价过程中也可以起到相应的参考性作用，同时统一定额还可以作为政府投资项目定价以及造价控制的重要依据；另一方面，在现行的工程量清单计价方式下，体现交易双方自主定价的特点，投标人报价的主要依据是企业定额，但企业定额的编制和完善仍然离不开统一定额的指导。

5. 稳定性与时效性

工程定额中的任何一种都是一定时期技术发展和管理水平的反映，因而在一段时间内都表现出稳定的状态。稳定的时间有长有短，一般为 5 ~ 10 年。保持定额的稳定性是维护定额的指导性所必需的，更是有效地贯彻定额所必要的。如果某种定额处于经常修改变动之中，那么必然造成执行中的困难和混乱，很容易导致定额指导作用的丧失。工程定额的不稳定也会给定额的编制工作带来极大的困难。

但是工程定额的稳定性是相对的，当生产力向前发展时，定额就会与生产力不相适应。这样，它原有的作用就会逐步减弱以至消失，需要重新编制或修订。

(二)工程定额的作用

(1)工程定额是建设工程计价的依据。在编制建设工程各个阶段的造价文件过程中，无论是划分工程项目，还是计算工程量，确定人工、材料、施工机械的消耗量，都可以以工程定额为标准。

(2)工程定额是施工企业实行科学管理的必要手段。施工企业在编制施工进度计划、施工作业计划、下达施工任务、组织调动资源、进行成本核算过程中,都可以以定额提供的人工、材料、施工机械台班消耗量为标准,进行科学合理的管理。

三、工程定额的分类

工程定额可以按照生产要素、编制程序和用途、投资的费用性质、编制单位和执行范围的不同进行分类。

(一)按生产要素分类

生产要素包括劳动者、劳动手段和劳动对象三部分。与其相对应的是劳动定额、机械台班使用定额和材料消耗定额。工程定额按生产要素分类是最基本的分类方法,它直接反映出生产某种质量合格的单位产品所必须具备的基本要素。因此,劳动定额、机械台班使用定额和材料消耗定额是施工定额、预算定额、概算定额等多种定额的最基本的组成部分。

(二)按编制程序和用途分类

工程定额按编制程序和用途分类,可分为施工定额、预算定额、概算定额和概算指标等。

(三)按投资的费用性质分类

按照投资的费用性质,可将建设工程定额分为建筑工程定额、设备安装工程定额、建筑安装工程费用定额、工器具定额以及工程建设其他费用定额等。

(四)按编制单位和执行范围分类

工程定额按编制单位和执行范围分类,可分为全国统一定额、行业统一定额、地区统一定额、企业定额和补充定额等。

第二节　工程定额的编制

一、工程定额的编制原理

劳动定额、机械台班使用定额和材料消耗定额是多种定额的最基本的组成部分,而工时研究、施工过程则是劳动定额、机械台班使用定额确定的基础。

(一)工时研究

劳动者在生产过程中的劳动消耗量体现在作业时间的消耗,为了分析研究劳动消耗量,必须对工人工作时间进行研究。研究作业时间的消耗及其性质是技术测定的基本步骤和内容,也是编制工日消耗定额的基础工作。工时研究是在一定的标准条件下,确定工人作业活动所需时间总量的一套程序和方法。

工时研究的直接结果和最主要的目的是制定出时间定额。施工过程的研究是工时研究的中心。

（二）施工过程研究

施工过程就是在建筑工地范围内所进行的生产过程。其最终目的就是完成建造、改建、扩建、修建建筑物或构筑物的全部和部分。

施工过程的分类有以下三种：

(1)按完成方法不同分类：手动、机动、机手并动。

(2)按劳动分工的特点不同分类：个人完成、工人班组完成和施工队完成。

(3)按组织上的复杂程度分类：工序、工作过程、综合工作过程。

①工序。工序是组织上分不开和技术上相同的施工过程。它的主要特征是工人班组、工作地点、施工工具和材料均不发生变化。如支模板就是由模板制作、安装、拆除 3 个工序组成的。从劳动的观点看，工序又可以分解为动作和操作。工序是工艺方面最简单的施工过程，动作是工序中最小的可以测算的部分，操作是一个动作接一个动作的综合。

②工作过程。工作过程是由同一工人或同一小组完成的，在技术操作上互相联系的工序的综合体。其特点是劳动者不变，工作地点不变，只是使用的材料和机械工具发生了变化。如搅拌混凝土就是工作过程。

③综合工作过程。同时进行，并在组织上彼此有直接关系，为完成一个最终产品而结合起来的所有工作过程的总和，称为综合工作过程。如浇筑混凝土的施工过程由搅拌、运输、浇筑、捣实等工作过程组成。

(4)按是否重复分类：循环、非循环。

（三）工作时间的分析

1.人工工时的分析

人工工时的分析是指将工人在整个生产过程中的消耗时间进行科学的划分、归纳，区分出定额时间、非定额时间。非定额时间不作为单位产品用工标准时间。定额时间及非定额时间的具体构成分别如图 2-1、图 2-2 所示。

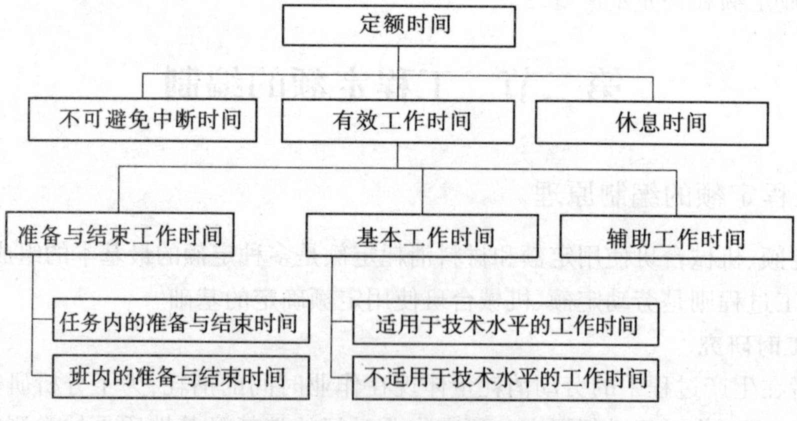

图 2-1　定额时间的具体构成

1)定额时间

定额时间是指工人在正常施工条件下，为完成一定数量的产品或符合要求的工作所必须消耗的工作时间。其包括有效工作时间、不可避免中断时间、休息时间。

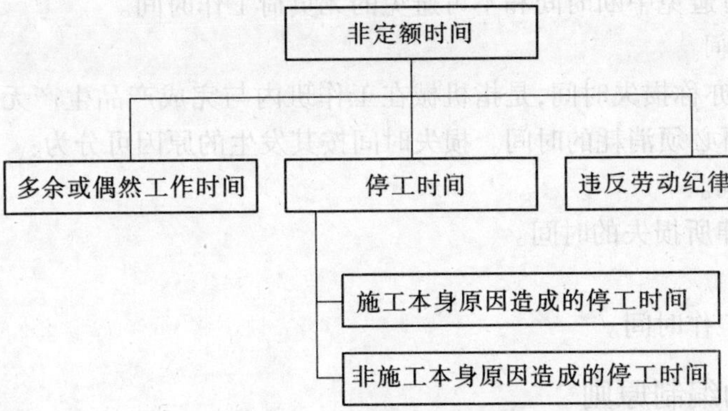

图 2-2　非定额时间的具体构成

(1)有效工作时间。是指用于执行施工工艺过程中规定工序的各项操作所必须消耗的时间,是定额时间中最主要的组成部分,包括准备与结束工作时间、基本工作时间和辅助工作时间。

①准备与结束工作时间。是指生产工人在执行施工任务前的准备工作及施工任务完成后结束整理工作所消耗的时间。

②基本工作时间。是指施工活动中直接完成基本施工工艺过程的操作所消耗的时间。

③辅助工作时间。是指为保证基本工作顺利进行所消耗的时间,它一般与任务的大小成正比。

(2)不可避免中断时间(又称工艺性中断时间)。是指生产工人在施工活动中,由于工艺上的要求,在施工组织或作业中引起的难以避免或不可避免的中断操作所消耗的时间。

(3)休息时间。是指生产工人在工作班内为恢复体力和生理需要而消耗的时间,应根据工作的繁重程度、劳动条件和劳动保护的规定,将其列入定额时间内。

2)非定额时间

非定额时间是指与完成施工任务无关的时间消耗,即明显的工时损失。其包括停工时间、多余或偶然工作时间、违反劳动纪律时间。

(1)停工时间。是指非正常原因造成的工作中断所损失的时间。按照造成原因的不同,又可分为施工本身原因造成的停工和非施工本身原因造成的停工。

(2)多余或偶然工作时间。是指工人在工作中因粗心大意、操作不当或技术水平低等原因造成的工时浪费。

(3)违反劳动纪律时间。是指工人不遵守劳动纪律而造成的工作中断所损失的时间。

2. 机械工时的分析

机械工时是指机械在工作班内的时间消耗。按其与产品生产的关系,可分为与产品生产有关的时间和与产品生产无关的时间。通常把与产品生产有关的时间称为机械定额时间,而把与产品生产无关的时间称为非机械定额时间。

1)机械定额时间

机械定额时间是指机械在工作班内消耗的与完成合格产品生产有关的工作时间,包括有效工作时间、不可避免中断时间和不可避免的无负荷工作时间。

2)非机械定额时间

非机械定额时间亦称损失时间,是指机械在工作班内与完成产品生产无关的时间损失,并不是完成产品所必须消耗的时间。损失时间按其发生的原因可分为:

(1)多余工作时间。

(2)违反劳动纪律所损失的时间。

(3)停工时间。

(4)低负荷下的工作时间。

二、工程定额的编制原则

(一)水平合理的原则

定额水平应反映社会平均水平,体现社会必要劳动的消耗量,也就是在正常施工条件下,大多数工人和企业能达到的和超过的水平。定额水平是指规定消耗在单位合格产品上的劳动、机械和材料数量的多少。

(二)基本准确的原则

定额是对多种多样的个体实践中进行概括、抽象而得出的一般的数量标准,因此定额是相对的准确,不是绝对的准确。

(三)简明适用的原则

在保证基本准确的前提下,定额的项目不宜过多、过细,步距不宜太小、太密,要做到粗而准确,细而不繁,便于使用。

三、施工定额

施工定额是规定在正常的施工条件下,为完成一定计量单位的某一施工过程或工序所需人工、材料和机械台班消耗的数量标准。它由劳动定额、施工机械台班消耗定额和材料消耗定额三个相对独立的部分组成。施工定额是施工企业内部经济核算的依据,也是编制预算定额的基础。

施工定额是施工企业管理、考核和评定各班组及生产者劳动成果的依据,因此合理的施工定额应有利于调动劳动者的生产积极性,提高劳动效率,增产节约,所以施工定额水平应是平均先进水平。

(一)劳动定额的编制

1. 劳动定额的概念

劳动定额是在正常施工技术条件和合理劳动组织下为生产单位合格产品所需消耗的工作时间,或在一定的工作时间中应该生产的产品数量。劳动定额按其表现形式分为时间定额和产量定额,时间定额与产量定额互为倒数。

时间定额也称工时定额,是指在一定的施工技术和组织条件下,完成单位合格产品或施工作业过程所需消耗工作时间的数量标准。一般单位以“工时”、“工日”表示。一个工日表示一个人工作一个工作班,每个工日工作时间按现行制度为每个人 8 h。其计算公式为

$$单位产品的时间定额 = \frac{1}{每工的产量} \tag{2-1}$$

或

$$单位产品的时间定额 = \frac{小组成员工日数总和}{小组的班产量} \tag{2-2}$$

产量定额是指劳动者在单位时间内生产合格产品的数量标准或完成施工作业过程的数量额度。一般以 m^3、m 计。其计算公式为

$$每工的产量定额 = \frac{1}{单位产品的时间定额} \tag{2-3}$$

或

$$每班的产量定额 = \frac{小组成员工日数总和}{单位产品的时间定额} \tag{2-4}$$

2. 劳动定额的制定

劳动定额的制定方法主要有经验估计法、统计分析法、技术测定法等。

1) 经验估计法

由定额人员、技术人员和有经验的老工人组成估工小组，根据产品设计图纸、工艺规程、施工条件和设备状况及生产组织形式，凭各自的实践经验来估计工时定额。

2) 统计分析法

根据过去生产的建筑产品的实际工时消耗和完成定额的统计资料，并分析当前生产条件的变化，通过计算确定定额。常用于生产比较正常、产品比较稳定、品种较少、原始记录和统计工作比较健全的情况。

3) 技术测定法

这种方法是在分析研究生产技术组织条件和挖掘生产潜力的基础上，对组成定额的各部分时间，通过实际观测或分析计算来制定定额的。一般技术测定法的时间定额的计算公式为

$$时间定额 = \frac{基本作业时间}{1 - 其他各项所占的时间百分比} \tag{2-5}$$

【例 2-1】 砌筑某空心砌块墙。经测定，完成 1 m^3 砌块试样需消耗基本工作时间 50 min，辅助工作时间、准备与结束工作时间分别占有效工作时间的 7%、5%，不可避免中断时间、休息时间分别占工作班延续时间的 1%、2%，试计算完成 1 m^3 砌块试样的时间定额。

解：

根据式(2-5)计算得

$$时间定额 = \frac{50 \div 60}{1 - (7\% + 5\% + 1\% + 2\%)} = 0.98(工时)$$

(二) 施工机械台班消耗定额的制定

1. 施工机械台班消耗定额的概念

施工机械台班消耗定额是在正常的施工条件下及合理的施工组织和合理使用施工机械的条件下，由技术熟练的工人操纵机械，生产单位合格产品或完成一定施工作业过程所

必须消耗的机械工作时间的标准。其表现方式为时间定额与产量定额,两者互为倒数。

(1)时间定额的计算公式为

$$机械作业时间定额 = \frac{1}{机械台班的产量} \tag{2-6}$$

或

$$人工配合机械工作时间定额 = \frac{班组总工日数}{一个机械台班的产量} \tag{2-7}$$

(2)产量定额的计算公式为

$$机械作业台班产量定额 = \frac{1}{机械时间定额} \tag{2-8}$$

或

$$人工配合机械工作台班产量定额 = \frac{一个机械台班的产量}{班组总工日数} \tag{2-9}$$

2. 施工机械台班消耗定额的制定

(1)拟定施工机械工作的正常条件:①施工现场的合理组织;②拟定合理的工人编制。

(2)确定机械纯工作 1 h 正常生产率。

①循环作业机械。

确定各循环组成部分的延续时间。

计算机械一次循环的正常延续时间(s),即

$$机械一次循环的正常延续时间(s) = \sum 各循环组成部分的正常延续时间 - 重叠时间 \tag{2-10}$$

计算机械纯工作 1 h 的正常循环次数,即

$$机械纯工作 1\ h 的正常循环次数 = \frac{3\ 600}{机械一次循环的正常延续时间(s)} \tag{2-11}$$

计算循环机械纯工作 1 h 的正常生产率,即

$$循环机械纯工作 1\ h 的正常生产率 = 机械纯工作 1\ h 正常循环次数 \times 一次循环生产的产品数量 \tag{2-12}$$

②连续作业机械。

计算连续作业机械纯工作 1 h 的正常生产率,即

$$连续作业机械纯工作 1\ h 的正常生产率 = \frac{工作时间内完成的产品数量}{工作时间(h)} \tag{2-13}$$

(3)施工机械正常利用系数的计算公式为

$$施工机械正常利用系数 = \frac{机械在一个工作班内纯工作时间}{一个工作班延续时间(8\ h)} \tag{2-14}$$

(4)施工机械台班消耗定额的计算公式为

$$产量定额 = 机械纯工作 1\ h 正常生产率 \times 工作班纯工作时间 \tag{2-15}$$

或

$$产量定额 = 机械纯工作 1\ h 正常生产率 \times 工作班延续时间 \times 机械的正常利用系数 \tag{2-16}$$

$$时间定额 = \frac{1}{产量定额} \tag{2-17}$$

【例 2-2】 某载重量为 5 t 的自卸汽车每一次装卸往返需 24 min，时间利用系数为 0.8。假设土的松散系数为 1.2，松散状态容重为 1.65 t/m^3，求自卸汽车的时间定额。

解：

按循环作业机械考虑。

(1) 自卸汽车一次循环的正常延续时间为

$$24 \times 60 = 1\,440(s)$$

(2) 自卸汽车工作 1 h 的正常循环次数为

$$\frac{3\,600}{1\,440} = 2.5(次)$$

(3) 自卸汽车纯工作 1 h 的正常生产率(自然方)为

$$2.5 \times 0.8 \times 5 \div 1.65 \div 1.2 = 5.05(m^3/h)$$

(4) 施工机械定额

$$产量定额 = 5.05 \times 8 = 40.4(m^3/台班)$$

$$时间定额 = \frac{1}{40.4} = 0.025(台班/m^3)$$

(三) 材料消耗定额的制定

1. 材料消耗定额概述

在合理使用材料的条件下，生产单位质量合格的建筑产品，必须消耗一定品种、规格的建筑材料的数量。材料按使用次数的不同分为实体性材料(在施工过程中，一次性消耗直接构成工程实体的材料)、周转性材料(多次使用但不构成工程实体的材料)。

2. 实体性材料消耗定额的制定

1) 实体性材料消耗量的确定

实体性材料消耗量包括材料净用量和损耗量两部分。

$$材料总耗用量 = 材料净用量 + 材料损耗量 = 材料净用量 \times (1 + 材料损耗率) \tag{2-18}$$

2) 制定方法

观测法是在合理与节约使用材料的条件下，对施工过程实际完成产品的数量与所消耗的各种材料数量进行现场观察、测定，再分析整理和计算确定材料消耗定额的方法。通常在制定材料的损耗定额时采用此法。

试验法是通过专门的试验仪器和设备，在实验室进行观察和测定工作，再整理计算出材料消耗定额的方法。此方法一般可确定混凝土和砂浆配合比用量等。

统计法是指在施工过程中，对分部分项工程拨付材料数量、竣工后的材料剩余数量和完成产品数量进行统计分析，确定材料消耗定额的方法。

理论计算法是指根据施工图纸和其他技术资料，用理论公式计算某种材料所需的净用量，然后查找损耗率，从而确定材料消耗定额的方法。这种方法主要适用于制定块状、板状、卷状等材料的消耗量。

(1)1 m^3 标准砖墙材料消耗定额的确定。

$$每立方米砌体标准净用量 = \frac{2 \times 墙厚的砖数}{墙厚 \times (砖长 + 灰缝) \times (砖厚 + 灰缝)} \tag{2-19}$$

$$每立方米砌体砂浆净用量 = 1 - 1\ m^3 砌体中砌块材料净体积 \tag{2-20}$$

墙厚的砖数是用标准砖的长度来标明的,如半砖墙是指 115 墙,1 砖墙是指 240 墙等。要理解标准砖净用量的计算公式,首先要弄清该公式的计算思路。下面分步骤说明。

计算标准块的体积。所谓标准块,就是指由砌体和砂浆所构成砌体的基本计算单元。不同墙厚标准块体积的计算公式为

$$标准块体积 = 墙厚 \times (砖长 + 灰缝) \times (砖厚 + 灰缝) \tag{2-21}$$

例如,1 砖半墙的标准块体积为

$$(0.240 + 0.115 + 0.010) \times (0.240 + 0.010) \times (0.053 + 0.010) = 0.005\ 75(m^3)$$

利用正比法计算 1 m^3 砌体中标准砖的净用量。

例如,1 砖半墙的标准块是由 3 块标准砖组成的,则可以计算出 1 m^3 砌体标准砖的净用量为

$$1\ m^3\ 1 砖半墙砌体标准砖的净用量 = \frac{1}{0.005\ 75} \times 3 = 521.7(块)$$

砂浆净用量为

$$砂浆净用量 = 1 - 521.7 \times 0.240 \times 0.115 \times 0.053 = 0.236\ 9(m^3)$$

计算每立方米的 1 砖半墙的标准砖和砂浆的消耗量(假设砖和砂浆的损耗率为 1.2%),即

$$标准砖消耗量 = 521.7 \div (1 - 1.2\%) = 528.04(块)$$

$$砂浆消耗量 = 0.236\ 9 \div (1 - 1.2\%) = 0.239\ 8(m^3)$$

(2)1 m^2 块料面层的材料消耗定额的确定。

$$1\ m^2 块料净用量 = \frac{1}{(块料长 + 灰缝) \times (块料宽 + 灰缝)} \tag{2-22}$$

$$结合层材料净用量 = 1 \times 结合层厚度 \tag{2-23}$$

$$嵌(勾)缝材料净用量 = (1 - 块料长 \times 块料宽 \times 块料净用量) \times 缝深 \tag{2-24}$$

【例 2-3】 1:1 水泥砂浆贴 150 mm × 150 mm × 5 mm 瓷砖墙面,结合层厚 10 mm,试计算 1 m^2 墙面瓷砖和砂浆的消耗量(瓷砖、砂浆损耗率分别为 1.5%、1%)。

解:

1 m^2 墙面瓷砖和砂浆的净用量为

$$1\ m^2 块料净用量 = \frac{1}{(0.15 + 0.01) \times (0.15 + 0.01)} = 39.06(块)$$

$$结合层材料净用量 = 1 \times 0.01 = 0.01(m^2)$$

$$嵌(勾)缝材料净用量 = (1 - 0.15 \times 0.15 \times 39.06) \times 0.01 = 0.001\ 2(m^2)$$

1 m^2 墙面瓷砖和砂浆的消耗量为

$$块料的消耗量 = 39.06 \div (1 - 1.5\%) = 39.65(块)$$

$$砂浆消耗量 = (0.001\ 2 + 0.01) \div (1 - 1\%) = 0.011\ 3(m^2)$$

3. 周转性材料消耗量的制定

周转性材料在工程中常用的有模板、脚手架等。这些材料在施工过程中随着使用次数的增加而逐渐被消耗完，故称为周转性材料。在定额中，周转性材料的消耗量用摊销量确定。

例如，木模板的摊销量（既考虑补损，又考虑回收）计算如下

$$\text{一次使用量} = \text{每计量单位构件的模板面积} \times \text{每平方米接触需模板量} \times (1 - \text{制作损耗率}) \tag{2-25}$$

$$\text{损耗量} = \frac{\text{一次使用量} \times (\text{周转次数} - 1) \times \text{损耗率}}{\text{一次使用量}} \tag{2-26}$$

$$\text{投入使用量} = \text{一次使用量} + \text{一次使用量} \times (\text{周转次数} - 1) \times \text{损耗率} \tag{2-27}$$

$$\text{周转使用量} = \frac{\text{一次使用量} + \text{一次使用量} \times (\text{周转次数} - 1) \times \text{损耗率}}{\text{周转次数}} \tag{2-28}$$

$$\text{回收量} = \frac{\text{一次使用量} - \text{一次使用量} \times \text{损耗率}}{\text{周转次数}} \tag{2-29}$$

$$\text{摊销量} = \text{周转使用量} - \text{回收量} \tag{2-30}$$

又如，预制构件的摊销量（既不考虑补损，又不考虑回收）计算如下

$$\text{摊销量} = \frac{\text{一次使用量}}{\text{周转次数}} \tag{2-31}$$

四、预算定额

（一）概念

在正常合理的施工条件下完成一定计量单位的分部分项工程或结构构件和建筑配件所必须消耗的人工、材料和施工机械台班的数量标准，并规定了人工、材料、机械的消耗的货币标准和每个定额项目的预算定额单价，使其成为一种计价性定额。

（二）作用

（1）编制施工图预算、确定工程预算造价的基本依据。

（2）进行工程结算的依据。

（3）编制招标标底、投标报价的依据。

（4）施工企业编制施工组织设计，确定人工、材料、机械需要计划的依据。

（5）国家对工程进行投资控制，设计单位对设计方案进行经济评价，对新结构、新材料进行技术经济分析的依据。

（6）编制概算定额、概算指标的依据。

（三）预算定额与施工定额的关系

预算定额是在施工定额的基础上制定的，两者之间既有联系，又有不同点。它们之间的不同有以下几个方面。

1. 定额作用不同

施工定额直接用于施工管理，是施工企业内部管理的依据。而预算定额是一种计价性的定额，主要用于对工程造价的确定和计量，进行国家、建设单位和施工单位之间的拨款和结算。施工企业进行投标报价，建设单位编制标底时也可以采用预算定额作为依据。

2. 定额水平不同

施工定额反映的是平均先进的水平，而预算定额反映的是社会平均水平。因此，预算定额在施工定额的基础上要增加一个附加额，即幅度差。

3. 项目划分和定额内容不同

施工定额的项目主要按工序或工作过程划分，而预算定额是在施工定额的基础上经过扩大编制而成的，所以预算定额项目划分较粗，每个定额项目的工作内容包括了若干个施工定额的工作内容。

(四)预算定额的编制依据

(1)国家及本省有关建设工程造价的法律、法规等。

(2)全国统一劳动定额、全国统一基础定额、全国统一工期定额等。

(3)现行的全省统一预算定额、补充定额，以及一次性补充单位估价测算资料。

(4)现行的设计规范、工程施工验收规范、质量评定标准和施工安全操作规程。

(5)现行通用的系列标准图集和已选定的典型工程施工图纸。

(6)推广的新技术、新结构、新材料、新工艺的有关资料。

(7)调研资料及工程现场的有关测算资料。

(五)预算定额消耗指标的编制

1. 人工消耗量指标的确定

预算定额中人工消耗量指标包括完成该分项工程的各种用工数量。预算定额的人工消耗由以下五部分组成。

1)基本用工

基本用工指完成该分项工程的主要用工量。例如，在完成砌筑墙体工程中的砌砖、运砖、调制砂浆、运砂等所需的工日数量，基本用工的数量即为完成以上工作的主要用工量之和。

2)材料及半成品超运距用工

预算定额中材料及半成品的运输距离超过劳动定额用工中规定的距离所增加的用工量。

3)辅助用工

在劳动定额内不包括而在预算定额内必须考虑的施工现场所发生的材料加工等用工。

4)人工幅度差

人工幅度差是预算定额与劳动定额由于定额水平的不同而引起的差额，主要是指在劳动定额中未包括而在正常施工情况下不可避免但又很难准确计量的用工和各种工时损失。内容包括：

(1)各工种间的工序搭接及交叉作业相互配合或影响所发生的停歇用工。

(2)施工机械在单位工程之间转移及临时水电线路移动所造成的停工。

(3)质量检查和隐蔽工程验收工作的影响。

(4)班组操作地点转移用工。

(5)工序交接时对前一工序不可避免的修整用工。

(6)施工中不可避免的其他零星用工。

一般人工幅度差用人工幅度差系数表示，一般土建工程取10%，设备安装工程取12%。

综上所述，预算定额中各项工程的人工消耗量指标就等于该分项工程的各种用工数量之和，即

$$人工消耗量 = (基本用工 + 超运距用工 + 辅助用工) \times (1 + 人工幅度差系数) \tag{2-32}$$

2. 机械台班消耗量指标的确定

预算定额中的机械台班消耗量指标，一般是在施工定额的基础上，再考虑一定的机械幅度差进行计算的。机械幅度差是指在合理的施工组织条件下机械的停歇时间，主要包括以下内容：

(1)正常施工组织条件下不可避免的机械空转时间；

(2)施工技术原因的中断及合理停滞时间；

(3)因供电供水故障及水电线路移动检修而发生的运转中断时间；

(4)因气候变化或机械本身故障影响工时利用的时间；

(5)施工机械转移及配套机械相互影响损失的时间；

(6)配合机械施工的工人因与其他工种交叉作业造成的间歇时间；

(7)因检查工程质量造成的机械停歇时间；

(8)工程收尾和工作量不饱满造成的机械停歇时间等。

1)大型机械台班消耗量

大型机械，如土方机械、打桩机械、吊装机械、运输机械等，在预算定额中按机械种类、容量或性能及工作对象，以台班消耗量表示。

$$台班消耗量 = \frac{工序工程量}{机械台班产量} \times (1 + 机械幅度差系数) \tag{2-33}$$

其中，机械幅度差系数：土方机械为25%，打桩机械为33%，吊装机械为30%。

2)专用机械台班消耗量

专用小型机械，如打夯、钢筋加工、木作、水磨石等专用机械，一般按机械幅度差系数为10%来计算其台班消耗量，列入预算定额中的相应项目内。

3. 材料消耗量指标的确定

预算定额的材料消耗量指标由材料的净用量和损耗量构成。从消耗内容看，较施工定额中的材料消耗的范围更广，包括了整个施工现场范围内材料堆放、运输、制备、制作及施工操作过程中的损耗。另外，在确定预算定额中材料消耗量时，还必须考虑分项工程或结构构件所包括的工程内容、分项工程或结构构件的工程量计算规则等因素对材料消耗的影响。

1)主材消耗量的确定

(1)主材净用量的计算。

应结合分项工程的构造做法、综合取定的工程量及有关资料进行计算。如经测定，砌筑1 m^3 1砖墙墙体中梁头、板头体积为0.028 m^3，预留空洞体积为0.006 3 m^3，凸出墙面砌体体积为0.006 29 m^3，砖过梁体积为0.04 m^3，则未考虑梁头、板头、预留空洞、墙体凸

出部分、砖过梁等的每立方米的墙体及砂浆净用量计算为

$$1\ m^3\ 1\text{ 砖墙的标准砖净用量}=529.1\text{ 块}$$

$$1\ m^3\ 1\text{ 砖墙的砂浆净用量}=0.226\ m^3$$

考虑梁头、板头、预留空洞、墙体凸出部分、砖过梁等的每立方米的墙体及砂浆净用量计算为

$$\begin{aligned}1\ m^3\ 1\text{ 砖墙的标准砖净用量}&=529.1\times(1-2.8\%-0.63\%+0.629\%)\\&=514.28(\text{块})\end{aligned}$$

$$\begin{aligned}1\ m^3\ 1\text{ 砖墙的砂浆净用量}&=0.226\times(1-2.8\%-0.63\%+0.629\%)\\&=0.22(m^3)\end{aligned}$$

(2)主材损耗量的计算。

主材的损耗量包括施工操作损耗、场内运输损耗、加工损耗和场内管理损耗。

$$\text{损耗率}=\frac{\text{材料损耗量}}{\text{材料总消耗量}}\times100\% \tag{2-34}$$

$$\text{材料的总消耗量}=\frac{\text{材料净用量}}{1-\text{损耗率}} \tag{2-35}$$

2)次要材料消耗量的确定

在预算定额中,次要材料主要包括两类:一类为直接构成工程实体,但用量小,不便于计算的,如混凝土中的外加剂等;另一类为不构成工程实体,但在施工中消耗的辅助材料,如草袋、氧气等。次要材料在预算定额中一般以"其他材料费"、以"元"为单位列入,或以"其他材料费占主材和周转性材料费之和的百分比"表示。

五、概算定额、概算指标和估算指标

(一)概算定额的概念和作用

1.概念

概算定额也叫扩大结构定额,它是确定一定计量单位扩大分项工程或结构构件所需的人工、材料及台班消耗量的标准。概算定额是在预算定额的基础上,按常用主体结构工程列项,以主要工程内容为主,适当合并相关预算定额的分项内容进行综合扩大而编制的。概算定额与预算定额的水平一致,都反映了社会平均水平。但概算定额是在预算定额的基础上综合扩大而成的,因此两者之间必然存在一定的幅度差,一般扩大幅度差取5%。

2.概算定额的主要作用

(1)概算定额是编制概算、修正概算的主要依据。

(2)概算定额是编制主要材料订购计划的依据。

(3)概算定额是对设计方案进行经济分析的依据。

(4)概算定额是编制概算指标的依据。

(5)使用概算定额编制招标标底、投标报价,既有一定的准确性,又能快速报价。

(二)概算指标的概念、作用、分类和应用

1.概念

概算指标是比概算定额综合性和扩大性更强的一种定额指标。它是以每100 m^2 建

筑面积或1 000 m^3 建筑体积,构筑物以座为计算单位规定出人工材料机械消耗数量标准或定出每万元投资所需人工、材料、机械消耗数量及造价的数量标准。

2. 作用

概算指标和概算定额、预算定额一样,都是与各个设计阶段相适应的多次计价的产物,它主要应用于投资估价、初步设计阶段。其作用如下:

(1)概算指标是编制初步设计概算、确定概算造价的依据。

(2)概算指标是设计单位进行设计方案的技术经济分析、衡量设计水平、考核投资效果的标准。

(3)概算指标是编制投资估算指标的依据。

3. 分类

概算指标在具体内容的表示方法上,有综合指标和单项指标两种形式。

综合指标是一种概括性较大的指标,以一种类型的建筑物或构筑物为研究对象,以建筑物或构筑物的体积或面积为计量单位,综合了该类型范围内各种规格的单位工程的造价和消耗量而形成的。

单项指标则是以一种具有代表性的典型建筑物或构筑物为分析对象的概算指标,反映某一项具体工程的消耗情况。

4. 应用

概算指标的应用一般有以下两种情况:

(1)概算指标的套用。如果设计对象在结构特征及施工条件上与概算指标内容完全一致,则可直接套用概算指标。

(2)概算指标的换算。如果设计对象与概算指标在某些方面不一致,则要对概算指标的局部内容进行调整,换算后再套用。

(三)估算指标

工程投资估算指标是以独立的建设项目、单项工程或单位工程为标定对象,完成单位合格产品(1 km 或1 000 m^3、1 000 m^2 等)所必须消耗的人工、材料、机械数量(或费用)标准。工程投资估算指标是编制建设项目建议书、可行性研究报告等前期工作阶段投资估算的依据,也可以作为编制固定资产长远规划投资额的参考。

估算指标按其用途和表现形式分综合指标、单项工程指标和单位工程指标三大类。

综合指标适用于编制项目建议书投资估算,主要用于建设项目经济上的研究、项目的选择及合理性研究、建设规模和编制公路建设发展规划的研究。建设项目综合指标指按规定应列入建设项目总投资的从立项筹建开始至竣工验收交付使用的全部投资额,包括单项工程投资、工程建设其他费用和预备费等。建设项目综合指标一般以项目的综合生产能力单位投资表示,如"元/t"、"元/kW",或以使用功能表示,如医院床位以"元/床"表示。

单项工程指标指按规定应列入能独立发挥生产能力或使用效益的单项工程内的全部投资额,包括建筑工程费、安装工程费、设备、工器具及生产家具购置费和其他费用。

单位工程指标指按规定应列入能独立设计、施工的工程项目的费用,即建筑安装工程费用。单位工程指标一般以如下方式表示:房屋区别不同结构形式以"元/m^2"表示,道路区别不同结构层、面层以"元/m^2"表示,水塔区别不同结构层、容积以"元/座"表示,管道区别不同材质、管径以“元/m”表示。

第三节 基础单价

施工生产的基本要素有人工、材料、施工机械设备。这三大资源要素的价格是工程计价的基础，工程计价时应根据工程项目所在地区的有关规定、材料来源、当地的技术经济条件等，确定人工工日单价、材料单价、机械台班单价，作为计算工程单价的基本依据，这些单价统称为基础单价。

一、人工工日单价的确定

（一）人工工日单价的概念及构成

人工工日单价是指一个建筑安装工人一个工作日应计入的全部人工费用。一般包括以下几方面：

(1)基本工资。指发放的生产工人的基本工资，包括岗位工资、技能工资、工龄工资。其计算公式为

$$基本工资(G_1)=\frac{生产工日平均月工资}{年平均每月法定工作日} \tag{2-36}$$

(2)工资性补贴。是按规定标准发放的物价补贴，煤、燃气补贴，交通费补贴，住房补贴，流动施工补贴，地区津贴等。其计算公式为

$$工资性补贴(G_2)=\frac{\sum 年发放标准}{全年日历日-法定假日}+\frac{\sum 月发放标准}{年平均每月法定工作日}+每工作日发放标准 \tag{2-37}$$

(3)生产工人辅助工资。是指生产工人年有效施工天数以外非作业天数的工资，包括职工学习、培训期间的工资，调动工作、探亲、休假期间的工资，因气候影响的停工工资，女工哺乳期间的工资，病假在6个月以内的工资及婚、产、丧假期的工资。

$$生产工人辅助工资(G_3)=\frac{全年无效工作日\times(G_1+G_2)}{全年日历日-法定假日} \tag{2-38}$$

(4)职工福利费。是指按规定标准计提的职工福利费，包括书报费、洗理费、取暖费。

$$职工福利费(G_4)=(G_1+G_2+G_3)\times 福利费计提比例(\%) \tag{2-39}$$

(5)生产工人劳动保护费。是指按规定标准发放的劳动保护用品的购置费及修理费，徒工服装补贴，防暑降温费，在有碍身体健康环境中施工的保健费用等。

$$生产工人劳动保护费(G_5)=\frac{生产工人年平均支出劳动保护费}{全年日历日-法定假日} \tag{2-40}$$

因此，人工工日单价为

$$人工工日单价=\sum_{i=1}^{5} G_i \tag{2-41}$$

（二）影响人工工日单价的因素

(1)社会平均工资水平。建筑安装工人人工工日单价必然和社会平均工资水平趋

同。社会平均工资水平取决于经济发展水平。由于我国改革开放以来经济迅速增长,社会平均工资也大幅度增长,从而使人工工日单价大幅度提高。

(2)生活消费指数。生活消费指数的提高也会导致人工工日单价提高,以减少生活水平的下降,或维持原来的生活水平。生活消费指数的变动取决于物价的变动,尤其取决于生活消费品的物价的变动。

(3)人工工日单价的组成内容。如住房消费、养老保险、医疗保险、失业保险等若列入人工工日单价,则会使人工工日单价提高。

(4)劳动力市场供需变化。在劳动力市场如果需求大于供给,人工工日单价就会提高;如果供给大于需求,市场竞争激励,人工工日单价就会下降。

(5)政府推行的社会保障和福利政策也会影响人工工日单价的变动。

二、材料单价的确定

(一)材料单价的构成与计算

1. 材料单价的概念

材料单价是指材料由来源地或交货地点,经中间转运,到达工地仓库或施工现场堆放地点后的出库价格。材料运输流程示意图如图 2-3 所示。

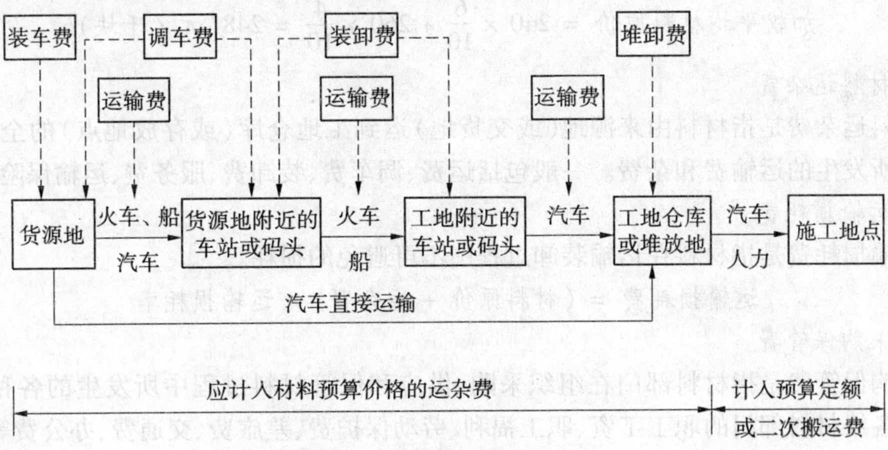

图 2-3　材料运输流程示意图

2. 材料单价的构成

消耗在单位材料上的各项费用的总和即构成材料价格,它一般包括以下 4 个方面:

(1)材料原价;

(2)材料运杂费;

(3)运输损耗费;

(4)材料采购及保管费。

3. 材料单价的计算

1)材料原价的确定

材料原价是指材料的出厂价、交货地价格、市场批发价、进口材料的调拨价。其包括材料原价、供销部门手续费、包装费。在确定材料原价时,因产地、供应渠道不同,出现几种原价时,其综合原价可按加权平均的方法计算。

(1)按其供应量的比例加权平均计算公式为

$$加权平均材料原价 = \frac{\sum(各来源地材料原价 \times 各来源地材料数量)}{\sum 各来源地材料数量} \quad (2\text{-}42)$$

【例 2-4】 某工程计划用砖 10 万块,由两个砖厂供应。其中,第一个砖厂供应 6 万块,单价为 240 元/千块;第二个砖厂供应 4 万块,单价为 260 元/千块。试计算砖的加权平均原价。

解:

$$加权平均材料原价 = \frac{60 \times 240 + 40 \times 260}{100} = 248(元/千块)$$

(2)按总金额加权平均计算公式为

$$加权平均材料原价 = \sum(各来源地材料原价 \times 各来源地材料数量占总材料数量的百分比) \quad (2\text{-}43)$$

【例 2-5】 根据例 2-4 的条件,用总金额加权平均计算公式计算标准砖的加权平均原价。

解:

$$加权平均材料原价 = 240 \times \frac{6}{10} + 260 \times \frac{4}{10} = 248(元/千块)$$

2)材料运杂费

材料运杂费是指材料由来源地(或交货地)运到工地仓库(或存放地点)的全部运输过程中所发生的运输费和杂费。一般包括运费、调车费、装卸费、服务费、运输保险费等。

3)运输损耗费

运输损耗费是指材料在运输装卸过程中不可避免的损耗。

$$运输损耗费 = (材料原价 + 运杂费) \times 运输损耗率 \quad (2\text{-}44)$$

4)采购保管费

采购保管费是指材料部门在组织采购、供应和保管材料过程中所发生的各种费用。其包括各级材料部门的职工工资、职工福利、劳动保护费、差旅费、交通费、办公费等。

目前,国家规定的综合采购保管费费率为 2.5%(其中采购费费率为 1%,保管费费率为 1.5%)。由建设单位供应材料到现场仓库的,施工单位只收保管费。

$$采购保管费 = (材料原价 + 运杂费 + 运输损耗费) \times 采购保管费费率 \quad (2\text{-}45)$$

【例 2-6】 某建筑工地需要袋装水泥。已知从甲地运输水泥量占总量的 20%,水泥原价为 290 元/t,运输距离为 18 km;从乙地运输水泥量占总量的 30%,水泥原价为 320 元/t,运输距离为 20 km;从丙地运输水泥量占总量的 50%,水泥原价为 300 元/t,运输距离为 22 km。运输费运价标准为 2 元/(t·km)(包括装卸费),运输损耗率为 1%,采购保管费费率为 2.5%。试计算水泥的预算价格。

解:

根据上述已知条件得

$$加权平均材料原价 = 290 \times 20\% + 320 \times 30\% + 300 \times 50\% = 304(元/t)$$

$$材料运杂费 = 18 \times 2 \times 20\% + 20 \times 2 \times 30\% + 22 \times 2 \times 50\% = 41.2(元/t)$$

$$运输损耗费 = (304 + 41.2) \times 1\% = 3.45(元/t)$$

$$采购保管费 = (304 + 41.2 + 3.45) \times 2.5\% = 8.72(元/t)$$

$$水泥预算价格 = 304 + 41.2 + 3.45 + 8.72 = 357.37(元/t)$$

(二)影响材料价格变动的因素

(1)市场供需变化。材料原价是材料预算价格中最基本的组成部分。市场供大于求,价格就会下降;反之,价格就会上升,从而也就影响材料预算价格的涨落。

(2)材料生产成本的变动直接影响材料价格的波动。

(3)流通环节的多少和材料供应体制也会影响材料价格。

(4)运输距离和运输方法的改变会影响材料运输费的增减,从而也会影响材料价格。

(5)国际市场行情会对进口材料价格产生影响。

三、机械台班单价的确定

(一)机械台班单价的概念

机械台班单价是指施工机械在正常运转条件下,一个工作班(一般按 8 h 计)所发生的全部费用。施工机械台班单价以"台班"或"台时"为计量单位。

(二)机械台班单价的构成

机械台班单价共包括以下七项费用:

(1)折旧费。

(2)大修理费。

(3)经常修理费。

(4)安拆费及场外运费。

(5)人工费。

(6)燃料动力费。

(7)其他费用。

(三)机械台班单价的计算

1. 折旧费

折旧费是指施工机械在规定使用期限内,每一台班所分摊的机械原值及支付贷款利息的费用,其计算公式为

$$折旧费 = \frac{机械预算价格 \times (1 - 残值率) \times 时间价值系数}{耐用总台班} \tag{2-46}$$

(1)机械预算价格。按机械出厂(或到岸完税)价格及机械从交货地点或口岸运至使用单位机械管理部门的全部运杂费计算。

(2)残值率。是指机械报废时回收的残值占机械原值(机械预算价格)的比率。残值率按 1993 年的有关文件规定:运输机械 2%,特大机械 3%,中小型机械 4%,掘进机械 5%。

(3)时间价值系数。是指购置施工机械设备的资金在施工生产过程中随着时间的推移而产生的单位增值。其公式为

$$时间价值系数 = 1 + \frac{(折旧年限 + 1)}{2} \times 年折现率(\%) \tag{2-47}$$

(4)耐用总台班(使用总台班)。是指机械在正常施工作业条件下,从投入使用直至报废,按规定应达到的使用总台班数。

$$耐用总台班 = 折旧年限 \times 年工作台班 \tag{2-48}$$

或

$$耐用总台班 = 大修间隔台班 \times 大修周期 \tag{2-49}$$

年工作台班是根据有关部门对各类主要机械最近3年的统计资料分析确定的。

大修间隔台班是指机械自投入使用起至第一次大修或自上一次大修投入使用起至下一次大修应达到的使用台班数。

大修周期是指机械在正常的施工作业条件下,将其寿命期按规定的大修次数划分为若干个周期。其计算公式为

$$大修周期 = 寿命期大修次数 + 1 \tag{2-50}$$

2. 安拆费及场外运费

(1)安拆费是指机械在施工现场进行安装、拆卸所需的人工、材料、机械和试运转费用,以及机械辅助设施(包括基础、底座、固定锚桩、行走轨迹、枕木等)的折旧费及搭设、拆除费用。

$$安拆费 = \frac{一年安拆费 \times 年平均安拆次数}{年工作台班} + \frac{辅助设施一次使用费 \times (1 - 残值率)}{辅助设施耐用台班} \tag{2-51}$$

(2)场外运费是指机械整体或分体自停放场地运至施工现场或由一个工地运至另一个工地、运距在25 km以内的机械进出场运输及转移费用(包括机械的装卸、运输、辅助材料及架线费用等)。

$$场外运费 = (一次运输及装卸费 + 辅助材料一次摊销费 + 一次架线费) \times 年平均场外运输次数 / 年工作台班 \tag{2-52}$$

3. 人工费

人工费是指机上司机、司炉和其他操作人员的工作日工资以及上述人员在机械规定的年工作台班以外的基本工资和工资性补贴以及按建设部、建设银行《关于印发〈关于改进建筑安装工程费用项目划分的若干规定〉的通知》,由原施工管理费转入的部分。

$$人工费 = 机上操作人员人工工日数 \times 日工资单价 \tag{2-53}$$

【例2-7】 某6 t载重汽车每个台班的机上操作人员人工工日为1.25个,人工日工资单价为25.84元。求台班人工费。

解:

由上述已知条件得

$$人工费 = 1.25 \times 25.84 = 32.3(元/台班)$$

4. 燃料动力费

燃料动力费是指机械设备在运转作业中所耗用的固体燃料(煤炭、木材)、液体燃料(汽油、柴油)、电力、水和风力等的费用。

$$燃料动力费 = \sum(每台班所消耗的动力燃料数 \times 相应单价) \tag{2-54}$$

【例2-8】 某6 t载重汽车每个台班耗柴油32.2 kg,每千克柴油单价为2.7元。求

台班燃料动力费。

解：

由上述已知条件得

$$燃料动力费 = 32.2 \times 2.7 = 86.94(元/台班)$$

5. 其他费用

其他费用是指按照国家和有关部门规定应缴纳的年养路费、年车船使用税、年保险费及年检费用等。

$$其他费用 = \frac{年养路费 + 年车船使用税 + 年保险费 + 年检费用}{年工作台班} \tag{2-55}$$

【例2-9】 某6 t载重汽车每月应缴纳养路费180元/t，每年应缴纳车船使用税80元/t，年工作台班240个。试求台班养路费和车船使用税。

解：

由上述已知条件得

$$养路费和车船使用税 = 6 \times (180 \times 12 + 80) \div 240 = 56(元/台班)$$

第四节　工程单价的编制

一、工程单价的概念和分类

（一）工程单价的概念

工程单价是指单位假定建筑安装产品的不完全价格。完整的建筑产品价值与工程单价在概念上是完全不同的一种单价。完整的建筑产品价值是指建筑物或构筑物的全部价值。工程单价并不表现为单位建筑物或构筑物的全部价值。

（二）工程单价的分类

工程单价按照单价总和的程度可以分为直接工程费单价、部分费用单价。

直接工程费单价，即工料单价，由人工费、材料费、机械台班使用费组成。就是按照现行预算定额的人工、材料、机械及预算价格计算出来的直接工程费单价。其主要适用于施工图预算的编制。

部分费用单价也称综合单价，由直接工程费、管理费、利润组成，并结合综合单价计算公式计算出来单价。该单价主要应用于工程量清单计价。

二、单位估价表

定额计价时，为了方便工程计价工作，常将概预算（消耗）定额中的消耗量用金额形式反映出来，即各省、市、地区主管部门根据全国统一预算定额或本地区的消耗定额中的项目综合工日、材料耗用量、机械台班用量，配合地区人工预算单价、材料预算价格和机械台班预算价格，制定出相应定额项目的人工费、材料费、机械使用费价格表，称为单位估价表或地区统一基价表。单位估价表手册是进行施工图预算、工程计价的基础资料。

（一）单位估价表的概念

单位估价表是在全国统一预算定额所规定的各项消耗量的基础上，根据所在地区的人工工资、物价水平确定人工工日单价、材料基价、机械台班单价，从而用货币形式表达拟定预算定额中每一分项工程的预算定额单价的计算表格。其具有明显的地区性。

（二）单位估价表的作用

（1）单位估价表是编制和审查建筑安装工程施工图预算、确定工程造价的主要依据。各分项工程量乘以相应分项工程预算单价即为分项工程的直接费，将各分项工程的直接费汇总，可得单位工程的直接费。

（2）单位估价表是设计单位对设计方案进行技术经济分析的依据。通过方案分析和工程单价比较，可选择出技术上先进、经济上合理的设计方案。

（3）单位估价表是核算拨付工程款、办理已完工程结算的依据。

（4）单位估价表可为施工单位内部经济核算提供对比的依据。

（5）单位估价表是综合制定概算定额、概算指标的基础资料。

（三）单位估价表的编制依据

（1）《全国统一建筑工程基础定额》（土建工程 GJD—101—95）或其他消耗定额。

（2）省、市或自治区建设委员会编制的《建筑工程预算定额》。

（3）本地区建筑安装工程工人的工资标准。

（4）本地区材料预算价格。

（5）本地区施工机械台班预算价格。

（6）国家与地区对编制单位估价表的有关规定及标准图集、计算手册等资料。

（四）工料单价、单位估价表的编制方法

单位估价表的定额编号、工作内容、分项名称及计量单位与相应定额项目相同，单位估价表中的项目预算基价由人工费、材料费、施工机械使用费组成，即

$$预算基价 = 人工费 + 材料费 + 施工机械使用费 \tag{2-56}$$

其中

$$人工费 = 分项工程定额用工量 \times 地区综合平均工资标准 \tag{2-57}$$

$$材料费 = \sum（分项工程定额材料用量 \times 相应的材料预算价格） \tag{2-58}$$

$$施工机械使用费 = \sum（分项工程定额台班用量 \times 相应机械台班预算价格） \tag{2-59}$$

三、综合单价的编制

综合单价是指完成一个规定计量单位的分部分项工程量清单项目或措施清单项目所需的人工费、材料费、施工机械使用费和企业管理费与利润，以及一定范围内的风险费用。

（1）分部分项工程量清单的综合单价。应包括分部分项工程主体项目、辅助项目的人工、机械、材料、管理费、利润。

（2）措施项目清单中的综合单价。应根据拟建工程的施工组织设计或施工方案，详细分析其所包含的工程内容，再确定综合单价。

（3）其他项目清单中的综合单价。其他项目清单中的预留金、材料购置费、零星工作项目费均为估算、预测。

(4)综合单价计算。将工程量清单主体项目及其组合的辅助项目汇总，填入分部分项综合单价计算表。综合单价可以用建设行政主管部门的消耗量定额，也可采用企业的消耗定额。

第五节　计价模式

目前，我国的建筑工程造价计价模式有传统的定额计价与工程量清单计价两种，它们既有联系又有区别。

一、定额计价

（一）定额计价的基本程序

定额计价是一种与计划经济相适应的工程造价管理制度，是指国家通过统一的估算指标、概算指标、概算定额、预算定额，对建筑产品进行有计划管理的计价方法。

定额计价的基本程序如下：

$$\text{分部分项工程的工料单价} = \text{人工费} + \text{材料费} + \text{机械使用费} \tag{2-60}$$

其中

$$\text{单位工程直接费} = \sum(\text{分部分项工程量} \times \text{工料单价}) + \text{措施费} \tag{2-61}$$

$$\text{单位工程概预算造价} = \sum\text{单位工程直接费} + \text{间接费} + \text{利润} + \text{税金} \tag{2-62}$$

$$\text{单项工程概预算造价} = \sum\text{单位工程概预算造价} + \text{设备、工器具购置费} \tag{2-63}$$

$$\text{建设项目总概算造价} = \sum\text{单项工程的概算造价} + \text{预备费} + \text{建设期贷款利息} \tag{2-64}$$

（二）工程定额计价的性质

我国建筑产品价格市场化经历了“国家定价—国家指导价—国家调控价”三个阶段。定额计价是以概预算定额、各种费用定额为基础依据，按照规定的计算程序确定工程造价的特殊计价方法。因此，利用工程建设定额计算工程造价就价格形成而言，介于国家指导价和国家调控价之间。

(1)第一阶段是国家定价阶段。其主要特征是：

①这种“价格”分为设计概算、施工图预算、工程费用签证和竣工结算。

②这种“价格”属于国家定价的价格形式，国家是这一价格形式的决策主体。

(2)第二阶段是国家指导价阶段。其价格形成的特征是：

①计划控制性。作为评标基础的标底价格要按照国家工程造价管理部门规定的定额和有关取费标准制定，标底价格的最高数额受到国家批准的工程概算控制。

②国家指导性。国家工程招标管理部门对标底的价格进行审查，管理部门组成的监督小组直接监督、指导大中型工程招标、投标、评标和决标过程。

③竞争性。投标单位可以根据本企业的条件和经营状况确定投标报价，并以价格作为竞争承包工程手段。招标单位可以在标底价格的基础上，择优确定中标单位和工程中标价格。

(3)第三阶段是国家调控价阶段。国家调控招标投标价格形成特征如下：

①自发形成。应由工程发承包双方根据工程自身的物质劳动消耗、供求状况等协商议定，不受国家计划调控。

②自发波动。随着工程市场供求关系的不断变化，工程价格经常处于上升或者下降的波动之中。

③自发调节。通过价格的波动，自发调节建筑产品的品种和数量，以保持工程投资与工程生产能力的平衡。

二、工程量清单计价

(一)工程量清单计价的概念和作用

工程量清单计价是指在建设工程招标投标中，招标人按照国家统一的《建设工程工程量清单计价规范》(GB 50500—2008)(简称《计价规范》)的要求编制和提供工程量清单，投标人依据工程量清单、拟建工程的施工方案，结合自身实际情况并考虑风险因素后自主报价的工程造价计价模式。

工程量清单计价的作用如下：

(1)有利于规范建设市场计价行为，规范建设市场秩序。

(2)促进建设市场有序竞争和企业健康发展。

(3)适应于我国建设市场对外开放的需要。

(4)有利于工程款的拨付和工程造价的最终确定。

(5)有利于业主投资控制。

(二)工程量清单计价规范

《建设工程工程量清单计价规范》(GB 50500—2008)是规范工程造价计价行为，统一建设工程工程量清单的编制和计价方法。

(三)工程量清单计价的基本内容和方法

1. 工程量清单编制

工程量清单是工程量清单计价的基础，应作为编制招标控制价、投标报价、计算工程量、支付工程款、调整合同价款、办理竣工结算以及工程索赔等的依据之一。

工程量清单应由分部分项工程量清单、措施项目清单、其他项目清单、规费项目清单、税金项目清单组成。

1)分部分项工程量清单

分部分项工程量清单应包括项目编码、项目名称、项目特征、计量单位和工程量。其根据《计价规范》规定的项目编码、项目名称、项目特征、计量单位和工程量计算规则进行编制。

分部分项工程量清单的项目编码应采用12位阿拉伯数字表示。1~9位应按《计价规范》中附录的规定设置，10~12位应根据拟建工程的工程量清单项目名称设置。同一招标工程的项目编码不得有重码。

2)措施项目清单

措施项目清单应根据拟建工程的实际情况列项。通用措施项目可按通用措施项目一览表(见表2-1)选择列项，专业工程的措施项目可按《计价规范》中附录规定的项目选择列项。若出现《计价规范》未列的项目，可根据工程实际情况补充。

表 2-1　通用措施项目一览表

序号	项目名称
1	安全文明施工(含环境保护、文明施工、安全施工、临时设施)
2	夜间施工
3	二次搬运
4	冬雨季施工
5	大型机械设备进出场及安拆
6	施工排水
7	施工降水
8	地上、地下设施,建筑物的临时保护设施
9	已完工程及设备保护

措施项目中可以计算工程量的项目清单宜采用分部分项工程量清单的方式编制,列出项目编码、项目名称、项目特征、计量单位和工程量计算规则,不能计算工程量的项目清单,以“项”为计量单位。

3)其他项目清单

其他项目清单宜按照下列内容列项:暂列金额、暂估价(包括材料暂估单价、专业工程暂估价)、计日工、总承包服务费。

4)规费项目清单

规费项目清单应按照下列内容列项:工程排污费、工程定额测定费、社会保障费(包括养老保险费、失业保险费、医疗保险费)、住房公积金、危险作业意外伤害保险费。

5)税金项目清单

税金项目清单应包括下列内容:营业税、城市维护建设税、教育费附加。

2. 工程量清单计价的基本程序

工程量清单计价是指按照招标文件的规定,完成招标人提供的工程量清单所列项目的全部费用,包括分部分项工程费、措施项目费、其他项目费、规费和税金。分部分项工程量清单应采用综合单价计价。

$$\text{分部分项工程费} = \sum(\text{分部分项工程量} \times \text{分部分项工程综合单价}) \tag{2-65}$$

$$\text{措施项目费} = \sum(\text{措施项目工程量} \times \text{措施项目综合单价}) \tag{2-66}$$

$$\text{其他项目费} = \text{招标人部分费用} + \text{投标人费用} \tag{2-67}$$

$$\text{单位工程报价} = \text{分部分项工程费} + \text{措施项目费} + \text{其他项目清单} + \text{规费} + \text{税金} \tag{2-68}$$

$$\text{单项工程报价} = \sum\text{单位工程报价} \tag{2-69}$$

$$\text{建设项目总报价} = \sum\text{单项工程报价} \tag{2-70}$$

3. 工程量清单计价表格

工程量清单封面、招标控制价封面、投标总价封面、竣工结算总价封面如下。

______________工程

工 程 量 清 单

工程造价

招 标 人:______________ 咨 询 人:______________

（单位盖章）（单位资质专用章）

法定代表人 法定代表人

或其授权人:______________ 或其授权人:______________

（签字或盖章）（签字或盖章）

编 制 人:______________ 复 核 人:______________

（造价人员签字盖专用章）（造价工程师签字盖专用章）

编制时间： 年 月 日

复核时间： 年 月 日

__________________工程

招 标 控 制 价

招标控制价(小写):__________________

(大写):__________________

招　标　人:__________ (单位盖章)	工程造价 咨　询　人:__________ (单位资质专用章)
法定代表人 或其授权人:__________ (签字或盖章)	法定代表人 或其授权人:__________ (签字或盖章)
编　制　人:__________ (造价人员签字盖专用章)	复　核　人:__________ (造价工程师签字盖专用章)

编制时间：　　年　月　日

复核时间：　　年　月　日

投 标 总 价

招　标　人：__________

工 程 名 称：__________

投 标 总 价(小写)：__________

（大写）：__________

投　标　人：__________

（单位盖章）

法定代表人

或其授权人：__________

（签字或盖章）

编　制　人：__________

（造价人员签字盖专用章）

编制时间：　　年　月　日

______________工程

竣工结算总价

中标价(小写):______________

(大写):______________

结算价(小写):______________

(大写):______________

工 程 造 价

发 包 人:________	承 包 人:________	咨 询 人:________
(单位盖章)	(单位盖章)	(单位资质专用章)
法定代表人	法定代表人	法定代表人
或其授权人:________	或其授权人:________	或其授权人:________
(签字或盖章)	(签字或盖章)	(签字或盖章)

编 制 人 :______________	核 对 人 :______________
(造价人员签字盖专用章)	(造价工程师签字盖专用章)

编制时间: 年 月 日

核对时间: 年 月 日

工程项目招标控制价/投标报价汇总表见表2-2，单项工程招标控制价/投标报价汇总表见表2-3，单位工程招标控制价/投标报价汇总表见表2-4，工程项目竣工结算汇总表见表2-5，单项工程竣工结算汇总表见表2-6，单位工程竣工结算汇总表见表2-7，分部分项工程量清单与计价表见表2-8，工程量清单综合单价分析表见表2-9，措施项目清单与计价表(一)见表2-10，措施项目清单与计价表(二)见表2-11，其他项目清单与计价汇总表见表2-12，暂列金额明细表见表2-13，材料暂估单价表见表2-14，专业工程暂估价表见表2-15，计日工表见表2-16，总承包服务费计价表见表2-17。

表2-2　工程项目招标控制价/投标报价汇总表

工程名称：　　　　　　　　　　　　　　　　　　　　　　　　　第　页　共　页

序号	单项工程名称	金额(元)	其中		
			暂估价(元)	安全文明施工费(元)	规费(元)
	合计				

注：本表适用于工程项目招标控制价或投标报价的汇总。

表2-3　单项工程招标控制价/投标报价汇总表

工程名称：　　　　　　　　　　　　　　　　　　　　　　　　　第　页　共　页

序号	单位工程名称	金额(元)	其中		
			暂估价(元)	安全文明施工费(元)	规费(元)
	合计				

注：本表适用于单项工程招标控制价或投标报价的汇总。暂估价包括分部分项工程中的暂估价和专业工程暂估价。

表2-4　单位工程招标控制价/投标报价汇总表

工程名称：　　　　　　　　　　标段：　　　　　　　　　　　　第　页　共　页

序号	汇总内容	金额(元)	其中：暂估价(元)
1	分部分项工程		
1.1			
1.2			
2	措施项目		
2.1	安全文明施工费		
3	其他项目		
3.1	暂列金额		
3.2	专业工程暂估价		
3.3	计日工		
3.4	总承包服务费		
4	规费		
5	税金		
招标控制价合计=1+2+3+4+5			

注：本表适用于单位工程招标控制价或投标报价的汇总，若无单位工程划分，单项工程也使用本表汇总。

表 2-5　工程项目竣工结算汇总表

工程名称：　　　　　　　　　　　　　　　　　　　　　　　　第　页　共　页

序号	单项工程名称	金额（元）	其中	
			安全文明施工费（元）	规费（元）
	合计			

表 2-6　单项工程竣工结算汇总表

工程名称：　　　　　　　　　　　　　　　　　　　　　　　　第　页　共　页

序号	单位工程名称	金额（元）	其中	
			安全文明施工费（元）	规费（元）
	合计			

表 2-7　单位工程竣工结算汇总表

工程名称：　　　　　　　　　　标段：　　　　　　　　　　　第　页　共　页

序号	汇总内容	金额（元）
1	分部分项工程	
1.1		
1.2		
1.3		
1.4		
1.5		
2	措施项目	
2.1	安全文明施工费	
3	其他项目	
3.1	专业工程结算价	
3.2	计日工	
3.3	总承包服务费	
3.4	索赔与现场签证	
4	规费	
5	税金	
	竣工结算总价合计 =1 +2 +3 +4 +5	

注：若无单位工程划分，单项工程也使用本表汇总。

表 2-8　分部分项工程量清单与计价表

工程名称：　　　　　　　　　　　　　标段：　　　　　　　　　　　　　第　页 共　页

<table>
<tr><td rowspan="2">序号</td><td rowspan="2">项目编码</td><td rowspan="2">项目名称</td><td rowspan="2">项目特征描述</td><td rowspan="2">计量单位</td><td rowspan="2">工程量</td><td colspan="3">金额(元)</td></tr>
<tr><td>综合单价</td><td>合价</td><td>其中:暂估价</td></tr>
<tr><td></td><td></td><td></td><td></td><td></td><td></td><td></td><td></td><td></td></tr>
<tr><td></td><td></td><td></td><td></td><td></td><td></td><td></td><td></td><td></td></tr>
<tr><td></td><td></td><td></td><td></td><td></td><td></td><td></td><td></td><td></td></tr>
<tr><td colspan="7">本页小计</td><td></td><td></td></tr>
<tr><td colspan="7">合计</td><td></td><td></td></tr>
</table>

注:根据建设部、财政部《关于印发〈建筑安装工程费用组成〉的通知》(建标[2003]206 号)的规定,为计取规费等的使用,可在表中增设其中:“直接费”、“人工费”或“人工费+机械费”。

表 2-9　工程量清单综合单价分析表

工程名称：　　　　　　　　　　　　　标段：　　　　　　　　　　　　　第　页 共　页

<table>
<tr><td>项目编码</td><td colspan="3"></td><td colspan="2">项目名称</td><td colspan="2"></td><td colspan="2">计量单位</td><td colspan="2"></td></tr>
<tr><td colspan="12">清单综合单价组成明细</td></tr>
<tr><td rowspan="2">定额编号</td><td rowspan="2">定额名称</td><td rowspan="2">定额单位</td><td rowspan="2">数量</td><td colspan="4">单价(元)</td><td colspan="4">合价(元)</td></tr>
<tr><td>人工费</td><td>材料费</td><td>机械费</td><td>管理费和利润</td><td>人工费</td><td>材料费</td><td>机械费</td><td>管理费和利润</td></tr>
<tr><td></td><td></td><td></td><td></td><td></td><td></td><td></td><td></td><td></td><td></td><td></td><td></td></tr>
<tr><td></td><td></td><td></td><td></td><td></td><td></td><td></td><td></td><td></td><td></td><td></td><td></td></tr>
<tr><td></td><td></td><td></td><td></td><td></td><td></td><td></td><td></td><td></td><td></td><td></td><td></td></tr>
<tr><td>人工单价</td><td colspan="7">小计</td><td></td><td></td><td></td><td></td></tr>
<tr><td>元/工日</td><td colspan="7">未计价材料费</td><td colspan="4"></td></tr>
<tr><td colspan="8">清单项目综合单价</td><td colspan="4"></td></tr>
<tr><td rowspan="6">材料费明细</td><td colspan="5">主要材料名称、规格、型号</td><td>单位</td><td>数量</td><td>单价(元)</td><td>合价(元)</td><td>暂估单价(元)</td><td>暂估合价(元)</td></tr>
<tr><td colspan="5"></td><td></td><td></td><td></td><td></td><td></td><td></td></tr>
<tr><td colspan="5"></td><td></td><td></td><td></td><td></td><td></td><td></td></tr>
<tr><td colspan="5"></td><td></td><td></td><td></td><td></td><td></td><td></td></tr>
<tr><td colspan="7">其他材料费</td><td>—</td><td></td><td>—</td><td></td></tr>
<tr><td colspan="7">材料费小计</td><td>—</td><td></td><td>—</td><td></td></tr>
</table>

注:1. 若不使用省级或建设行业主管部门发布的计价依据,可不填定额项目、编号等。

2. 招标文件提供了暂估单价的材料,按暂估的单价填入表内“暂估单价”栏及“暂估合价”栏。

表 2-10　措施项目清单与计价表(一)

工程名称：　　　　　　　　　　　　标段：　　　　　　　　　　　　第　页　共　页

序号	项目名称	计算基础	费率(%)	金额(元)
1	安全文明施工费			
2	夜间施工费			
3	二次搬运费			
4	冬雨季施工			
5	大型机械设备进出场及安拆费			
6	施工排水			
7	施工降水			
8	地上、地下设施,建筑物的临时保护设施			
9	已完工程及设备保护			
10	各专业工程的措施项目			
合计				

注:1. 本表适用于以"项"计价的措施项目。

2. 根据建设部、财政部《关于印发〈建筑安装工程费用组成〉的通知》(建标[2003]206 号)的规定,"计算基础"可为"直接费"、"人工费"或"人工费+机械费"。

表 2-11　措施项目清单与计价表(二)

工程名称：　　　　　　　　　　　　标段：　　　　　　　　　　　　第　页　共　页

序号	项目编码	项目名称	项目特征描述	计量单位	工程量	金额(元)	
						综合单价	合价
本页小计							
合计							

注:本表适用于以综合单价形式计价的措施项目。

表 2-12 其他项目清单与计价汇总表

工程名称：　　　　　　　　　　　　标段：　　　　　　　　　　　　第　页　共　页

序号	项目名称	计量单位	金额(元)	备注
1	暂列金额			
2	暂估价			
2.1	材料暂估价			
2.2	专业工程暂估价			
3	计日工			
4	总承包服务费			
5				
合计				

注：材料暂估单价进入清单项目综合单价，此处不汇总。

表 2-13 暂列金额明细表

工程名称：　　　　　　　　　　　　标段：　　　　　　　　　　　　第　页　共　页

序号	项目名称	计量单位	暂定金额(元)	备注
1				
2				
3				
合计				—

注：此表由招标人填写，若不能详列，也可只列暂定金额总额，投标人应将上述暂列金额计入投标总价中。

表 2-14 材料暂估单价表

工程名称：　　　　　　　　　　　　标段：　　　　　　　　　　　　第　页　共　页

序号	材料名称、规格、型号	计量单位	单价(元)	备注

注：1. 此表由招标人填写，并在备注栏说明暂估价的材料拟用在哪些清单项目上，投标人应将上述材料暂估单价计入工程量清单综合单价报价中。

2. 材料包括原材料、燃料、构配件以及按规定应计入建筑安装工程造价的设备。

表 2-15　专业工程暂估价表

工程名称：　　　　　　　　　　　　标段：　　　　　　　　　　　第　页　共　页

序号	工程名称	工程内容	金额(元)	备注
合计				

注：此表由招标人填写，投标人应将上述专业工程暂估价计入投标总价中。

表 2-16　计日工表

工程名称：　　　　　　　　　　　　标段：　　　　　　　　　　　第　页　共　页

编号	项目名称	单位	暂定数量	综合单价(元)	合价(元)
一	人工				
1					
2					
人工小计					
二	材料				
1					
2					
材料小计					
三	施工机械				
1					
2					
施工机械小计					
总计					

注：此表项目名称、数量由招标人填写。编制招标控制价时，单价由招标人按有关计价规定确定；投标时，单价由投标人自主报价，计入投标总价中。

表 2-17　总承包服务费计价表

工程名称：　　　　　　　　　　　　标段：　　　　　　　　　　　第　页　共　页

序号	项目名称	项目价值(元)	服务内容	费率(%)	金额(元)
1	发包人发包专业工程				
2	发包人供应材料				
合计					

思考题与习题

1. 什么是工程定额？它的特点是什么？如何分类？
2. 什么是工序、工作过程、综合工作过程？
3. 工人工时的定额时间包括哪些内容？哪些是非定额时间？
4. 施工定额中的劳动定额的表现形式有哪些？
5. 施工定额中的机械台班消耗定额的表现形式有哪些？
6. 施工定额中的材料消耗定额的实体性材料、周转性材料的消耗定额如何确定？
7. 简述预算定额的概念与作用。
8. 预算定额中的人工消耗量指标如何确定？
9. 预算定额中的机械台班消耗量指标如何确定？
10. 简述概算定额、概算指标的概念。
11. 基础单价包括哪些？
12. 人工工日单价如何确定？
13. 材料预算价格如何计算？
14. 简述机械台班使用费的组成内容。
15. 简述工程单价的概念和分类。
16. 什么是定额计价？基本程序包括哪些？
17. 什么是工程量清单计价？

第三章　建设项目决策阶段的工程造价控制

【学习目标】

1. 理解建设项目决策阶段与工程造价的关系。
2. 了解建设项目可行性研究的编制内容。
3. 掌握投资估算各个组成部分的编制方法。
4. 理解风险分析的意义及方法。
5. 理解财务评价指标体系和掌握财务评价的方法。

【能力要求】

1. 具有进行建设项目可行性研究的基本能力。
2. 具有投资估算的编制能力。
3. 具备进行财务评价的一般能力。
4. 具有运用风险分析的方法的能力。

第一节　建设项目决策与工程造价的关系

一、建设项目决策的含义

项目投资决策是选择和决定投资行动方案的过程,是对拟建项目的必要性和可行性进行技术经济论证,对不同建设方案进行技术经济比较及作出判断和决定的过程。项目投资决策主要论证项目的技术可行性和经济合理性,在论证经济合理性时要综合运用财务评价和国民经济评价进行有效的论证。项目决策正确与否直接关系到项目建设的成败,关系到工程造价的高低及投资效果的好坏,关系到项目今后的运行状态,关系到国家的资金流向。正确决策是合理确定与控制工程造价的前提。正确的项目投资行动来源于正确的项目投资决策。

二、建设项目决策与工程造价的关系

建设项目决策的正确性和深度决定着工程造价的合理性,同时工程造价的高低也影响着项目决策,它们相互影响、相互制约。

(1)项目决策的正确性是工程造价合理性的前提。项目决策正确,意味着对项目建设作出科学的决断,优选出最佳投资行动方案,达到资源的合理配置。这样才能合理地估计和计算工程造价,并且在工程实施过程中有效地控制工程造价。项目决策失误主要体现在对不该建设的项目进行投资建设,或者项目建设地点的选择错误,或者投资方案的确定不合理等。诸如此类的决策失误会直接带来不必要的资金投入和人力、物力及财力的

浪费，甚至造成不可弥补的损失，比如全世界都存在的烂尾楼。在这种情况下，进行工程造价的计价与控制已经显得很无力了。因此，项目决策的正确性是工程造价合理性的前提，要实现工程造价的合理性，事先就要保证项目决策的正确性，同时项目决策也是进行工程造价计算的主要依据。

(2)项目决策的内容是决定工程造价的基础。工程造价的计价与控制贯穿于项目建设全过程，但决策阶段各项技术经济决策对该项目的工程造价有重大影响，特别是建设标准的确定、建设地点的选择、工艺的评选、设备的选用等，是影响工程造价的最主要因素。据有关资料统计，在项目建设各阶段中，投资决策阶段影响工程造价的程度最高，达到70% ~90%。因此，决策阶段是决定工程造价的基础阶段，直接影响着决策阶段之后的各个建设阶段工程造价的计价与控制是否科学、合理。所以，我们必须把工程造价控制的重点从施工阶段转移到项目决策和设计阶段。

(3)工程造价的高低反过来影响项目决策。决策阶段的投资估算是可行性研究报告的重要组成部分，是进行投资方案选择的重要依据之一，同时也是决定项目是否可行及主管部门进行项目审批的参考依据。因此，工程造价的高低及实际的融资能力反过来会影响项目决策。

(4)项目决策的深度影响投资估算的精确度，也影响工程造价的控制效果。投资决策过程是一个由浅入深、不断深化的过程，依次分为若干工作阶段，不同阶段决策的深度不同，投资估算的精确度也不同。如投资机会及项目建议书阶段是初步决策阶段，投资估算的误差率在 ±30%左右；而详细可行性研究阶段是最终决策阶段，投资估算误差率在 ±10%以内。另外，由于在项目建设各阶段（即决策阶段、初步设计阶段、技术设计阶段、施工图设计阶段、工程招标投标及承包发包阶段、施工阶段以及竣工验收阶段）中，通过工程造价的确定与控制，相应形成投资估算、设计概算、修正概算、施工图预算、承包合同价、结算价及竣工决算。这些造价形式之间存在着前者控制后者、后者补充前者的相互作用关系。按照前者控制后者的制约关系，意味着投资估算对其后面的各种形式的造价起着制约作用，作为限额目标。由此可见，只有加强项目决策的深度，采用科学的估算方法和可靠的数据资料，合理地计算投资估算，保证投资估算，才能保证其他阶段的造价被控制在合理范围内，使投资控制目标能够实现，避免“三超”（超估算、超概算、超预算）现象的发生。

三、项目决策阶段影响工程造价的主要因素

建设项目工程造价的高低主要取决于项目的建设标准。建设标准是工程项目前期工作中，对项目决策中有关建设的原则、等级、规模、建筑面积、工艺设备配置、建设用地和主要技术经济指标等方面进行的规定。制定建设标准的目的在于建立工程项目的建设活动秩序，适应社会主义市场经济体制要求，加强固定资产投资与建设宏观调控，指导建设项目科学决策和管理，合理确定项目建设水平，充分利用资源，推动技术进步，不断提高投资效益。

建设标准的内容包括影响工程项目投资效益的主要方面，其具体内容应根据各类工程项目的不同情况确定。工业项目一般包括建设条件、建设规模、项目构成、工艺与装备、配套工程、建筑标准、建设用地、环境保护、劳动定员、建设工期、投资估算指标和主要技术

经济指标等，民用项目一般包括建设规模、建设等级、建筑标准、建设设备、建设用地、建设工期、投资估算指标和主要技术经济指标等。能否起到控制工程造价、指导建设投资的作用，关键在于标准水平定得合理与否。标准水平定得过高，会脱离我国的实际情况和财力、物力的承受能力，增加造价；标准水平定得过低，会妨碍技术进步，影响国民经济的发展和人民生活的改善。大多数工业交通项目应采用中等适用的标准，对少数引进国外先进技术和设备的项目或少数有特殊要求的项目，标准可适当高些。在建筑方面，应坚持经济、适用、安全、朴实的原则。建设项目标准中的各项规定能定量的应尽量给出指标，不能定量的要有定性的原则要求。

（一）建设规模

建设规模是指项目设定的正常生产营运年份可能达到的生产能力或者使用效益。项目规模的合理选择关系着项目的成败，决定着工程造价合理与否，其制约因素有市场因素、技术因素和环境因素等。此外，对于不同行业、不同类型项目确定建设规模时，还应考虑各行业特定的制约因素，如水电建设项目一般要考虑项目的社会综合效益。

（二）建设地区及建设地点（厂址）

不同地区的资源环境、当地材料价格、区域政策各有差异，因此对建设项目的造价会产生直接或者间接的影响，从而造成工程造价的地区差异性。其具体要考虑以下几方面的因素：

（1）要符合国民经济发展战略规划、国家工业布局总体规划和地区经济发展规划的要求。

（2）要根据项目的特点和需要，充分考虑原材料条件、能源条件、水源条件、各地区对项目产品的需求及运输条件等。

（3）要综合考虑气象、地质、水文等建厂的自然条件。

（4）要充分考虑劳动力来源、生活环境、协作、施工力量、风俗文化等社会环境因素的影响。

建设地区的选择要遵循以下两个基本原则：临近原料、燃料提供地和产品消费地的原则，从而可以有效地节约运输成本，工业项日适当聚集的原则，这样一方面便于对工业项目进行统一管理，另一方面也可以促进规模化生产，节约成本。

建设地区及建设地点（厂址）的选择，应从以下两方面进行分析：

（1）选择建设地点的要求。节约土地；减少拆迁移民；尽量选在工程地质、水文地质条件较好的地段，土壤耐压力应满足建厂要求，地下水位尽可能低于地下建筑物基准面；厂区土地面积与外形能满足建筑要求；厂区地形力求平坦而略有坡度；应靠近铁路、公路、水路；应便于供电、供热和其他协作条件的取得；应尽量减少对环境的污染。

（2）厂址选择时的费用比较。从项目投资费用、项目投产后生产经营费用两个方面进行分析，尽量选择总费用较低的方案，同时要考虑资金的时间价值。

（三）技术方案

先进适用的技术方案一般能够有效节约工程的建设成本，因此在保证项目安全运行的前提下，尽量选择先进的施工技术方案。另外，在选择项目建设方案的同时要考虑项目的今后运行方案或产品的加工工序等因素。

技术方案选择的基本原则：先进适用，安全可靠，经济合理。

技术方案选择的内容：一是生产方法选择，生产方法直接影响着生产工艺流程的选择；二是工艺流程方案选择，即指投入物（原料或半成品）经过有次序的生产加工，成为产出物（产品或加工品）的过程。

（四）设备方案

设备费一般在固定资产投资中所占的比重较大，并且设备的先进与否、设备间的衔接配套问题直接关系到项目今后的运行成本。

对于主要设备方案的选择，应符合以下要求：

（1）主要设备方案应与确定的建设规模、产品方案和技术方案相适应，并满足项目投产后生产或使用的要求。

（2）主要设备之间、主要设备与辅助设备之间能力要相互匹配。

（3）设备质量可靠、性能成熟，保证生产和产品质量稳定。

（4）在保证设备性能的前提下，力求经济合理。

（5）选择的设备应符合政府部门或专门机构发布的技术标准要求。

在设备选用时，应注意以下问题：

（1）尽量选用国产设备。

（2）注意进口设备间、国内外设备间的衔接配套问题。

（3）进口设备与原国产设备、厂房之间的配套问题。

（4）进口设备与原材料、备品备件、维修能力间的配套问题。

第二节　建设项目可行性研究

一、可行性研究概述

可行性研究是基本建设程序的一个重要组成部分，也是进行基本建设的一项重要工作。在可行性研究阶段需要提出可行性研究报告，对工程规模、布置方式等提出初步方案并进行论证；估算工程总投资及总工期，对工程兴建的必要性及经济合理性提出评价。

项目可行性研究是指在投资决策之前，对拟建项目进行全面的技术经济分析论证并对其作出可行或不可行评价的一种科学方法。它是项目管理工作的重要内容，是项目管理程序的重要环节，是项目的投资决策中必不可少的一道工作程序。在投资项目管理中，可行性研究是指在项目投资决策之前，调查、研究与拟建项目有关的自然、社会、经济、技术资料，分析、比较可能的投资建设方案，预测、评价项目建成后的社会经济效益，并在此基础上，综合论证项目投资建设的必要性，财务上的盈利性和经济上的合理性，技术上的先进性和适用性，以及建设条件上的可能性和可行性，从而为投资决策提供科学依据的工作。一个完整的可行性研究报告至少应包括以下方面的内容：一是分析论证投资项目建设的必要性，这主要是通过市场预测工作来完成的；二是分析项目投资建设的可行性，这主要是通过生产建设条件、技术分析和生产工艺论证来完成的；三是分析项目投资建设的合理性（财务上的盈利性和经济上的合理性），这主要是通过项目的效益分析来完成的。其中，项目投资建设的合理性分析是可行性研究中最核心的问题。

项目可行性研究的任务主要是通过对拟建项目进行投资方案规划、工程技术论证、经济效益的预测和分析，经过对多个方案的比较和评价，为项目决策提供可靠的依据和可行的建议，并应明确回答项目是否应该投资和怎样投资。因此，项目可行性研究是保证项目以一定的投资耗费取得最佳经济效果的科学手段。通过项目的可行性研究，可以避免和减少项目投资决策的失误、强化投资决策的科学性和客观性、提高项目的综合效益。

二、可行性研究报告的编制

(一)可行性研究的内容

建设项目种类繁多，要求和条件各不相同，各有重点。但通常应包括下述内容：

(1)总论。

(2)市场需求情况和拟建规模。

(3)资源、原材料、燃料及公用设施。

(4)场址方案和建厂条件。

(5)技术、工艺和设计方案。

(6)环境保护及防震、防洪等措施。

(7)企业组织、劳动定员和人员培训。

(8)建设进度计划。

(9)投资估算与资金筹措。

(10)财务和经济效益评价。

(11)综合评价。

在可行性研究报告中，应将有关的调查研究资料及文件、协议、合同、附表、附图等作为附件备查。

(二)可行性研究的步骤

可行性研究一般按以下五个步骤进行。

1.筹划准备

在项目建议书被批准之后，建设单位（主管部门或企业）即可委托工程咨询公司对拟建项目进行可行性研究，双方签订合同协议，明确规定可行性研究的工作范围、目标意图、进度安排、费用支付办法及协作方式等内容。承担单位接受委托时，应获得项目建议书和有关项目背景及文件，搞清委托者的目的和要求，明确研究内容，制定工作计划，并收集有关的基础资料、基本参数、指标、规范、标准等基本依据。

2.调查研究

调查研究主要从市场调查和资源调查两方面进行。市场调查应查明和预测产品的需求量、价格和竞争能力，以便确定产品方案和经济规模；资源调查包括原材料、能源、工艺技术、厂址、建材、劳动力、运输条件、外围基础设施、环境保护、组织管理和人员培训等自然、社会和经济的调查，为选定建设地点、生产工艺、技术方案、设备选型、组织机构和定员等提供确切的技术经济分析资料。

3.方案选择和优化

根据项目建议书的要求，结合市场和资源调查，以收集到的资料和数据为依据，建立几种可供选择的技术方案和建设方案，进行反复的方案论证和比较，会同委托部门明确方案选择的重大原则问题和优选标准，从若干个方案中选择合理方案，研究论证项目在技术上的可行性，进一步确定产品方案、生产的经济规模、工艺流程、设备选型、车间组成、组织机构和人员配置等方案。

4. 财务分析与经济评价

对经上述分析后确定的最佳方案进行详细的财务预测、财务分析、经济效益和国民经济评价。由项目的投资、成本和销售收益进行盈利性分析、费用效益分析和不确定性分析，研究论证项目在经济上的合理性和盈利性，进一步提出资金筹措建议和项目实施总进度计划。

5. 编制可行性研究报告

经过上述分析与评价，即可编制详尽的可行性研究报告，推荐1个以上的可行方案和实施计划，提出结论性意见和措施建议，供决策部门作为决策的依据。

（三）可行性研究的依据

在我国，建设项目可行性研究的依据主要有：

（1）国家和地区经济建设的方针、政策和长远规划。

（2）批准的项目建议书或同等效力的文件。

（3）国家批准的资源报告、工业基地规划、国土开发整治规划、交通网络规划、河流流域规划等。

（4）自然、地理、气象、地质、水文、经济、社会等基础资料。

（5）有关工程技术方面的标准、规范、指标、要求等资料。

（6）国家统一规定的经济参数和指标。

三、可行性研究报告的审批

根据《国务院关于投资体制改革的决定》（国发[2004]20号），政府对于投资项目的管理分为审批、核准和备案三种方式（见表3-1）。凡企业不使用政府性资金投资建设的项目，政府实行核准制或备案制。其中，企业投资建设实行核准制的项目，仅需向政府提交项目申请报告，而无需报批项目建议书、可行性研究报告和开工报告。备案制无需提交项目申请报告，只要备案即可。

表3-1 政府对于投资项目的管理方式

项目类别	政府管理方式
政府直接投资和资本金注入的项目	审批项目建议书和可行性研究报告
政府采用投资补助、转贷和贷款贴息方式的项目	不再审批项目建议书和可行性研究报告，只审批资金申请报告
企业不使用政府性资金投资建设的重大项目和限制类项目	从维护社会公共利益角度进行核准
企业不使用政府性资金投资建设的非重大项目和限制类项目	采用备案制

对于政府投资项目、只有直接投资和资本金注入方式的项目,政府需要对可行性研究报告进行审批,其他项目无需审批可行性研究报告。具体规定如下:

(1)使用中央预算内投资、中央专项建设基金、中央统还国外贷款5亿元及以上项目,以及使用中央预算内投资、中央专项建设基金、统借自还国外贷款的总投资50亿元及以上项目由国家发展和改革委员会审核后报国务院审批。

(2)国家发展和改革委员会对地方政府投资项目只需审批项目建议书,无需审批可行性研究报告。

(3)对于使用国外援助性资金的项目:由中央统借统还的项目,按照中央政府直接投资项目进行管理,其可行性研究报告由国务院发展改革部门审批或审核后报国务院审批;省级政府负责偿还或提供还款担保的项目,按照省级政府直接投资项目进行管理,其项目审批权限按国务院及国务院发展改革部门的有关规定执行;由项目用款单位自行偿还且不需政府担保的项目,参照《政府核准的投资项目目录》规定办理。

第三节　建设项目投资估算

一、投资估算概述

(一)建设项目投资估算的概念

投资估算是指在项目投资决策过程中,依据现有资料和一定的方法,对建设项目的投资数额进行估计。它是项目建设前期编制项目建议书和可行性研究报告的重要组成部分,是项目决策的重要依据之一。投资估算的准确与否不仅影响到可行性研究工作的质量和经济评价的结果,而且也直接关系到下一阶段设计概算和施工图预算的编制,对建设项目资金筹措方案也有直接的影响。因此,编制全面而准确的投资估算文件是可行性研究乃至整个决策阶段造价管理的重要任务。

(二)建设投资估算的作用

(1)项目建议书阶段的投资估算是项目主管部门审批项目建议书的依据之一,并对项目的规划、规模起参考作用。

(2)项目可行性研究阶段的投资估算是项目投资决策的重要依据,也是研究、分析、计算项目投资经济效果的重要条件。当可行性研究报告被批准之后,其投资估算额即作为建设项目投资的最高限额,不得随意突破。

(3)项目投资估算对工程设计概算起控制作用,设计概算应控制在投资估算额以内,不得突破批准的投资估算额。

(4)项目投资估算可作为项目资金筹措及制定建设贷款计划的依据,建设单位可根据批准的项目投资估算额进行资金筹措和向银行申请贷款。

(5)项目投资估算是核算建设项目固定资产投资需要额和编制固定资产投资计划的重要依据。

二、投资估算的方法

投资估算包括建设投资和流动资金估算。建设投资包括建筑工程费、设备及工器具购置费用、安装工程费、工程建设其他费用、基本预备费、涨价预备费和建设期借款利息，流动资金包括现金、银行存款、短期借款、其他货币资金和能随时变现的有价证券。

（一）建设投资静态部分的估算

不同阶段的投资估算，其计算方法和允许误差都是不同的。项目规划和项目建议书阶段，投资估算的精度要求比较低，可采取简单的计算方法，如单位生产能力估算法、生产能力指数法、类似工程类推法等。在可行性研究阶段，投资估算精度要求高，需采用相对详细的计算方法，如指标估算法、概算估算法。常用的投资估算方法有以下几种。

1. 单位生产能力估算法

依据已经建成投产的工程资料，利用相似工程的单位生产能力投资乘以待建项目的建设规模，得到拟建项目静态投资。其计算公式为

$$C_2 = \frac{C_1}{Q_1} Q_2 f \tag{3-1}$$

式中 C_1——已建类似项目的静态投资额；

C_2——拟建项目静态投资额；

Q_1——已建类似项目的生产能力；

Q_2——拟建项目的生产能力；

f——不同时期、不同地点的定额、单价、费用变更等的综合调整系数。

这种方法把项目的建设投资与其生产能力的关系视为简单的线性关系，各种环境变化对工程投资的影响只是按照一个系数简单处理，估算结果精确度较差。使用这种方法时要注意拟建项目的生产能力和类似项目的可比性，否则误差可能较大。通常可以把项目按其下属的车间、设施和装置进行分解，分别套用类似车间、设施和装置的单位生产能力投资指标计算，然后汇总求得项目总投资。这种方法的优点是用于新建项目或装置的估算十分简便迅速。

使用单位生产能力估算法时应注意以下几方面问题：

（1）地方性。地方性差异主要表现为两地经济情况不同，土地、水文情况不同，气候、自然条件差异，材料、设备的来源和运输状况不同等。

（2）配套性。一个工程项目或装置均有许多配套装置和设施，这些配套工程各不相同，由此可能产生种种差异。如公用工程、辅助工程和生活福利工程等，均随地方和工程规模的变化而各不相同，它们并不与主体工程的变化呈线性关系。

（3）时间性。工程建设项目的兴建不一定是在同一时间，时间差异或多或少存在，在这段时间内可能在技术、标准、价格等方面发生变化。

2. 生产能力指数法

生产能力指数法是根据已建成的类似项目生产能力和投资额来粗略估算拟建项目静态投资额的方法，是对单位生产能力估算法的改进，又称指数估算法。其计算公式为

$$C_2 = \left(\frac{C_1}{Q_1}\right)^x Q_2 f \tag{3-2}$$

式中 x——生产能力指数；

其他符号意义同前。

式(3-2)表明造价与规模(或容量)呈非线性关系,且单位造价随工程规模(或容量)的增大而减小。在正常情况下,$0 \leqslant x \leqslant 1$。在不同生产率水平的国家和不同性质的项目中,$x$ 的取值是不相同的。

若已建类似项目的生产规模与拟建项目生产规模相差不大,Q_1 与 Q_2 的比值为0.5～2,则指数 x 的取值近似为1。

若已建类似项目的生产规模与拟建项目生产规模相差不大于50倍,且拟建项目生产规模的扩大仅靠增大设备规模来达到,则 x 的取值为0.6～0.7。若拟建项目生产规模的扩大靠增加相同规格设备的数量来达到,则 x 的取值为0.8～0.9。

生产能力指数法主要应用于拟建装置或项目与用来参考的已知装置或项目的规模不同的场合。

3. 系数估算法

系数估算法也称因子估算法,它是以拟建项目的主体工程费或主要设备购置费为基数,以其他工程费与主体工程费的百分比为系数估算项目的静态投资的方法。这种方法简单易行,但是精度较低,一般用于项目建议书阶段。系数估算法的种类很多,在我国常用的方法有设备系数法和主体专业系数法,朗格系数法是世界银行项目投资估算常用的方法。

(1)设备系数法。以拟建项目的设备购置费为基数,根据已建成的同类项目的建筑安装费和其他工程费等与设备价值的百分比,求出拟建项目建筑安装工程费用和其他工程费用,进而求出项目的静态投资。

(2)主体专业系数法。以拟建项目中投资比重较大,并与生产能力直接相关的工艺设备投资为基数,根据已建同类项目的有关统计资料,计算出拟建项目各专业工程与工艺设备投资的百分比,据以求出拟建项目各专业投资,然后汇总即为拟建项目的静态投资。

(3)朗格系数法。以设备购置费为基数,乘以适当系数来推算项目的静态投资。计算时将项目建设中的总成本费用中的直接成本和间接成本分别计算,主要用于世界银行项目投资估算的测算。

4. 比例估算法

根据统计资料,先求出已有同类企业主要设备投资占项目静态投资的比例,然后估算出拟建项目的主要设备投资,即可按比例求出拟建项目的静态投资。其表达式为

$$I = \frac{1}{K} \sum_{i=1}^{n} (Q_i P_i) \tag{3-3}$$

式中 I——拟建项目的静态投资;

K——已建项目主要设备投资占拟建项目投资的比例;

n——设备种类数;

Q_i——第 i 种设备的数量;

P_i——第 i 种设备的单价(到厂价格)。

5. 指标估算法

指标估算法是把建设项目以单项工程或单位工程,按建设内容纵向划分为各个主要生产设施、辅助及公用设施、行政及福利设施以及各项其他基本建设费用,按费用性质横

向划分为建筑工程、设备购置、安装工程等,根据各种具体的投资估算指标,进行各单位工程或单项工程投资的估算,在此基础上汇集编制成拟建项目的各个单项工程费用和拟建项目的工程费用投资估算,再按相关规定估算工程建设其他费用、基本预备费等,形成拟建项目静态投资。

(二)建设投资动态部分的估算

建设投资动态部分主要是指价格变动可能增加的投资额,如果是涉外项目,还应该计算汇率的影响。动态部分的估算应以基准年静态投资的资金使用计划为基础来计算,而不是以编制的年静态投资为基础计算。这里主要介绍一下汇率变化对涉外项目的影响。

汇率是两种不同货币之间的兑换比率,或者说是以一种货币表示另一种货币的价格。汇率的变化意味着一种货币相对于另一种货币的升值或贬值。在我国,人民币与外币之间的汇率采取以人民币表示外币价格的形式给出,如 1 美元 =6.8 元人民币。由于涉外项目的投资中包含人民币以外的币种,需要按照相应的汇率把外币投资额换算为人民币投资额,所以汇率变化就会对涉外项目的投资额产生影响。

外币对人民币升值。项目从国外市场购买设备材料所支付的外币金额不变,但换算成人民币的金额增加;从国外借款,本息所支付的外币金额不变,但换算成的人民币的金额增加。

外币对人民币贬值。项目从国外市场购买设备材料所支付的外币金额不变,但换算成的人民币的金额减少;从国外借款,本息所支付的外币金额不变,但换算成人民币的金额减少。

估计汇率变化对建设项目投资的影响,是通过预测汇率在项目建设期内的变动程度,以估算年份投资额为基数计算求得的。

(三)建设投资估算表的编制

建设投资是项目费用的重要组成,是项目财务分析的基础数据。根据项目前期研究各阶段对投资估算精度的要求、行业的特点和相关规定,可选用相应的投资估算方法。在估算出建设投资后需编制建设投资估算表,为后期的融资决策提供依据。

按照费用归集形式,建设投资可按概算法或按形成资产法分类。

(1)按概算法分类。建设投资由工程费用、工程建设其他费用和预备费三部分构成。其中,工程费用又由建筑工程费、设备购置费(含工器具及生产家具购置费)和安装工程费构成。工程建设其他费用内容较多,且随行业和项目的不同而有所区别。预备费包括基本预备费和涨价预备费。按照概算法编制的建设投资估算表如表 3-2 所示。

(2)按形成资产法分类。建设投资由形成固定资产的费用、形成无形资产的费用、形成其他资产的费用和预备费四部分组成。固定资产费用是指项目投产时将直接形成固定资产的建设投资,包括工程费用和工程建设其他费用中按规定将形成固定资产的费用。后者被称为固定资产其他费用,主要包括建设管理费、可行性研究费、研究试验费、勘察设计费、环境影响评价费、场地准备及临时设施费、引进技术和引进设备其他费、工程保险费、联合试运转费、特殊设备安全监督检验费和市政公用设施建设及绿化费等。无形资产费用是指将直接形成无形资产的建设投资,主要是专利权、非专利技术、商标权、土地使用权和商誉等。其他资产费用是指建设投资中除形成固定资产和无形资产外的部分,如生产准备及开办费等。

表 3-2 建设投资估算表(概算法)

人民币单位:万元,外币单位:______

序号	工程或费用名称	建筑工程费	设备购置费	安装工程费	其他费用	合计	其中:外币	比例(%)
1	工程费用							
1.1	主体工程							
1.1.1	×××							
…	…							
1.2	辅助工程							
1.2.1	×××							
…	…							
1.3	公用工程							
1.3.1	×××							
…	…							
1.4	服务性工程							
1.4.1	×××							
…	…							
1.5	×××							
…	…							
2	工程建设其他费用							
2.1	×××							
…	…							
3	预备费							
3.1	基本预备费							
3.2	涨价预备费							
4	建设投资合计							
比例(%)								

对于土地使用权的特殊处理:按照有关规定,在尚未开发或建造自用项目前,土地使用权作为无形资产核算,房地产开发企业开发商品房时,将其账面价值转入开发成本;企业建造自用项目时将其账面价值转入在建工程成本。因此,为了与以后的折旧和摊销计算相协调,在建设投资估算表中通常可将土地使用权直接列入固定资产其他费用中。按形成资产法编制的建设投资估算表如表 3-3 所示。

表 3-3 建设投资估算表(形成资产法)

人民币单位:万元,外币单位:______

序号	工程或费用名称	建筑工程费	设备购置费	安装工程费	其他费用	合计	其中:外币	比例(%)
1	固定资产费用							
1.1	工程费用							
1.1.1	×××							
1.1.2	×××							
…	…							
1.2	固定资产其他费用							
1.2.1	×××							
…	…							
2	无形资产费用							
2.1	×××							
…	…							
3	其他资产费用							
3.1	×××							
…	…							
4	预备费							
4.1	基本预备费							
4.2	涨价预备费							
5	建设投资合计							
	比例(%)							

(四)建设期利息的估算

在建设投资分年计划的基础上可设定初步融资方案,对采用债务融资的项目应估算建设期利息。建设期利息是指筹措债务资金时在建设期内发生并按规定允许在投产后计入固定资产原值的利息,即资本化利息。

建设期利息包括银行借款和其他债务资金的利息,以及其他融资费用。其他融资费用是指某些债务融资中发生的手续费、承诺费、管理费、信贷保险费等融资费用。一般情况下应将其他融资费用单独计算并计入建设期利息；在项目研究的初期阶段，也可作粗略估算并计入建设投资；对于不涉及国外贷款的项目，在可行性研究阶段，也可作粗略估算并计入建设投资。

估算建设期利息，需要根据项目进度计划，提出建设投资分年计划，列出各年投资额，并明确其中的外汇和人民币。计算建设期利息时，为了简化计算，通常假定借款均在每年的年中支用，借款当年按半年计息，其余各年份按全年计息，计算公式为

$$各年应计利息=(年初借款本息累计+本年借款额/2)\times 有效年利率 \tag{3-4}$$

对于多种借款资金来源，每笔借款的年利率各不相同的项目，既可分别计算每笔借款的利息，也可先计算出各笔借款加权平均的年利率，并以此利率计算全部借款的利息。

(五)流动资金估算

项目运营需要流动资产投资，是指生产经营性项目投产后，为进行正常生产运营，用于购买原材料、燃料，支付工资及其他经营费用等所需的周转资金。流动资金估算一般采用分项详细估算法，个别情况或者小型项目可采用扩大指标法。

1.分项详细估算法

流动资金的显著特点是在生产过程中不断周转，其周转额的大小与生产规模及周转速度直接相关。分项详细估算法是根据周转额与周转速度之间的关系，对构成流动资金的各项流动资产和流动负债分别进行估算。在可行性研究中，为简化计算，仅对存货、现金、应收账款和应付账款四项内容进行估算，计算公式为

$$流动资金=流动资产-流动负债 \tag{3-5}$$

$$流动资产=应收账款+预付账款存货+现金 \tag{3-6}$$

$$流动负债=应付账款+预收账款 \tag{3-7}$$

$$流动资金本年增加额=本年付款+上年流动资金 \tag{3-8}$$

估算的具体步骤是首先计算各类流动资产和流动负债的年周转次数，然后分项估算占用的资金额。

(1)周转次数计算。周转次数是指流动资金的各个构成项目在一年内完成多少个生产过程。周转次数可用一年天数(通常按360天计算)除以流动资金最低周转天数计算，则各项流动资金年平均占用额度为流动资金的年周转额度除以流动资金的年周转次数，即

$$周转次数=\frac{360}{流动资金最低周转天数} \tag{3-9}$$

存货、现金、应收账款和应付账款的最低周转天数可参照同类企业的平均周转天数并结合项目特点确定。因此，周转次数又可以表示为流动资金年周转额除以各项流动资金年平均占有额度，即

$$周转次数=\frac{流动资金年周转额}{各项流动资金年平均占用额} \tag{3-10}$$

(2)应收账款估算。应收账款是指企业对外销售商品、提供劳务尚未收回的资金，计算公式为

$$应收账款=\frac{年经营成本}{应收账款周转次数} \tag{3-11}$$

（3）预付账款估算。预付账款是指企业为购买各类材料、半成品或服务所预先支付的款项，计算公式为

$$预付账款 = \frac{外购商品或服务年费金额}{预付账款周转次数} \tag{3-12}$$

（4）存货估算。存货是指企业在日常生产经营过程中持有以备出售，或者仍然处在生产过程，或者在生产或提供劳务过程中将要消耗的材料或物料等，包括各类材料、商品、在产品、半成品和产成品等。为简化计算，项目评价中仅考虑外购原材料、燃料、其他材料、在产品和产成品，并分项进行计算，计算公式为

$$存货 = 外购原材料、燃料 + 其他材料 + 在产品 + 产成品 \tag{3-13}$$

$$外购原材料、燃料 = \frac{年外购原材料、燃料费用}{分项周转次数} \tag{3-14}$$

$$其他材料 = \frac{年其他材料费用}{其他材料周转次数} \tag{3-15}$$

$$在产品 = \frac{年外购原材料、燃料 + 年工资及福利费 + 年修理费 + 年其他制造费}{在产品周转次数} \tag{3-16}$$

$$产成品 = \frac{年经营成本 - 年营业费用}{产成品周转次数} \tag{3-17}$$

其他制造费用是指由制造费用中扣除生产单位管理人员工资及福利费、折旧费、修理费后的其余部分。

（5）现金需要量估算。项目流动资金中的现金是指为维持正常运营必须预留的货币资金，计算公式为

$$现金需要量 = \frac{年工资及福利费 + 年其他费用}{现金周转次数} \tag{3-18}$$

$$\begin{aligned}年其他费用 = {} & 制造费用 + 管理费用 + 营业费用 - \\ & 以上三项费用中所含的工资及福利费、折旧费、摊销费、修理费\end{aligned} \tag{3-19}$$

（6）流动负债估算。流动负债是指将在一年或者超过一年的一个营业周期内偿还的债务，包括短期借款、应付票据、应付账款、预收账款、应付工资、应付福利费、应付股利、应缴税金、其他暂收应付款项、预提费用和一年内到期的长期借款等。在项目评价中，流动负债的估算可以只考虑应付账款和预收账款两项。计算公式为

$$应付账款 = \frac{外购原材料、燃料及其他材料年费用}{应付款周转次数} \tag{3-20}$$

$$预付账款 = \frac{预收的营业收入年金额}{预收账款周转次数} \tag{3-21}$$

2. 扩大指标估算法

扩大指标估算法是指根据现有同类企业的实际资料，求得各种流动资金率指标，也可依据行业或部门给定的参考值或经验确定比率，将各类流动资金率乘以相对应的费用基数来估算流动资金。一般常用的基数有销售收入、经营成本、总成本费用和固定资产投资

等,采用何种基数依行业习惯而定。扩大指标估算法简便易行,但准确度不高,适用于项目建设建议书阶段的估算。扩大指标估算法计算流动资金的公式为

$$年流动资金额 = 年费用基数 \times 各类流动资金率 \tag{3-22}$$

$$年流动资金额 = 年产量 \times 单位产品产量占用流动资金额 \tag{3-23}$$

(六)项目总投资与分年度投资计划

按照上述投资估算的内容和估算方法估算各类投资并进行汇总,就可以得到建设项目的总投资。估算出总投资后,根据项目进度计划的安排、每年计划完成的工作量,可以得到分年度投资计划。

三、财务基础数据的估算(测算)

财务基础数据测算是在经过项目建设必要性审查、生产建设条件评估和技术可行性评估之后,在市场需求调查、销售规划、技术方案和规模经济分析论证的基础上,从项目评价的要求出发,按照现行财务制度规定,对项目有关的成本和收益等财务基础数据进行收集、测算,并编制财务基础数据测算表等一系列工作。

财务基础数据的测算应包括项目计算期内各年经济活动情况及全部财务收支结果,具体应包括以下五个方面的内容。

(一)项目总投资及其资金来源和筹措

项目总投资是指一次性投入项目的固定资产投资(含建设期利息)和流动资金的总和。投资的测算包括项目总投资和项目建设期间各年度投资支出的测算,并在此基础上制定资金筹措和使用计划,指明资金来源和运用方式,进行筹资方案分析论证。

(二)生产成本费用

生产成本费用是企业在生产经营过程中发生的各种耗费及其补偿价值,可采用制造成本法或要素分类法进行测算。经营成本是由总成本费用中扣除折旧费、摊销费、维简费和利息支出而得的。

(三)销售收入与税金

销售收入与税金是指在项目生产期的一定时间内,对产品各年的销售收入和税金进行测算。销售收入和税金是测算销售利润的重要依据。

(四)销售利润的形成与分配

销售利润是指项目的销售收入扣除销售税金及附加和总生产成本费用后的盈余,它综合反映了企业生产经营活动的成果,是贷款还本付息的重要来源。

(五)贷款还本付息测算

贷款还本付息是指项目投产后,按国家规定的资金来源和贷款机构的要求偿还固定资产投资借款本金,而利息支出列入当年的生产总成本费用。

第四节　风险分析

一、风险分析的意义

风险一般是指在从事某项特定的活动中因不确定性而产生的经济或者财务损失、自

然环境破坏或者损伤的可能性。工程项目的风险是指在工程项目整个寿命周期内发生的、对工程建设项目目标(工期、成本和质量)的实现和生产运营可能产生干扰的不确定性影响,或可能导致项目受到损失或损害的事件。

大中型建设项目一般投资大、周期长,在工程建设和生产过程中充满风险,风险具有普遍性和不确定性。风险在整个项目的生命周期中都存在。为此,加强风险管理工作对提高工程项目的风险意识,掌握风险识别技术,开展风险评估与分析,及时防范和化解工程风险,提高建设管理水平和投资效益,都具有特别重要的意义。

就建设项目而言,风险具有随机性、复杂性和变动性。影响项目实现预期经济目标的风险因素来源于法律法规及政策、市场供需、资源开发与利用、技术的可靠性、工程方案、组织管理、环境与社会、外部配套条件等一个方面或几个方面。

影响项目效益的风险因素可归纳为以下内容:

(1)项目收益风险。产出品的数量(服务量)与预测(财务与经济)价格。

(2)建设风险。建筑安装工程量、设备选型与数量、土地征用和拆迁安置费、人工、材料价格、机械使用费及取费标准等。

(3)融资风险。资金来源、供应量与供应时间等。

(4)建设工期风险。工期延期。

(5)运营成本费用风险。投入的各种原料、材料、燃料、动力的需要量与预测价格、劳动力工作、各种管理费取费标准等。

(6)政策风险。税率、利率、汇率及通货膨胀率等。

二、风险分析的方法

常用的项目风险分析方法包括概率树分析法、决策树分析法、蒙特卡洛模拟法、专家调查法、层次分析法及 CIM 模型法,应根据项目具体情况,选用一种方法或几种方法组合使用。

根据项目特点及评论要求,风险分析可区别下列情况进行:

(1)财务风险和经济风险分析可直接在敏感性分析的基础上,采用概率树分析法和蒙特卡洛模拟法,确定各变量(如收益、投资、工期、产量等)的变化区间及概率分析,计算项目内部收益率、净现值等评价指标的概率分布、期望值及标准差,并根据计算结果进行风险评估。

(2)建设项目进行专题风险分析时,风险分析应按风险识别、风险估计、风险评价、风险应对步骤进行。

(3)在定量分析有困难时,可对风险采用定性分析。

(一)概率分析法

概率分析法是运用概率方法和数理统计方法对风险因素进行概率分析和风险因素对评价指标的影响进行定量分析。

概率分析一般按下列步骤进行:

(1)选定一个或几个评价指标,通常是将财务内部收益率、财务净现值等作为评价指标。

(2)选定需要进行概率分析的风险因素,通常有产品价格、销售量、主要原材料价格、投资额及外汇汇率等。针对项目的不同情况,通过敏感性分析,选择最为敏感的因素进行概率分析。

(3)预测风险因素变化的取值范围及概率分布。一般分为两种情况:一是单因素概率分析,即设定一个自变量因素变化,其他因素均不变化,进行概率分析;二是多因素概率分析,即设定多个自变量因素同时变化,进行概率分析。

(4)根据测定的风险因素值和概率分布,计算评价指标的相应取值和概率分布。

(5)计算评价指标的期望值和项目可接受的概率。

(6)分析计算结果,判断其可接受性,研究减轻和控制风险因素的措施。

风险因素概率分析的测定是概率分析的关键,也是进行概率分析的基础。例如,将产品售价作为概率分析的风险因素,需要测定产品售价的可能区间和在可能区间各价位发生变化的概率。风险因素概率分布的测定方法,应根据评价需要,以及资料的可得性和费用条件来选择,或者通过专家调查法来确定,或者用历史统计资料和数理统计分析方法进行测定。

概率分析的方法很多,这些方法大多是以项目经济评价指标(主要是 *NPV*)的期望值的计算过程和计算结果为基础的。这里将介绍概率树分析法和决策树分析法。

1. 概率树分析法

概率树分析法是在构造概率树的基础上,计算项目净现值的期望及净现值大于等于零时的累计概率,以判断项目承担风险的能力。

概率树分析法一般按下列步骤进行:

(1)概率树的构造。理论上,概率树分析适用于所有状态有限的离散变量,根据每个输入变量状态的组合计算项目评价指标。

(2)计算净现值的期望值、方差标准和离散系数。期望值是用来描述随机变量的一个主要的参数。期望值是在大量重复事件中随机变量取值的平均值,换句话说,是随机变量所有能取值的加权平均值,权重为各种可能取值出现的概率。

(3)净现值大于等于零的概率计算。概率分析应求出净现值大于等于零的概率,从该概率值的大小可以估计项目承受风险的程度。概率值越接近1,说明项目承担的风险越小;反之,项目承担的风险越大。

2. 决策树分析法

决策树分析法是指将各种可能的方案阶段绘成图形,每一个方案的有关收益或代价及其发生的概率都标注在相应的位置上,然后运用概率方法求出各方案损益的数学期望值,进行比较后从而得出决策结论。决策树分析法属于风险型决策方法,特别适用于由多个阶段组成的工程项目的风险决策分析。

决策树一般由决策点、机会点、方案枝、概率枝等组成。决策树的绘制方法如下:首先确定决策点,决策点一般用“□”表示;然后从决策点引出若干条直线,代表各个备选方案,这些直线称为方案枝;方案枝后面连接一个“○”,称为机会点;从机会点画出的各条直线,称为概率枝,代表将来的不同状态,概率枝后面的数值代表不同方案在不同状态下可获得的受益值。为了便于计算,对决策树中的“□”(决策点)和“○”(机会点)均进行编号。编号的顺序是从左到右、从上到下。画出决策树后，就可以很容易地计算出各个方案的期望值并进行比选。

（二）蒙特卡洛模拟法

蒙特卡洛模拟法是指用随机抽样的方法抽样一组满足输入变量的概率分布特征的数值，输入这组变量计算项目评价指标，通过多次抽样计算可获得评价指标的概率分布及累计概率分布、期望值、方差、标准差，计算项目的可行或不可行概率，从而估计项目投资所承担的风险。

蒙特卡洛模拟法的步骤如下：

（1）通过敏感性分析，确定风险变量。

（2）构造风险变量的概率分布模型。

（3）为各输入风险变量抽取随机数。

（4）将抽得的随机数转化为各输入变量的抽样值。

（5）将抽样值组成一组项目评价基础数据。

（6）根据基础数据计算出评价指标值。

（7）整理模拟结果所得评价指标的期望值、方差、标准差和其概率分布及累计概率，绘制累计概率图，计算项目的可行或不可行概率。

（三）层次分析法

层次分析法（Analytic Hierarchy Process，简称 AHP）是将与决策问题有关的元素分解成目标、准则、方案等层次，在此基础之上进行定性和定量分析的决策方法。这种方法的特点是在对复杂的决策问题的本质、影响因素及其内在关系等进行深入分析的基础上，利用较少的定量信息使决策的思维过程数学化，从而为多目标、多准则或无结构特性的复杂决策问题提供简便的决策方法。层次分析法尤其适用于对决策结果难以直接准确计量的场合。

第五节　建设项目财务效益分析

一、财务效益分析概述

建设项目的财务效益分析无论是对项目投资主体，还是对为项目建设和生产经营提供资金的其他机构或个人，均具有十分重要的作用。其主要作用表现在以下几方面：

（1）为项目制定适宜的资金规划。

确定项目实施所需资金的数额，根据资金的可能来源及资金的使用效益，安排恰当的用款计划及选择适宜的筹资方案，是财务效益分析要解决的问题。项目资金的提供者们据此安排各自的出资计划，以保证项目所需资金能及时到位。

（2）考察项目的财务盈利能力。

项目的财务盈利水平如何，能否达到国家规定的基准收益率，项目投资的主体能否取得预期的投资效益，项目的清偿能力如何，是否低于国家规定的投资回收期，项目债权人权益是否有保障等，是项目投资主体、债权人以及国家、地方各级决策部门、财政部门共同关心的问题。因此，一个项目是否值得兴建，首先要考察项目的财务盈利能力等各项经济指标，进行财务效益分析。

(3)为协调企业利益和国家利益提供依据。

有些投资项目是国计民生所需的，其国民经济评价结论好，但财务效益分析不可行。为了使这些项目具有财务生存能力，国家需要用经济手段予以调节。财务效益分析可以通过考察有关经济参数(如价格、税收、利率等)变动对分析结果的影响，寻找经济调节的方式和幅度，使企业利益和国家利益趋于一致。

判断一个项目财务上可行的主要标准是：项目盈利能力、债务清偿能力、外汇平衡能力及承受风险的能力。因此，为判别项目的财务可行性所进行的财务效益分析应该包括以下基本内容：

(1)识别财务收益和费用。

识别财务收益和费用是项目财务效益分析的前提。收益和费用是针对特定目标而言的。收益是对目标的贡献，费用则是对目标的反贡献，是负收益。项目的财务目标是获取尽可能大的利润。项目的财务效益主要表现为生产经营的产品销售(营业)收入，财务费用主要表现为建设项目投资、经营成本和税金等各项支出。此外，项目得到的各种补贴、项目寿命期末回收的固定资产余值和流动资金等，也是项目得到的收入，在财务效益分析中视做收益处理。

(2)收集、预测财务效益分析的基础数据。

收集、预测财务效益分析的基础数据主要包括：预计产品销售及各年度产量；预计的产品价格，包括近期价格和预计的价格变动幅度；固定资产、无形资产、递延资产和流动资金投资估算；成本及其构成估算。这些数据大部分是预测数，因此这一步又称为财务预测。财务预测的质量是决定财务分析成败和质量的关键。

(3)编制财务报表。

为分析项目的盈利能力需编制的主要报表有现金流量表、损益表及相应的辅助表。为分析项目的清偿能力需编制的主要报表有资产负债表、资金来源与运用表及相应的辅助报表。对于涉及外贸及影响外汇流量的项目，为考察项目的外汇平衡情况，尚需编制项目的财务外汇平衡表。

(4)财务效益分析指标的计算与评价。

由上述财务报表，可对项目的盈利能力、清偿能力及外汇平衡等财务状况作出评价，判别项目的财务可行性。财务效益分析的盈利能力分析要计算财务内部收益率、净现值、投资回收期等主要评价指标，根据项目的特点及实际需要，也可计算投资利润率、投资利税率、资本金利润率等指标。清偿能力分析要计算资产负债率、借款偿还期、流动比率、速动比率等指标。

建设项目财务效益分析是在做好市场调查研究、预测，项目技术水平研究和设计方案以及具备一系列财务数据的基础上进行的，其基本程序如下：

(1)收集、整理和计算有关基础财务数据资料，编制基础财务报表。

财务数据资料是进行项目财务效益分析的基本依据，所以在进行财务效益分析之前，必须先预测有关的财务数据。

财务数据主要有：

①项目投入物和产出物的价格。它是一个重要的基础财务数据，在对项目进行财务效益分析时，必须科学地、合理地选用价格，而且应说明选用某价格水平的依据，列出价格选用依据表。

②根据项目建设期间分年度投资支出额和项目投资总额，编制投资估算表。

③根据项目资金来源方式、数额、利息率，编制资金筹措表。

④根据投资形成的资产估算值及财务部门规定的折旧额与摊销费计算办法，计算固定资产年折旧额、无形资产及递延资产年摊销费，编制折旧与摊销估算表。

⑤根据借款计划、还款办法及可供还款的资金来源编制债务偿还表。

⑥按成本构成分项估算各年预测值，计算各年成本费用总额，编制成本费用估算表。

⑦根据预测的销售量和价格计算销售收入，按税务部门规定计算销售税金，编制销售收入、税金估算表。

(2)计算财务分析指标，进行盈利能力和偿债能力分析。

(3)进行不确定性分析。

(4)得出评价结论。

二、基础财务报表的编制

进行财务效益和费用估算，需要编制下列财务分析辅助报表：

(1)建设投资估算表。

(2)建设期利息估算表。

(3)流动资金估算表。

(4)项目总投资使用计划与资金筹措表。

(5)营业收入、营业税金及附加和增值税估算表。

(6)生产总成本费用估算表。若用生产要素法编制总成本费用估算表，还应编制下列基础报表：①外购原材料费估算表；②外购燃料和动力费估算表；③固定资产折旧费估算表；④无形资产和其他资产摊销估算表；⑤工资及福利费估算表。

上述估算表可归纳为三大类：

第一类，预测项目建设期间的资金流动状况的报表。如项目投资使用计划与资金筹措表和固定资产投资估算表。

第二类，预测项目投产后的资金流动状况的报表。如流动资金估算表、生产总成本费用估算表、销售收入和税金及附加估算表、损益表等。为编制生产总成本费用估算表，还附设了材料、能源成本预测、固定资产折旧和无形资产与递延资产摊销费三张估算表。

第三类，预测项目投产后用规定的资金来源归还固定资产借款本息的情况，即为借款还本付息表，它反映项目建设期和生产期内资金流动情况和项目投资偿还能力与速度。

财务基础数据估算的几个方面的内容是连贯的，其中心是将投资成本(包括固定资产投资和流动资金)、产品成本与销售收入的预测数据进行对比，求得项目的销售利润，又在此基础上测算贷款的还本付息情况。因此，编制上述三类估算表应按一定程序使其相互衔接起来。第一类估算表是根据项目可行性研究报告以及调查收集到的补充资料，经过项目概况的审查、市场和规模分析及技术可行性研究，加以判别调查后计算编制的，并在编制投资使用计划与资金筹措表之前，首先预测固定资产投资和流动资金；第二类估算表中生产总成本费用估算表所需的三张附表，只要能满足财务和国民经济评价对基本数据的需要即可，有的附表也可合并列入生产总成本费用估算表之中，或作简单的文字说明，而后根据生产成本费用表和销售收入与税金估算表的数据，综合测算出项目销售利润，列入损益表；第三类估算表是把前两类估算表中的主要数据经过综合计算，按照国家现行规定，综合编制成项目固定资产投资贷款还本付息表。

各财务基础数据测算表之间的关系如图 3-1 所示。

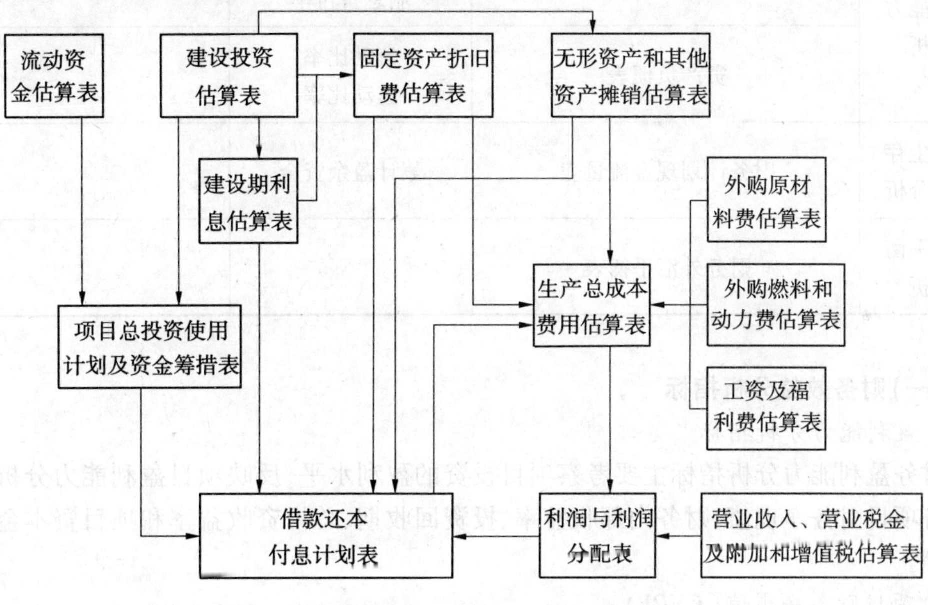

图 3-1 各财务基础数据测算表之间的关系

三、财务评价指标体系与方法

评价项目财务效果的好坏，一方面取决于基础数据的可靠性，另一方面则取决于选取评价指标体系的合理性，只有选取正确的评价指标体系，财务效益分析的结果才能与实际情况相吻合，才具有实际意义。一般项目的财务效益分析指标体系包括盈利能力指标、清偿能力指标，如果项目产品涉及进出口，还要进行外汇平衡能力分析。财务评价指标体系如表 3-4 所示。由于投资者投资目标的多样性，项目的财务效益分析指标体系也不是唯一的，根据不同的评价深度要求和可获得资料的多少以及项目本身所处条件的不同，这些指标有主有次，可以从不同侧面反映投资项目的经济效果。

表 3-4 财务评价指标体系

评价内容	基本报表		指标评价	
			静态指标	动态指标
盈利能力分析	融资前分析	项目投资现金流量表	项目投资回收期	项目投资财务内部收益率 项目投资财务净现值
	融资后分析	项目资本金流量表		
		投资各方现金流量表		
		利润与利润分配表		
偿债能力分析	借款还本付息计划表		偿债备付率 利息备付率	
	资产负债表		流动比率 速动比率	
财务生存能力分析	财务计划现金流量表		累计盈余资金	
外汇平衡分析	财务外汇平衡表			

(一)财务效益分析指标

1. 盈利能力分析指标

财务盈利能力分析指标主要考察项目投资的盈利水平,反映项目盈利能力分析指标主要有项目财务净现值、财务内部收益率、投资回收期、总投资收益率和项目资本金净利润率等。

1)项目财务净现值(*FNPV*)

项目财务净现值是指把项目计算期内各年的财务净现金流量,按照一个给定的标准折现率(基准收益率)折现到建设期初(项目计算期第一年年初)的现值之和。财务净现值是考察项目在其计算期内盈利能力的主要动态评价指标。其表达式为

$$FNPV = \sum_{t=0}^{n} \left[(CI - CO)_t (1 + i_c)^{-t} \right] \tag{3-24}$$

式中 CI——现金流入量;

CO——现金流出量;

$(CI-CO)_t$——第 t 年的净现金流量;

n——计算期;

i_c——基准收益率或设定的折现率。

当财务净现值大于等于零时,表明项目在计算期内可获得大于等于基准收益水平的收益额。因此,当项目财务净现值 $FNPV \geq 0$ 时,则表明项目在财务上可以接受。

2）财务内部收益率（$FIRR$）

财务内部收益率是使项目整个计算期内各年净现金流量现值累计等于零时的折现率。它反映项目所占用资金的盈利率，是考察项目盈利能力的主要动态评价指标，其表达式为

$$\sum_{t=0}^{n}[(CI-CO)_t(1+FIRR)^{-t}]=0 \tag{3-25}$$

3）投资回收期（P_t）

投资回收期包括静态投资回收期和动态投资回收期。

（1）静态投资回收期。

静态投资回收期是指以项目的净收益抵偿全部投资（固定资产投资、流动资金）所需的时间。它是考察项目在财务上的投资回收能力的主要静态评价指标。投资回收期以“年”表示，一般从建设开始年算起，其表达式为

$$\sum_{t=0}^{P_t}(CI-CO)_t=0 \tag{3-26}$$

投资回收期可根据全部投资的现金流量表，分别计算出项目所得税前及所得税后的全部投资回收期。实用计算公式为

$$P_t=T-1+\frac{\text{第}(T-1)\text{年累计净现金流量的绝对值}}{\text{第}T\text{年净现金流量}} \tag{3-27}$$

式中 T——累计净现金流量开始出现正值的年份数。

静态投资回收期（P_t）与行业的基准静态投资回收期（P_c）进行比较，当 $P_t \leqslant P_c$ 时，表明项目投资能在规定的时间内收回，则项目在财务上可以考虑被接受。

（2）动态投资回收期。

动态投资回收期是指以项目的净收益现值抵偿全部投资（固定资产投资、流动资金）现值所需的时间。它是考察项目在财务上的投资回收能力的主要动态评价指标。动态投资回收期的计算公式为

$$\sum_{t=0}^{P_t}[(CI-CO)_t(1+i_c)^{-t}]=0 \tag{3-28}$$

其实用计算公式为

$$P_t=T-1+\frac{\text{第}(T-1)\text{年累计折现流量的绝对值}}{\text{第}T\text{年折现流量}} \tag{3-29}$$

式中 T——累计净现值开始出现正值的年份数。

P_t 与基准动态投资回收期（P_t^*）进行比较，当 $P_t \leqslant P_t^*$ 时，表明项目在财务上可行。

4）总投资收益率

总投资收益率表示总投资的盈利水平，是指项目达到设计能力后正常年份的年息税前利润或营运期内年平均息税前利润与项目总投资的比率，其计算公式为

$$\text{总投资收益率}=\frac{\text{年息税前利润或营运期内年平均息税前利润}}{\text{项目总投资}}\times 100\% \tag{3-30}$$

总投资收益率高于同行业的收益率参考值，表明用总投资收益率表示的盈利能力满足要求。

5)项目资本金净利润率

项目资本金净利润率表示项目资本金的盈利水平,是指项目达到设计能力后正常年份的年净利润或运营期内的年平均净利润与项目资本金的比率,它反映投入项目的资本金的盈利能力。其计算公式为

$$项目资本金净利润率=\frac{年净利润或运营期内的年平均净利润}{项目资本金}\times 100\% \tag{3-31}$$

项目资本金净利润率高于同行业的净利润率参考值,表明用项目资本金利润率表示的盈利能力满足要求。

2. 偿债能力分析指标

项目偿债能力分析主要是考察项目计算期内各年的财务状况及偿债能力。反映项目偿债能力的指标有借款偿还期、资产负债率、流动比率、速动比率、利息备付率和偿债备付率等。

1)借款偿还期

项目偿债能力分析可在编制借款还本付息计划表的基础上进行。为了表明项目的偿还能力,可按尽早还款的方法计算。假如在建设期借入资金,生产期逐期归还,则借款偿还期的计算公式与投资回收期公式相似,公式为

$$借款偿还期=偿清债务年份数-1+\frac{偿清债务当年所付利息}{当年可用于偿债的资金总额} \tag{3-32}$$

2)资产负债率

资产负债率是负债总额与资产总额之比,是反映项目各年所面临的财务风险程度及偿债能力的指标。该比率越小,则偿债能力越强。其计算公式为

$$资产负债率=\frac{负债总额}{资产总额}\times 100\% \tag{3-33}$$

3)流动比率

流动比率是流动资产总额与流动负债总额之比,是反映项目各年偿付流动负债能力的指标。该比率越高,则偿还短期负债的能力越强。但是可能会导致流动资产利用率低下,影响项目效益。因此,流动比率一般以2:1较好。

$$流动比率=\frac{流动资产总额}{流动负债总额} \tag{3-34}$$

4)速动比率

速动比率是速动资产与流动负债总额的比率,速动资产是流动资产总额减去存货后的差额。速动比率是反映项目各年快速偿付流动负债能力的指标。速动比率越高,则在很短的时间内偿还短期债务的能力越强。同样,速动比率过高也会影响资产利用效率,进而影响企业经济效益。因此,速动比率一般在1左右比较好。

$$速动比率=\frac{流动资产总额-存货}{流动负债总额} \tag{3-35}$$

5)利息备付率

利息备付率是指在借款偿还期内的息税前利润与计入总成本费用前的应付利息的比值,它从付息资金来源的充裕性角度反映项目偿付债务利息的保障程度,其计算公式为

$$利息备付率 = \frac{息税前利润}{计入总成本费用前的应付利息} \tag{3-36}$$

利息备付率应分年计算。利息备付率高,表明利息偿付的保障程度高。一般利息备付率应当大于1,并结合债权人的要求确定。

6)偿债备付率

偿债备付率是指在借款偿还期内,用于计算还本付息的资金与应还本息金额的比值,它表示可用于还本付息的资金偿还借款本息的保障程度,其计算公式为

$$偿债备付率 = \frac{息税前利润 + 折旧费 + 摊销费 - 企业所得税}{还本金额 + 计入总成本费用的全部利息} \tag{3-37}$$

以上财务比率指标,很难对不同行业制定统一的标准判据,在财务效益分析中应根据具体情况及行业特点进行分析。

3. 创汇、节汇能力指标及外汇平衡分析指标

涉及创汇、节汇的项目应进行外汇效果分析,计算财务外汇净现值、财务换汇成本及财务节汇成本等,进行外汇平衡分析。反映创汇、节汇能力的指标及外汇平衡分析的指标主要有以下几种。

1)财务外汇净现值(*NPVF*)

财务外汇净现值(*NPVF*)指标可以通过外汇流量表直接求得,该指标衡量项目对国家创汇的净贡献(创汇)或净消耗(用汇)。*NPVF* 的计算公式为

$$NPVF = \sum_{t=0}^{n} [(FI - FO)_t (1 + i)^{-t}] \tag{3-38}$$

式中 FI——外汇流入量;

FO——外汇流出量;

$(FI - FO)_t$——第 t 年的净外汇流量;

i——折现率,一般可取外汇贷款利率;

n——计算期。

2)财务换汇成本及财务节汇成本

财务换汇成本是指换取1美元外汇所需要的人民币金额,以项目计算期内生产出口产品所投入的国内资源的现值与出口产品的外汇净现值之比表示,其计算公式为

$$财务换汇成本 = \frac{\sum_{t=0}^{n} [DR_t (1 + i_c)^{-t}]}{\sum_{t=0}^{n} [(FI - FO)_t (1 + i_c)^{-t}]} \tag{3-39}$$

式中 DR_t——第 t 年生产出口产品投入的国内资源(包括投资、原材料、工资及其他投入);

$(FI - FO)_t$——项目第 t 年出口产品的外汇净收入;

i_c——行业基准收益率。

当项目产品内销属于替代进口时,也应计算财务节汇成本,即节约1美元外汇所需要的人民币金额。它等于项目计算期内生产替代进口产品所投入的国内资源值与生产替代进口产品的外汇净现值之比。

3)外汇平衡分析

项目外汇平衡分析主要是考察涉及外汇收支的项目在计算期内各年的外汇余缺程度,需编制财务外汇平衡表。

(二)财务分析

财务分析可分为融资前分析和融资后分析,一般宜先进行融资前分析,在融资前分析结论满足要求的情况下,初步设定融资方案,再进行融资后分析。融资前分析是指在考察融资方案前就可以开始进行的财务分析,即不考虑债务融资条件下进行的财务分析。融资前分析只进行盈利能力分析,并以投资现金流量分析为主要手段。

1. 融资前分析

融资前项目投资现金流量分析,是从项目投资总获利能力角度,考察项目方案设计的合理性,以动态分析(折现现金流量分析)为主、静态分析(非折现现金流量分析)为辅。根据需要,可从所得税前和(或)所得税后两个角度进行考察,选择计算所得税前和(或)所得税后指标。

计算所得税前指标的融资前分析(所得税前分析)是从息前税前角度进行的分析,计算所得税后的融资前分析(所得税后分析)是从息前税后角度进行的分析。融资前分析应注意以下两方面。

1)正确识别和选用现金流量

进行现金流量分析应正确识别和选用现金流量,包括现金流入和现金流出。融资前财务分析的现金流量应与融资方案无关。从该原则出发,融资前项目投资现金流量分析的现金流量主要包括建设投资、营业收入、经营成本、流动资金、营业税金及附加所得税。

为了体现与融资方案无关的要求,各项现金流量的估算中需要剔除利息的影响。如采用不含利息的经营成本作为现金流出,而不是总成本费用;在流动资金估算、经营成本中的修理费和其他费用估算过程中应注意避免利息的影响等。

所得税前和所得税后分析的现金流入完全相同,但现金流出略有不同,所得税前分析不将所得税作为现金流出,所得税后分析将所得税作为现金流出。

2)项目投资现金流量表的编制

融资前动态分析主要考察整个计算期内现金流入和现金流出,编制项目投资现金流量表。

(1)现金流入主要是营业收入,还可能包括补贴收入,在计算期最后一年,还包括回收固定资产余值及回收流动资金。营业收入的各年数据取自营业收入和营业税金及附加估算表。固定资产余值回收额为固定资产折旧费估算表中最后一年的固定资产期末净值,流动资金回收额为项目正常生产年份流动资金的占用额。项目投资财务现金流量表见表3-5。

(2)现金流出主要包括建设投资、流动资金、经营成本、营业税金及附加。固定资产投资和流动资金的数额取自项目总投资使用计划与资金筹措表;流动资金投资为各年流动资金增加额;经营成本取自总成本费用估算表;营业税金及附加包括营业税、消费税、资源税、城市维护建设税和教育附加,它们取自营业收入、营业税金及附加和增值税估算表。尤其需要注意的是,项目投资现金流量表中的所得税因根据息税前利润(*BEIT*)乘以所得

表 3-5 项目投资财务现金流量表 （单位：万元）

序号	项目	合计	计算期					
			1	2	3	4	…	n
1	现金流入							
1.1	营业收入							
1.2	补贴收入							
1.3	回收固定资产余值							
1.4	现金流出							
2	建设投资							
2.1	流动投资							
2.2	流动资金							
2.3	经营成本							
2.4	营业税金及附加							
2.5	维持运营投资							
3	所得税前净现金流量（1－2）							
4	累计所得税前净现金流量							
5	调整所得税							
6	所得税后净现金流量（3－5）							
7	累计所得税后净现金流量							

注：计算指标为：项目投资财务内部收益率（所得税前，%）；项目投资财务内部收益率（所得税后，%）；项目投资财务净现值（所得税前）（i_c __ ＝%），万元；项目投资财务净现值（所得税后）（i_c __ ＝%），万元；项目投资回收期（所得税前），年；项目投资回收期（所得税后），年。

税率计算，为调整所得税。原则上，息税前利润的计算应完全不受融资方案变动的影响，即不受利息多少的影响，包括建设期利息对折旧的影响（因为折旧的变化会对利润总额产生影响，进而影响息税前利润）。但如此将会出现两个折旧和两个息税前利润（用于计算融资前所得税的息税前利润和利润表中的息税前利润）。为简化起见，当建设期利息占总投资比例不是很大时，也可按利润表中的息税前利润计算调整所得税。

（3）项目计算期各年的净现金流量为各年现金流量减去对应年份的现金流出量，各年累计净现金流量为本年及以前各年净现金流量之和。

（4）按所得税前的净现金流量计算的相关指标，即所得税前指标，是投资盈利能力的完整体现，用以考察项目方案的财务盈利能力，它不受融资方案和所得税政策变化的影响，仅仅体现项目方案本身的合理性。所得税前指标可以作为初步投资决策的主要指标，用于考察项目是否基本可行，是否值得去为之融资。所谓初步是相对而言的，意指根据该指标投资者可以作出项目实施后能实现投资目标的判断，此后再通过融资方案的比选分析，有了较为满意的融资方案后，投资者才能决定最终出资。所得税前指标应该受到项目有关各方（项目发起人、项目业主、项目投资人、银行和政府管理部门）广泛的关注。所得税前指标特别适用于建设方案设计中的方案比选。

2. 融资后分析

融资后分析应以融资前分析和初步的融资方案为基础，考察项目在拟定融资条件下的盈利能力、偿债能力和财务生存能力，判断项目方案在融资条件下的可行性。融资后分析用于比选融资方案，帮助投资者作出融资决策。融资后的盈利能力分析应包括动态分析和静态分析两种。

1）动态分析

动态分析是通过编制财务现金流量表，根据资金时间价值原理，计算财务内部收益率、财务净现值等指标，分析项目的获利能力。融资后的动态分析包括下列两个层次：

（1）项目资本金现金流量分析。项目资本金现金流量分析是从项目权益投资者整体的角度，考察项目给项目权益投资者带来的收益水平。它是在拟定的融资方案下进行的息税后分析，依据的报表是项目资本金现金流量表（见表3-6）。

表3-6　项目资本金现金流量表　　（单位：万元）

序号	项目	合计	计算期					
			1	2	3	4	…	n
1	现金流入							
1.1	营业收入							
1.2	补充收入							
1.3	回收固定资产余值							
1.4	回收流动资金							
2	现金流出							
2.1	项目资本金							
2.2	借款本金偿还							
2.3	借款利息支付							
2.4	经营成本							
2.5	营业税金及附加							
2.6	所得税							
2.7	维持运营投资							
3	净现金流量（1－2）							

注：计算指标为资本金财务内部收益率（%）。

(2)投资各方现金流量分析。应从投资各方实际收入和支出的角度,确定其现金流入和现金流出,分别编制投资各方现金流量表(见表3-7),计算投资各方的财务内部收益率指标,考察投资各方可能获得的收益水平。

表3-7 投资各方现金流量表 (单位:万元)

序号	项目	合计	计算期					
			1	2	3	4	…	n
1	现金流入							
1.1	实分利润							
1.2	资产处置收益分配							
1.3	租赁费转入							
1.4	技术转入或使用收入							
1.5	其他现金流入							
2	现金流出							
2.1	实缴资本							
2.2	租赁资产支出							
2.3	其他现金流出							
3	净现金流量(1-2)							

注:计算指标为投资各方财务内部收益率(%)。

2)静态分析

静态分析是不采取折现方式处理数据,主要依据利润和利润分配表(见表3-8),并借助现金流量表计算相关盈利能力指标。

表3-8 利润和利润分配表 (单位:万元)

序号	项目	合计	计算期					
			1	2	3	4	…	n
1	营业收入							
2	营业税金及附加							
3	总成本费用							
4	补贴收入							
5	利润总额(1-2-3+4)							

续表 3-8

序号	项目	合计	计算期					
			1	2	3	4	…	n
6	弥补以前年度亏损							
7	应纳税所得额(5－6)							
8	所得税							
9	净利润(5－8)							
10	期初未分配利润							
11	可供分配的利润(9＋10)							
12	提取法定盈余公积金							
13	可供投资者分配的利润(11－12)							
14	应付优先股股利							
15	提取任意盈余公积金							
16	应付普通股股利(13－14－15)							
17	各投资方利润分配							
	其中:××方							
	××方							
18	未分配利润(13－14－15－17)							
19	息税前利润(利润总额＋利息支出)							
20	息税折旧摊销前利润(息税前利润＋折旧费＋摊销费)							

思考题与习题

1. 简述建设项目决策与工程造价的关系。
2. 简述投资估算的概念及内容。
3. 简述可行性研究的主要内容。

4. 简述各投资估算方法的适用范围及特点。

5. 简述财务效益分析的内容及财务指标体系。

6. 某建设项目的工程费与工程建设其他费的估算额为52 180万元，预备费为5 000万元，建设期三年。三年的投资比例是：第一年20%，第二年55%，第三年25%。第四年投产。该项目固定资产投资来源为自有资金和贷款。贷款总额为40 000万元，其中外汇贷款为2 300万美元。外汇牌价为1美元兑换6.8元人民币。贷款的人民币部分从中国建设银行获得，年利率为6%(按季计息)。贷款的外汇部分从中国银行获得，年利率为8%(按年计息)。建设项目达到设计生产能力后，全厂定员为1 100人，工资和福利费按照每人每年7.20万元估算；每年其他费用为860万元(其中，其他制造费用为660万元)；年外购原材料、燃料、动力费估算为19 200万元；年经营成本为21 000万元，年销售收入为33 000万元，年修理费占年经营成本的10%；年预付账款为800万元；年预收账款为1 200万元。各项流动资金最低周转天数分别为：应收账款为30天，现金为40天，应付账款为30天，存货为40天，预付账款为30天，预收账款为30天。试计算：①建设期贷款利息；②流动资金，并编制流动资金估算表；③拟建项目的总投资。

第四章　建设项目设计阶段的工程造价控制

【学习目标】

1. 了解设计阶段工程造价控制的意义。
2. 熟悉设计概算与施工图预算的编制方法。
3. 了解设计阶段影响工程造价的因素。
4. 掌握设计方案的优选与优化方法。
5. 掌握设计概算与施工图预算的审查方法。

【能力要求】

1. 具有对设计方案进行优选与优化的初步能力。
2. 具有熟练编制设计概算与施工图预算的能力。
3. 具有选择合适方法审查设计概算与施工图预算的能力。

第一节　建设项目设计与工程造价的关系

一、建设项目设计概述

（一）建设项目设计含义

建设项目设计是指在建设项目开始施工之前，设计人员根据已批准的可行性研究报告及设计任务书，为具体实现拟建项目的技术、经济等方面的要求，拟定建筑、安装和设备制造等所需的规划、图纸、数据等技术文件的工作。设计是建设项目由计划变为现实具有决定意义的工作阶段。设计文件是建筑安装施工的依据。拟建工程在建设过程中能否保证质量、进度和节约投资，在很大程度上取决于设计质量的优劣。工程建成后，能否获得满意的经济效果，除项目决策外，设计工作起着决定性的作用。设计工作的重要原则之一是保证设计的整体性。设计工作必须按一定的程序分阶段进行。

（二）建设项目设计阶段

为保证工程建设和设计工作有机的配合和衔接，将建设项目设计划分为几个阶段。国家规定，一般工业项目和民用建设项目按初步设计和施工图设计两个阶段进行，称为“两阶段设计”；对于技术复杂而又缺乏设计经验的项目，可按初步设计、技术设计和施工图设计三个阶段进行，称为“三阶段设计”。小型工程项目中技术简单的，在简化的初步设计确定后，就可做施工图设计。

（三）建设项目设计程序

建设项目设计工作的程序包括设计准备、方案设计、初步设计、技术设计、施工图设计、设计交底和配合施工等方面。

1. 设计准备

设计单位根据主管部门和业主对项目设计的要求，了解和掌握建设项目有关基础资料，包括项目所在地的地形、气候、地质、水文、自然环境等自然条件，所在地的规划条件和政策性规定，所在地的交通、水、电、气、通信等基础设施状况，拟建项目设备条件、投资估算额和资金来源等情况。收集必要的设计基础资料，为编制设计文件做好准备。

2. 方案设计

在收集项目有关设计资料的基础上，设计人员对拟建项目的主要布局的安排有个大概的设想，然后考虑拟建项目与周边建筑物、周边环境之间的关系。在这一阶段，设计人员要与业主和规划部门充分交换意见，采纳业主和有关部门的意见，最后使方案设计符合规划的要求和取得规划部门的同意，与周围环境有机地融为一体。对于不太复杂的项目，这一阶段可以省略，把有关的工作并入初步设计阶段。

3. 初步设计

初步设计是整个设计过程中的一个关键性阶段，也是整个设计构思基本形成的阶段。它根据批准的可行性研究报告、项目设计基础资料和方案设计的内容进行。工业项目初步设计包括总平面设计、工艺设计和建筑设计三部分。其具体内容包括：设计依据，设计指导思想，建设规模，产品方案，原料、燃料、动力的用量和来源，工艺流程，主要设备选型及配置，总图运输，主要建筑物、构筑物，公用、辅助设施，新技术采用情况，主要材料用量，外部协作条件，占地面积和土地利用情况，综合利用和"三废"治理，生活区建设，抗震和人防措施，生产组织和劳动定员，各项技术经济指标，设计总概算等。批准后的初步设计和总概算是确定建设项目投资额，签订建设工程总包合同、贷款合同，组织主要设备订货，进行施工准备以及编制技术设计（或施工图设计）的依据。

4. 技术设计

技术设计是针对技术上复杂而又缺乏设计经验的项目，为进一步解决某些具体技术问题，或确定某些技术方案而进行的设计。它是针对在初步设计阶段中无法解决而又需要进一步研究解决的问题所进行的一个设计阶段。其内容包括特殊工艺流程方面的试验、制作和确定，新型设备的试验、制作和确定，大型建筑物、构造物某些关键部位的试验、制作和确定。经批准后的技术设计和修正总概算，是进行施工图设计的依据。对于不太复杂的工程，技术设计可以省略，把这个阶段的一部分工作纳入初步设计，另一部分留待施工图设计进行。

5. 施工图设计

施工图设计是根据批准的初步设计（或技术设计）绘制出正确、完整和尽可能详尽的建筑、安装图纸。通过图纸，把设计者的意图和全部设计结果表达出来，作为施工的依据。它是设计工作和施工工作的桥梁。其具体内容包括建设项目各分部工程的详图，零部件、结构件明细表，验收标准、方法，施工图预算等。

6. 设计交底和配合施工

施工图发出后，设计单位应派人与建设、施工或其他有关单位共同会审施工图，进行技术交底，介绍设计意图和技术要求，修改不符合实际和有错误的图纸。根据施工需要，设计人员要经常到施工现场，解释设计图纸中不清晰的内容，与业主、施工人员一起解决施工过程中的疑难问题，参加试运转和竣工验收，解决试运转过程中的各种技术问题，并检验设计的正确和完善程度。

二、建设项目设计与工程造价的关系

设计阶段是项目建设过程中最具创造性和思想最活跃的阶段，是人类聪明才智与物质技术手段完美结合的阶段，也是人们充分发挥主观能动性，在技术上和经济上对拟建项目的实施进行全面安排的阶段。一旦初步设计完成后，就可编制设计概算；技术设计后，编制修正概算；施工图设计完成后，编制施工图预算。由此可见，设计阶段与工程造价有着密切的关系。

（一）工业建设项目设计与工程造价的关系

工业建设项目设计由总平面设计、工艺设计及建筑设计三部分组成，它们之间是相互关联和相互制约的。

1. 总平面设计与工程造价的关系

1）总平面设计对工程造价的影响因素

总平面设计是在按照批准的设计任务书选定厂址后进行的。按照工艺流程和防火安全距离、运输道路的曲率等要求，结合厂区的地形、地质、气象和外部运输等条件，对厂区内的建筑物、构筑物、露天堆场、运输线路、管线、绿化及美化设施等做全面合理的配置，以使整个项目形成布置紧凑、流程顺畅、经济合理、方便使用的格局。总平面设计是工业建设项目设计的一个重要组成部分，它的经济合理性对整个工业企业设计方案的合理性有着极大的影响。

在总平面设计中影响工程造价的因素有以下几方面：

（1）厂区占地面积。厂区占地面积的大小一方面影响征地费用的高低，另一方面也会影响管线布置成本及项目建成运营的运输成本。

（2）功能分区。合理的功能分区既可以使建筑物的各项功能充分发挥，又可以使总平面布置紧凑、安全，避免深挖深填，减少土石方量和节约用地，降低工程造价。同时，合理的功能分区还可以使生产工艺流程顺畅，运输方便，降低项目建成后的运营成本。

（3）运输方式的选择。运输方式可采用有轨运输和无轨运输，不同的运输方式，运输效率及成本不同。有轨运输运量大，运输安全，但占地面积较大，使土地费用增加，需要一次性投入大量资金；无轨运输土地占用面积较小，无须一次性大规模投资，但是运量小，运输安全性较差。从降低工程造价的角度来看，应尽可能选择无轨运输，可以减少占地，节约投资。但是运输方式的选择不能仅考虑工程造价，还应考虑项目运营的需要，如果运输量较大，则有轨运输往往比无轨运输成本低。具体选择哪一种运输方式，还是要根据生产工艺和各功能区的要求，并根据建设场地和运输距离长短等具体情况，力求选用投资少、运费相对较低、运输灵活的方式，同时合理布置线路，力求缩短运输线路长度。

2）总平面设计的基本要求

针对以上总平面设计中影响造价的因素，总平面设计应满足以下基本要求：

（1）总平面设计要注意节约用地，尽量少占农田。要合理确定拟建项目的生产规模，妥善处理建设项目长远规划与近期建设的关系，近期建设项目的布置应集中紧凑，并适当留有发展余地。在符合防火、环保、卫生和安全距离要求并满足使用功能的条件下，应尽量减小建筑物之间的距离，尽量考虑多层厂房或联合厂房等合并建筑，尽可能设计外形规整的建筑，以增加场地的有效使用面积。

(2)总平面设计必须满足生产工艺过程的要求。生产总工艺流程走向是企业生产的主动脉。因此，生产工艺过程也是工业建设项目总平面设计中一个最根本的设计依据。总平面设计首先应进行功能分区，根据生产性质、工艺流程、生产管理的要求，将一个项目内的各类车间和设备，按照生产上、卫生上和使用上的特征分组合并于一个特定区域内，使各区功能明确、运输管理方便、生产协调、互不干扰，同时又可节约用地，缩短设备管线和运输线路长度。然后，在每个生产区内，依据生产使用要求布置建筑物和构筑物，保证生产过程的连续性，主要生产作业无交叉、无逆流现象，使生产线最短、最直接。

(3)总平面设计要合理组织厂内外运输，选择方便经济的运输设施和合理的运输线路。运输设计应根据生产工艺和各功能区的要求以及建设地点的具体自然条件，合理布置运输线路，力求运距短、无交叉、无反复运输现象，并尽可能避免人流与物流交叉。厂区道路布置应满足人流、物流和消防的要求，使建筑物、构筑物之间的联系最便捷。在运输工具的选择上，尽可能不选择有轨运输，以减少占地，节约投资。

(4)总平面布置应适应建设地点的气候、地形、工程水文地质等自然条件。总平面布置应该按照地形、地质条件，因地制宜地进行，为生产和运输创造有利条件；力求减少土方工程量，填方与挖方应尽可能平衡。建筑物布置应避开滑坡、断层、危岩等不良地段，以及采空区、软土层区等，力求以最少的建筑费用获得良好的生产条件。

(5)总平面设计必须符合城市规划的要求。工业建筑总平面布置的空间处理，应在满足生产功能的前提下，力求使厂区建筑物、构筑物组合设计整齐、简洁、美观，并与同一工业区内相邻厂房在造型、色彩等方面相互协调。城镇内的厂房应与城镇建设规划统一协调，使厂区建筑成为城镇总体建设面貌的一个良好组成部分。

2. 工艺设计与工程造价的关系

1) 工艺设计过程中影响工程造价的因素

工艺设计是工程设计的核心，它是根据工业企业生产的特点、性质和功能来确定的。工艺设计一般包括生产设备的选择、工艺流程设计、工艺定额的制定和生产方法的确定。工艺设计标准的高低，不仅直接影响工程建设投资的大小和建设进度，而且决定着未来企业的产品质量、数量和经营费用。在工艺设计过程中影响工程造价的因素主要包括以下几方面：

(1)选择合适的生产方法。

①生产方法是否合适首先表现在是否先进合理。落后的生产方法不但会影响产品生产质量，而且在生产过程中也会造成生产维持费用较高，同时还需要追加投资改进生产方法。但是非常先进的生产方法往往需要较高的技术获取费，如果不能与企业的生产要求及生产环境相配套，将会带来不必要的浪费。

②生产方法的合理性还表现在是否符合所采用的原料路线。不同的工艺路线往往要求不同的原料路线。选择生产方法时，要考虑工艺路线对原料规格、型号、品质的要求，原料供应是否稳定可靠。

③所选择的生产方法应该符合清洁生产的要求。近年来，随着人们环保意识的增强，国家也加大了环境保护执法监督力度，如果所选生产方法不符合清洁生产要求，项目主管部门往往要求投资者追加环保设施投入，导致工程造价的提高。

(2)合理布置工艺流程。

工艺流程设计是工艺设计的核心。合理的工艺流程应既能保证主要工序生产的稳定性，又能根据市场需要的变化，在产品生产的品种规格上保持一定的灵活性。工艺流程设计与厂内运输、工程管线布置联系密切。合理布置应保证主要生产工艺流程无交叉和逆行现象，并使生产线路尽可能短，从而节约占地，减小技术管线的工程量，节约造价。

(3)合理的设备选型。

在工业建筑中，设备及安装工程投资占有很大的比例，设备选型不仅影响着工程造价，而且对生产方法及产品质量也起着决定作用。在确定的生产规模、产品方案、工艺流程的条件下，选用技术先进、经济适用、经久耐用的设备，尽量降低工程总造价和使用成本。在进口设备和国产设备性能、质量相差不大的情况下，尽量选用国产设备，以降低工程总造价；尽量选用标准化、通用化、系列化的生产设备，节约生产设备制作费用，以降低工程总造价；当确实需要进口设备时，应注意与工艺流程相适应并与有关设备相配套，以免造成设备浪费，而使工程总造价增加。

2)工艺技术选择的原则

针对工艺设计过程中影响工程造价的因素，工艺技术选择应遵循以下原则：

(1)先进性。项目应尽可能采用先进技术和高新技术。衡量技术先进性的指标有产品质量性能、产品使用寿命、单位产品物耗能耗、劳动生产率、装备现代化水平等。

(2)适用性。项目所采用的工艺技术应与国内的资源条件、经济发展水平和管理水平相适应。具体体现在以下几方面：

①采用的工艺路线要与可能得到的原材料、能源、主要辅助材料或半成品相适应。

②采用的技术与可能得到的设备相适应，包括国内设备和国外设备、主机和辅机。

③采用的技术、设备与当地劳动力素质和管理水平相适应。

④采用的技术与环境保护要求相适应，应尽可能采用环保型生产技术。

(3)可靠性。项目所采用的技术和设备质量应该可靠，并且经过生产实践检验，证明是成熟的技术。在引进国外先进技术时，要特别注意技术的可靠性、成熟性和相关条件的配套。

(4)安全性。项目所采用的技术在正常使用过程中应能保证生产安全运行。

(5)经济合理性。在注重所采用的技术设备先进适用、安全可靠的同时，应着重分析所采用的技术是否经济合理，是否有利于降低投资和产品成本，提高综合经济效益。技术的采用不应为追求先进而先进，要综合考虑技术系统的整体效益，对于影响产品性能质量的关键部分，工艺过程必须严格要求。对于关键工艺部分，如果专业设备和控制系统国内不能保证供应，则成套引进先进技术和关键设备就是必要的。

3. 建筑设计与工程造价的关系

1)建筑设计影响工程造价的因素

(1)平面形状。一般来说，建筑物平面形状越简单，它的单位面积造价就越低，因为单位面积造价与建筑物的周长和建筑面积的比率有关,建筑物的周长和建筑面积的比率越小,设计越经济。当一座建筑物的平面又长又窄,或它的外形做得复杂而不规则时,其周长和建筑面积的比率必将增加,伴随而来的是较高的单位造价。因为不规则的建筑物将导致室外工程、排水工程、砌砖工程及屋面工程等复杂化,从而增加工程费用。如单层厂房的平面形状最好是方形;其次为矩形,其长宽比例以2:1为最佳。

平面形状的选择除考虑造价因素外,还应注意对美观、采光和使用要求方面的影响。

(2)流通空间。建筑物平面布置的主要目标之一是在满足建筑物使用要求和必需的美观要求的前提下,将流通空间减少到最小,这样可以相应地降低造价。

(3)层高。在厂房建筑面积一定的情况下,建筑层高增加会引起各项费用的增加:墙与隔墙及有关粉刷、装饰费用的提高;供暖空间体积增加,导致热源及管道费增加;卫生设备、上下水管道长度增加;楼梯间造价和电梯设备费用的增加;施工垂直运输量增加。如果由于层高增加而导致建筑物总高度增加很多,则还可能需要增加结构和基础造价。有关资料表明,单层厂房高度每增加1 m,单方造价就会增加1.8%~3.6%,年度采暖费用就会增加3%左右;多层厂房层高每增加0.6 m,单方造价就会增加8.3%左右。

单层厂房的高度主要取决于车间内部的运输方式。选择正确的车间内部运输方式,对降低厂房高度、降低造价具有重要意义。在可能的条件下,特别是当起重量较小时,应考虑采用悬挂式运输设备来代替桥式吊车;多层厂房的层高应综合考虑生产工艺、采光、通风及建筑经济的因素来进行选择,多层厂房的建筑层高还取决于能否容纳车间内部最大生产设备和满足运输的要求。

(4)厂房层数。毫无疑问,建筑工程总造价是随着建筑物层数的增加而提高的。但是当建筑物层数增加时,单位建筑面积所分担的土地费用及外部流通空间费用将有所降低,从而使建筑物单位面积造价发生变化。建筑物层数对造价的影响,因建筑类型、形式和结构的不同而不同。如果增加一个楼层不影响建筑物的结构形式,单位建筑面积的造价可能会降低。但是当建筑物超过一定层数时,结构形式就要改变,单位建筑面积的造价通常会增加。建筑物越高,电梯及楼梯的造价有增加趋势,建筑物的维修费用也将增加,但是采暖费用有可能下降。

工业厂房分为单层厂房和多层厂房。工业厂房层数的选择应该重点考虑生产性质和生产工艺的要求。对于工艺上要求跨度大、层高大,拥有重型生产设备和起重设备,生产过程中散发大量热气和振动性较大的重工业厂房,采用单层厂房是经济合理的;而对于工艺上要求紧凑、垂直工艺流程,设备和产品重量不大,生产过程中具有恒温要求的轻工业厂房,采用多层厂房较经济合理,因为多层厂房占地面积小、运输距离短、平面布置紧凑,可降低建设工程造价和使用成本。

确定多层厂房的经济层数主要有两个因素:一是厂房展开面积的大小。经济展开面积越大,经济层数越能增加。二是厂房宽度和长度。宽度和长度越大,则经济层数越能增加,造价也随之相应降低。有关资料表明,多层厂房的经济层数为3~5层。

(5)柱网布置。柱网布置是确定柱子的行距(跨度)和间距(柱距)的依据。柱网布置是否合理,对工程造价和厂房面积的利用效率都有较大影响。由于科学技术的飞跃发展,生产设备和生产工艺都在不断的变化。为适应这种变化,厂房柱距和跨度应当适当扩大,以保证厂房有更大的灵活性,避免生产设备和工艺的改变受到柱网布置的限制。

当单跨厂房柱距不变时,跨度越大,单方造价越低,主要是由于除屋架外的其他结构随着跨度的增大分摊到单位面积上的平均造价随之降低;当多跨厂房跨度不变时,中跨的数量越多,单方造价越低,主要是由于柱子和基础分摊到单位面积上的造价降低;当工艺生产线长度和厂房跨度不变时,柱距越大,厂房利用面积越大,从而减小了柱子所占的面积,有利于工艺设备的布置,相对地减小了设备占用厂房的面积,因而可降低总造价。

(6)厂房建筑面积和体积。通常情况下,随着建筑物体积和面积的增加,工程总造价会提高,因此在满足工艺要求和生产能力的情况下,应尽量减小厂房建筑面积和体积。减小厂房建筑面积,一般可采用大跨度、大柱距的大厂房平面设计形式,以提高平面利用系数;在不影响生产能力的情况下,要采用先进的工艺和高效能的设备,使设备布置紧凑合理,节省厂房面积。

(7)建筑结构。建筑结构按所用材料可分为钢筋混凝土结构、砌体结构、钢结构和木结构。厂房结构中采用钢筋混凝土结构和钢结构较多,钢筋混凝土结构坚固耐久、强度高、刚度大、抗震性能好、耐酸碱腐蚀和耐久性能好,便于工业化施工,所以在大中型厂房中采用广泛。钢筋混凝土结构厂房的工程造价一般比钢结构厂房低。钢结构同样强度高、抗震性能好,并且钢结构制作成的构件截面小、自重轻、质地均匀、可靠性高等,所以在大跨度厂房桁架、重吨位吊车梁、振动大的厂房中采用较广泛。

(8)建筑材料。建筑材料的费用在工程造价中所占的比重较大,一般材料费占直接工程费的70%左右。降低材料费用,不仅可以降低直接工程费,而且也会导致措施费和间接费的降低,所以建筑材料的选择关系到整个建筑工程的造价。在满足厂房工程质量的情况下,选用经济实用的材料,采用就地取材的方法,减少运输费用,以降低工程造价。

2)建筑设计的基本要求

针对上述在建筑设计中影响工程造价的因素,在建筑设计中应遵循以下原则:

(1)在建筑平面布置和立面形式选择上,应该满足生产工艺要求。在进行建筑设计时,应该熟悉生产工艺资料,掌握生产工艺特性及其对建筑的影响。根据生产工艺资料确定车间的高度、跨度及面积,根据不同的生产工艺过程确定车间平面组合方式。

(2)根据设备种类、规格、数量、自重和振动情况,以及设备的外形及基础尺寸,确定建筑物的大小、布置和基础类型,以及建筑结构的选择。

(3)根据生产组织管理、生产工艺技术、生产状况等提出劳动卫生和建筑结构的要求。

(二)民用建设项目设计与工程造价的关系

民用建设项目设计是根据建筑物的使用功能要求,确定建筑标准、结构形式、建筑物空间与平面布置以及建筑群体的配置等。民用建筑一般包括公共建筑、住宅小区、住宅建筑。住宅类建筑是民用建筑中最大量、最主要的建筑形式,因此这里主要介绍住宅类建筑。

1.住宅小区建设规划

我国城市居民点的总体规划一般分居住区、小区和住宅组三级布置,即由几个住宅组组成小区，又由几个小区组成居住区。住宅小区是人们日常生活相对完整、独立的居住单元，是城市建设的组成部分，所以小区布置是否合理，直接关系到居民生活质量和城市建设发展等重大问题。小区规划设计的核心问题是提高土地利用率。

1)住宅小区规划中影响工程造价的主要因素

(1)占地面积。居住小区的占地面积不仅直接决定着土地费用的高低，而且影响着小区内道路、工程管线长度和公共设备的多少，而这些费用对小区建设投资的影响通常很大。占地面积指标在很大程度上影响小区建设的总造价。

(2)建筑群体的布置形式。建筑群体的布置形式对用地的影响不容忽视，通过采取高低搭配、点条结合、前后错列以及局部东西向布置、斜向布置或拐角单元等手法可节约用地。在保证小区居住功能的前提下，适当集中公共设施、合理布置道路、充分利用小区内的边角用地，有利于提高建筑密度、降低小区的总造价。

2)住宅小区规划设计中节约用地的主要措施

(1)压缩建筑的间距。住宅建筑的间距主要有日照间距、防火间距和使用间距，取最大间距作为设计依据。

(2)提高住宅层数或高低层搭配。提高住宅层数和采用多层、高层搭配是节约用地、增加建筑面积的有效措施。据国外计算资料，建筑层数由5层增加到9层，可使小区总居住面积密度提高35%。但是高层住宅造价较高，因此确定住宅的合理层数对节约用地和节省投资有很大的影响。

(3)适当增加房屋长度。房屋长度的增加可以取消山墙间的间距，提高建筑密度。

(4)提高公共建筑的层数。公共建筑分散建设占地多，若能将有关的公共设施集中建在一幢楼内，不仅方便群众，而且节约用地。有的公共设施还可放在住宅底层或半地下室。

2. 民用住宅建筑设计

1)民用住宅建筑设计影响工程造价的因素

(1)建筑物墙体面积系数和周长系数。在住宅建筑的平面布置中，与工程造价密切相关的是墙体面积系数。墙体面积系数是墙体面积除以建筑面积，墙体面积系数越小，工程造价越低。墙体面积系数取决于住宅平面形状、住宅层高和单元组成等。当建筑面积一定时，住宅平面形状不同，住宅建筑周长系数也不同。住宅建筑周长系数是指外墙长度与每平方米建筑面积之比，圆形住宅的建筑周长系数最小，其次为正方形住宅、矩形住宅、T形住宅、L形住宅。圆形住宅施工复杂，施工费用较矩形住宅增加20%～30%，故其墙体工程量的减小不能使建筑工程造价降低，而且使用面积有效利用率不高，用户使用不便；正方形住宅不利于建筑物自然采光，会增加采光费用。因此，在住宅设计中常采用矩形住宅，其合理的长宽比为2∶1，这样的住宅既有利于施工，又能降低工程造价。一般住宅单元以3～4个住宅单元、房屋长度以60～80 m较为经济。

在满足住宅功能和质量的前提下，适当加大住宅宽度。这是因为宽度加大，墙体面积系数相应减小，有利于降低造价。

(2)住宅的层高。在建筑面积一定的条件下，随着住宅层高增加，住宅的墙体面积、柱的体积等逐渐增加，带来墙体费用、柱子费用、墙体基础费用、各种管线费用、粉刷费用等增加，从而引起工程总造价的增加。有关资料表明，住宅层高每降低 10 cm，可降低造价 1.2% ~1.5%，层高降低还可提高住宅小区的建筑密度，节约土地费用和市政设施费用。但是，层高设计中还需考虑采光与通风问题，层高过低不利于采光及通风，在综合考虑住宅的使用功能和工程造价的前提下，住宅的适宜层高为 2.8 m 左右。

(3)住宅的层数。住宅建筑按照层数可分为低层住宅(1 ~3 层)、多层住宅(4 ~6 层)、中层住宅(7 ~9 层)和高层住宅(10 层以上)。多层住宅由于其结构特点以及不需要电梯设备，故多层住宅的单方造价、使用成本都比高层住宅低。有关资料表明，多层住宅层数越高，单方造价越低，主要由于多层住宅层数增加，其市政设施费用、配套设施费用等随层数增加而分摊到建筑面积上的费用逐渐减少，但当住宅超过 7 层时，就要增加电梯费用，需要较多的交通面积(过道、走廊要加宽)和补充设备(供水设备和供电设备等)，所以多层住宅以 5 ~6 层较为经济。高层住宅由于需要提高结构强度，采用框架 - 剪力墙结构、剪力墙结构等，需要增加电梯设备，故高层住宅单方造价较高，但高层住宅可以节约土地占用面积，对于土地费用较高的城市，采用中高层住宅是比较经济的选择。

(4)住宅单元组合、户型和住户面积。住宅单元组合与工程造价有着密切的关系，如果单纯考虑经济性，则住宅单元组合越多，工程造价越低(见表 4-1)。但住宅单元组合既要考虑经济性，又要考虑适用性，从这两方面综合考虑，每幢住宅单元数以 3 ~4 单元较为经济。

表 4-1　住宅单元组合与工程造价的关系

单元数	1	2	3	4	5	6
工程造价相对值(%)	108.96	106.62	101.59	100.70	100.15	100

据统计，三居室住宅的设计比两居室住宅的设计降低 1.5% 左右的工程造价，四居室住宅的设计又比三居室住宅的设计降低 3.5% 的工程造价。房屋平均面积越大，内墙、隔墙在建筑面积所占比重就越小，工程造价越低。

(5)住宅建筑结构。随着我国工业化水平的提高，住宅工业化建筑体系的结构形式多种多样，考虑工程造价时应根据实际情况，因地制宜，就地取材，采用适合本地区经济合理的结构形式。

2)民用住宅建筑设计的基本原则

民用住宅建筑设计要坚持适用、经济、美观的原则。

(1)平面布置合理，长度和宽度比例适当。

(2)合理确定户型和住户面积。

(3)合理确定层数和层高。

(4)合理选择结构方案。

三、建设项目设计阶段工程造价控制程序

在各个设计阶段都需要编制相应的工程造价文件，即初步设计阶段编制设计概算、技

术设计阶段编制修正概算、施工图设计阶段编制施工图预算。为确保固定资产投资计划的顺利完成,保证建设工程造价不突破批准的投资限额,在设计阶段要做到设计概算低于投资估算、修正概算低于设计概算、施工图预算低于修正概算,也就是逐步由粗到细确定工程造价,并经过分段审批、切块分解,层层控制工程造价。

四、设计阶段工程造价控制的重要意义

(一)提高资金利用效率

设计阶段工程造价的计价形式是编制设计概预算,通过设计概预算可以了解工程造价的构成,分析资金分配的合理性,并可以利用价值工程理论分析项目各个组成功能与成本的匹配程度,调整项目功能与成本,使其更趋合理。

(二)提高投资控制效率

编制设计概预算并进行分析,可以了解工程各组成部分的投资比例。对于投资比例比较大的部分应作为投资控制的重点,这样可以提高投资控制效率。

(三)使控制工作更主动

在设计阶段控制工程造价,可以先按一定的质量标准,提出新建建筑物每一部分或分项的计划支出费用的报表,即造价计划,然后当详细设计制定出来以后,对工程的每一部分或分项的估算造价,对照造价计划中所列的指标进行审核,预先发现差异,主动采取一些控制方法消除差异,使设计更经济。

(四)便于技术与经济相结合

工程设计工作往往由建筑师等专业技术人员完成,在设计阶段造价工程师应共同参与全过程设计,使设计从一开始就建立在健全的经济基础之上,当作出重要决策时能充分认识其经济后果。另外,投资限额一旦确定,设计只能在确定的限额内进行,有利于建筑师发挥个人创造力,选择一种最经济的方式实现技术目标,从而确保设计方案能较好地体现技术与经济的结合。

(五)在设计阶段控制工程造价效果最显著

工程造价控制贯穿于项目建设全过程,但是影响项目投资最大的阶段是设计阶段。国内外工程实践及工程造价资料分析表明,设计阶段对工程造价的影响程度为75%~85%,而在施工阶段通过技术革新等手段,对工程造价的影响程度却只有5%~10%。显然,设计阶段是控制工程造价的关键环节。设计方案的选定、结构的优化、新材料的采用、先进的设计理念和方法等无一不是影响工程造价的重要因素。设计的质量、设计的深度也决定了工程造价的可靠程度。往往由于设计质量不高、设计深度不够,造成大量的设计变更,使工程造价失控。因此,设计质量的好坏,直接影响整个工程建设的效益。

一般情况下,设计费用只相当于工程造价的3%以下,但正是这不足3%的费用对工程造价的影响程度却在85%以上。显而易见,设计阶段的工程造价控制工作不但必要而且很重要,只能加强,不能削弱,能动地实施一系列造价控制手段,引导和干预设计单位及设计人员把技术工作与造价控制紧密结合起来,弄清设计决定造价、造价约束设计的辩证关系,把握住造价控制的主动权。

第二节　设计方案的优选与优化

一、设计方案的优选

(一)设计方案优选的原则

为了选择一个优秀的设计方案,在设计阶段,从多个设计方案中选取技术先进、经济合理的设计方案,并进一步对选取的设计方案进行优化,以获得最佳设计方案。在设计方案优选过程中,应遵循以下原则:

(1)设计方案必须处理好技术先进性与经济合理性的关系。

建立健全技术与经济互动式控制机制,实行工程技术与工程经济的互动式双线管理,是设计阶段造价控制的有效手段。在工程设计中,设计人员重技术、轻经济的思想仍普遍存在。为了提高设计的安全系数和标准,为了采用先进的设计理念,只强调技术的可行性和先进性,而对经济的合理性考虑不多,从而造成工程资源的浪费。同时,由于种种原因导致设计变更,这都可能使工程造价提高。因此,设计人员必须使技术和经济有机地结合,在每个设计阶段都从功能和成本两个角度认真地进行综合考虑、评价,使使用功能与造价互相平衡、协调。一般情况下,要在满足使用者要求的前提下,尽可能降低工程造价;或在资金限制范围内,尽可能提高项目功能水平。

(2)设计方案必须兼顾近期设计要求与长远设计要求的关系。

项目建成后,往往会在很长一段时间内发挥作用。如果在设计过程中,只强调建设资金的节约,技术上只按照目前的要求设计项目,若干年后由于项目功能水平无法满足而需要对原有项目进行技术改造甚至重新建造,从长远来看,反而造成建设资金的浪费;如果目前设计阶段就按照未来设计要求设计项目,就会增加建设项目造价,并且由于项目功能水平较高,目前阶段使用者不需要较高的功能或无力承受使用较高功能而产生的费用,造成项目资源闲置浪费的现象。所以,设计人员必须兼顾近期设计要求与长远设计要求的关系,进行多方案比较,选择合理功能水平的项目,并且根据长远发展的需要,适当提高项目功能水平。

(3)设计方案必须兼顾工程造价与使用成本的关系,考虑项目全寿命费用。

在项目建设过程中,以工程造价控制为目标,但在控制工程造价时,应满足项目功能水平和项目建设的质量。如果只顾降低工程造价,项目功能水平近期不能满足使用者的需要,使用者在使用过程中,为了达到项目功能水平而增加使用成本,甚至追加投资,反而造成建设资金浪费;如果为了降低工程造价而不能保证建设质量,就会造成使用过程中维修费增加,从而增加使用成本,甚至会给使用者的安全带来严重损害。所以,方案设计必须考虑项目全寿命费用,即工程造价和使用成本,在设计过程中应兼顾工程造价与使用成本的关系,在多方案费用比较中,选择项目全寿命费用最低的方案作为最优方案。

(二)设计方案评价的内容

设计方案评价的内容主要是通过各种技术经济指标来体现的。不同类型的建筑,由于使用目的及功能要求不同,技术经济评价的指标也不相同。

1. 工业建筑设计方案评价的内容

工业建筑设计方案技术经济评价指标可从总平面设计、工艺设计和建筑设计三方面来设置。工业建筑设计方案技术经济评价指标如表 4-2 所示。

表 4-2　工业建筑设计方案技术经济评价指标

序号	一级评价指标	二级评价指标
1	总平面设计	厂区占地面积
2		新建建筑面积
3		厂区绿化面积
4		绿化率
5		建筑密度
6		土地利用系数
7		经营费用
8	工艺设计	生产能力
9		工厂定员
10		主要原材料消耗
11		公用工程系统消耗
12		年运输量
13		“三废”排出量
14		净现值
15		净年值
16		差额内部收益率
17	建筑设计	单位面积造价
18		建筑物周长与建筑面积比
19		厂房展开面积
20		厂房有效面积与建筑面积比
21		建设投资

2. 民用建筑设计方案评价的内容

民用建筑一般包括公共建筑和住宅建筑两大类。公共建筑设计方案技术经济评价指标可从设计主要特征、面积指标及面积系数和能源消耗三方面来设置，如表 4-3 所示。住宅建筑设计方案技术经济评价指标按照建筑功能效果设置，包括平面空间布置、平面指标、物理性能、厨卫、安全性、建筑艺术等评价指标，如表 4-4 所示。

(三) 设计方案优选的方法

1. 多指标评分法

根据建设项目不同的使用目的和功能要求，首先对需要进行分析评价的设计方案设定若干个技术经济评价指标，对这些评价指标，按照其在建设项目中的重要程度，分配指标权重，并根据相应的评价标准，邀请有关专家对各设计方案的评价指标的满足程度计分，最后计算各设计方案的综合得分，由此选择综合得分最高的设计方案为最优方案。其计算公式为

$$S = \sum_{i=1}^{n} (S_i W_i) \tag{4-1}$$

式中 S——设计方案综合得分；

S_i——某设计方案在某评价指标中的得分；

W_i——各评价指标权重，$\sum W_i = 1$；

n——评价指标数。

表 4-3　公共建筑设计方案技术经济评价指标

序号	一级评价指标	二级评价指标
1		建筑面积
2		建筑层数
3		建筑结构类别
4	设计主要特征	地震设防等级
5		耐火等级
6		建设规模
7		建设投资
8		用地面积
9		建筑物占地面积
10		构筑物占地面积
11	面积指标及面积系数	道路、广场、停车场等占地面积
12		绿化面积
13		建筑密度
14		平面系数
15		单方造价
16		总用水量
17		总采暖耗热量
18	能源消耗	总空调制冷量
19		总用电量
20		总燃气量

表 4-4　住宅建筑设计方案技术经济评价指标

序号	一级评价指标	二级评价指标
1	平面空间布置	平均每套卧室、起居室数
2		平均每套良好朝向卧室、起居室数
3		平均空间布置合理程度
4		家具布置适宜程度
5		储藏设施
6	平面指标	建筑面积
7		建筑层数
8		建筑层高
9		建筑密度
10		建筑容积率
11		使用面积系数
12		绿化率
13		单方造价
14	物理性能	采光
15		通风
16		保温与隔热
17		隔声
18	厨卫	厨房
19		卫生间
20	安全性	安全措施
21		结构安全
22		耐用年限
23	建筑艺术	室内效果
24		外观效果
25		环境效果

【例 4-1】 某住宅项目有 A、B、C、D 四个设计方案，各设计方案从适用、安全、美观、技术和经济五个方面进行考察，具体评价指标、权重和评分值如表 4-5 所示。运用多指标评分法，选择最优设计方案。

解：

运用多指标评分法，分别计算 A、B、C、D 四个设计方案的综合得分，计算结果如表 4-6 所示。

表 4-5　各设计方案评价指标得分

评价指标		权重	A	B	C	D
适用	平面布置	0.1	9	10	8	10
	采光通风	0.07	9	9	10	9
	层高层数	0.05	7	8	9	9
安全	牢固耐用	0.08	9	10	10	10
	“三防”设施	0.05	8	9	9	7
美观	建筑造型	0.13	7	9	8	6
	室外装修	0.07	6	8	7	5
	室内装修	0.05	8	9	6	7
技术	环境设计	0.1	4	6	5	5
	技术参数	0.05	8	9	7	8
	便于施工	0.05	9	7	8	8
	易于设计	0.05	8	8	9	7
经济	单方造价	0.15	10	9	8	9

表 4-6　A、B、C、D 四个设计方案评价计算结果

评价指标		权重	A	B	C	D
适用	平面布置	0.1	9×0.1	10×0.1	8×0.1	10×0.1
	采光通风	0.07	9×0.07	9×0.07	10×0.07	9×0.07
	层高层数	0.05	7×0.05	8×0.05	9×0.05	9×0.05
安全	牢固耐用	0.08	9×0.08	10×0.08	10×0.08	10×0.08
	“三防”设施	0.05	8×0.05	9×0.05	9×0.05	7×0.05
美观	建筑造型	0.13	7×0.13	9×0.13	8×0.13	6×0.13
	室外装修	0.07	6×0.07	8×0.07	7×0.07	5×0.07
	室内装修	0.05	8×0.05	9×0.05	6×0.05	7×0.05
技术	环境设计	0.1	4×0.1	6×0.1	5×0.1	5×0.1
	技术参数	0.05	8×0.05	9×0.05	7×0.05	8×0.05
	便于施工	0.05	9×0.05	7×0.05	8×0.05	8×0.05
	易于设计	0.05	8×0.05	8×0.05	9×0.05	7×0.05
经济	单方造价	0.15	10×0.15	9×0.15	8×0.15	9×0.15
综合得分		1	7.88	8.61	7.93	7.71

根据表 4-6 的计算结果可知，设计方案 B 的综合得分最高，故方案 B 为最优设计方案。

这种方法的优点在于避免了各指标间可能发生相互矛盾的现象，评价结果是唯一的。但是在确定权重及评分过程中存在主观臆断成分，同时由于各评分值是相对的，因而不能直接判断各设计方案的各项功能实际水平。

2. 计算费用法

计算费用法又叫最小费用法，是将一次性投资和经常性的经营成本统一为一种性质的费用，从而评价设计方案的优劣。最小费用法是在诸多设计方案的功能相同的条件下，项目在整个寿命周期内计算费用最低者为最佳方案，是评价设计方案优劣的常用方法之一。

年计算费用公式为

$$C_{年} = KE + V \tag{4-2}$$

总计算费用公式为

$$C_{总} = K + Vt \tag{4-3}$$

式中 $C_{年}$——年计算费用；

$C_{总}$——项目总计算费用；

K——总投资额；

V——年生产成本；

t——投资回收期；

E——投资效果系数（等于投资回收期的倒数）。

【例 4-2】 某工程项目有 3 个设计方案，3 个设计方案的投资总额和年生产成本如表 4-7 所示。投资回收期 $t=5$ 年，投资效果系数 $E=0.2$，请采用计算费用法优选出最佳设计方案。

表 4-7 三个设计方案的投资总额和年生产成本 （单位：万元）

设计方案	投资总额 K	年生产成本 V
方案 1	2 000	2 400
方案 2	2 200	2 300
方案 3	2 800	2 100

解：

方案 1：$C_{年} = K_1E + V_1 = 2\ 000 \times 0.2 + 2\ 400 = 2\ 800$（万元）

$C_{总} = K_1 + V_1t = 2\ 000 + 2\ 400 \times 5 = 14\ 000$（万元）

方案 2：$C_{年} = K_2E + V_2 = 2\ 200 \times 0.2 + 2\ 300 = 2\ 740$（万元）

$C_{总} = K_2 + V_2t = 2\ 200 + 2\ 300 \times 5 = 13\ 700$（万元）

方案 3：$C_{年} = K_3E + V_3 = 2\ 800 \times 0.2 + 2\ 100 = 2\ 660$（万元）

$C_{总} = K_3 + V_3t = 2\ 800 + 2\ 100 \times 5 = 13\ 300$（万元）

根据上述计算结果，方案 3 计算的年费用和总费用均为最低，故方案 3 为最佳设计方案。从该方案可说明，虽然它的投资为最大，但投产后生产成本最低。设计方案优劣不仅要考虑投资额的高低,还应考虑项目投产后的生产成本高低和经营效益。

计算费用法计算简单,易于接受。但是它没有考虑资金时间价格以及各方案寿命期的差异。

3. 动态评价法

动态评价法是在考虑资金时间价值的情况下,对多个设计方案进行优选。与静态指标相比,动态指标更注重考察项目在其计算期内各年现金流量的具体情况,从而可以更好地对多个设计方案进行评价。读者可参阅工程经济的相关内容进行学习。

【例4-3】 某公司欲开发某种新产品,为此需设计一条新的生产线。现有A、B、C三个设计方案,各设计方案预计的初始投资、年销售收入和年生产费用如表4-8所示,各设计方案的寿命期均为6年,6年后的残值为零。当基准收益率为8%时,选择最佳设计方案。

表4-8 A、B、C三个设计方案的现金流量 （单位:万元）

设计方案	初始投资	年销售收入	年生产费用
A	2 000	1 200	500
B	3 000	1 600	650
C	4 000	1 600	450

解:

$NPV(8\%)A=(1\ 200-500)(P/A,8\%,6)-2\ 000=1\ 236.16$(万元)

$NPV(8\%)B=(1\ 600-650)(P/A,8\%,6)-3\ 000=1\ 391.95$(万元)

$NPV(8\%)C=(1\ 600-450)(P/A,8\%,6)-4\ 000=1\ 316.57$(万元)

根据上述计算结果可知,B方案净现值最大,故B方案为最佳设计方案。

【例4-4】 某企业为制作一台非标准设备,特邀请甲、乙、丙三家设计单位进行方案设计,三家设计单位提供的设计方案均达到有关规定的要求。预计三种设计方案制作的设备使用后各年产生的效益和生产产品成本基本相同。生产该产品所需的费用全部为自有资金,设备制作在一年内就可完成,有关资料如表4-9所示。当基准收益率为8%时,选择最佳设计方案。

表4-9 甲、乙、丙三种设计方案的有关资料

名称	使用寿命(年)	初始投资(万元)	维修间隔期(年)	每次维修费(万元)
甲方案	10	1 000	2	30
乙方案	6	680	1	20
丙方案	5	750	1	15

解:

$PC(8\%)甲=1\ 000+30(P/F,8\%,2)+30(P/F,8\%,4)+30(P/F,8\%,6)+30(P/F,8\%,8)=1\ 082.89$(万元)

$AC(8\%)甲=1\ 082.89(A/P,8\%,10)=161.38$(万元)

$PC(8\%)$乙 $=680+20(P/A,8\%,5)=759.86$(万元)

$AC(8\%)$乙 $=759.86(A/P,8\%,6)=164.37$(万元)

$PC(8\%)$丙 $=750+15(P/A,8\%,4)=799.68$(万元)

$AC(8\%)$丙 $=799.68(A/P,8\%,5)=200.29$(万元)

根据上述计算结果可知,甲方案的费用年值最小,故甲方案为最佳设计方案。

二、设计方案的优化

优化设计是以系统工程理论为基础,应用最优化技术和借助计算机技术,对工程设计方案、设备选型、参数匹配、效益分析、项目可行性等方面进行最优化的设计方法。它是设计阶段的重要步骤,是控制工程造价的有效方法。通常采用的优化方法有以下几种。

(一)通过设计招标和设计方案竞选优化设计方案

建设单位首先就拟建工程的设计任务通过报刊、信息网络或其他媒介发布公告,吸引设计单位参加设计招标或设计方案竞选,以获得众多的设计方案;然后组织专家评定小组采用科学的方法,按照经济、适用、美观的原则,以及技术先进、功能全面、结构合理、安全适用、满足建设节能及环境等要求,综合评定各设计方案的优劣,从中选择最优的设计方案,或将各方案的可取之处重新组合,提出最佳方案。专家评价法有利于多种设计方案的比较与选择,能集思广益,吸收众多设计方案的优点,使设计更完美。通过设计招标和设计方案竞选优化设计方案,可以使工程设计方案的技术和经济有机结合,有利于控制工程造价。

(二)运用价值工程优化设计方案

1. 价值工程原理

价值工程是用最低的寿命周期成本,可靠地实现必要功能,并且着重于功能分析的有组织活动。价值、功能和成本三者之间的关系为

$$价值=\frac{功能}{成本} \tag{4-4}$$

这里的功能指必要功能,成本指寿命周期成本(包括生产成本和使用成本),价值指寿命周期成本投入所得产品必要功能。价值分析并不是单纯追求降低成本,也不是片面追求提高功能,而是力求正确处理好功能与成本的对立统一关系,提高它们之间的比值即价值,研究产品功能和成本的最佳配置。其目标为从功能和成本两方面改进研究对象,以提高其价值。一般来说,提高工程价值的途径有以下几点:

(1)在提高工程功能的同时降低项目投资,这是提高工程价值最为理想的途径。

(2)在项目投资不变的情况下,提高工程功能。

(3)工程功能有较大幅度提高,而项目投资增加较少。

(4)在保持工程功能不变的前提下,降低项目造价。

(5)工程功能略有降低,而项目投资有大幅度降低。

2. 价值工程的一般工作程序

1)对象选择

这一过程应明确目标、限制条件和分析范围,并根据选择的研究对象,组成价值工程

领导小组，制定工作计划。

2）收集整理信息资料

此项工作应贯穿于价值工程的全过程。

3）功能分析

此项工作根据功能的不同特点和要求进行功能分类，从定性的角度进行功能定义，从而进行价值分析，为方案创新打下基础。功能分析是价值工程的核心。

4）功能评价

确定研究对象各项功能和成本的量化形式，根据价值、功能和成本三者之间的关系，计算出价值的量化形式，从而进行价值分析，为方案创新打下基础。

5）方案创新与评价

根据功能评价的结果，提出各种不同的实现功能的方案，从技术、经济和社会等方面综合评价各种方案的优劣，选择最佳方案，并进一步对选出的最佳方案进行优化，然后由主管部门进行审批，最后制定实施计划，组织实施，并跟踪检查，对实施后取得的技术经济效果进行成果鉴定。

3. 应用价值工程进行设计方案优化的程序

1）功能分析

不同的建筑产品有不同的使用功能，它们通过一系列建筑因素体现出来，反映建筑物的使用要求。建筑产品的功能一般分为社会性功能、适用性功能、技术性功能、物理性功能和美学功能五类。功能分析首先应明确项目的各类功能具体有哪些，哪些是主要功能，并对功能进行定义和整理。

2）功能评价

功能评价主要是比较各项功能的重要程度，用0～1评分法、0～4评分法，环比评分等，计算各项功能的功能评价系数，作为该功能的重要度权数。

3）方案设计

根据功能分析的结果，提出各种实现功能的方案。

4）方案评价

对上一步所设计的各方案针对各项功能的满足程度打分，然后加权计算各方案的功能评价系数，结合成本评价系数计算各方案的价值系数，以价值系数最大者为最优方案。

4. 应用价值工程进行设计方案优化的程序

1）对象选择

设计优化应以对造价影响较大的项目作为应用价值工程优化的研究对象。选择研究对象的定量方法可采用ABC分析法、百分比分析法、强制确定法、价值指数法。

（1）ABC分析法就是根据产品的数量和所占总成本的比重大小来选择对象的方法。在总体中所占数量较少而占成本较大的产品为A类，作为价值工程选择的对象。

（2）百分比分析法就是通过分析比较产品在各项经济指标中所占的百分比大小来选择对象的方法。将在总体中所占成本较大而利润较少的产品作为价值工程选择的对象。

（3）强制确定法就是以功能重要程度作为选择价值工程对象的决策指标的一种分析方法。选择功能重要程度较大的产品作为价值工程选择的对象。

(4)价值指数法就是通过比较各个对象之间的功能水平位次和成本位次,寻找价值系数偏离1的对象作为价值工程研究对象的一种方法。

2)功能分析

分析研究对象具有哪些功能,各项功能之间的关系如何。

3)功能评价

功能评价方法有功能成本法和功能指数法。在这里只介绍功能指数法。

功能指数法是通过评定各对象功能的重要程度,用功能指数来表示其功能程度的大小,然后将评价对象的功能指数与相对应的成本指数进行比较,得出该评价对象的价值指数,从而确定改进对象,并计算出该对象的成本改进期望值。其表达式为

$$价值指数(VI)=\frac{功能指数(FI)}{成本指数(CI)} \tag{4-5}$$

(1)计算功能指数。各功能指数的计算是将各评价对象功能得分值与各评价对象功能总得分值相比,其表达式为

$$FI=\frac{f_i}{\sum f_i} \tag{4-6}$$

各评价对象功能得分值的推算方法主要有0~1评分法、0~4评分法等。

①0~1评分法。该评分法要求两个功能相比,相对重要的得1分,相对不重要的得0分。

【例4-5】 某产品由A、B、C、D、E五个零部件组成,各个零部件的功能重要性如下:A比C、D、E重要,但没有B重要;B比C、D、E重要;C比E重要;D比C、E重要。用0~1评分法,计算各零部件的功能指数,详见表4-10。

表4-10 各零部件的功能指数计算结果

评价对象	A	B	C	D	E	功能得分	修正得分 f_i	功能指数 FI
A	×	0	1	1	1	3	4	0.266 7
B	1	×	1	1	1	4	5	0.333 3
C	0	0	×	0	1	1	2	0.133 3
D	0	0	1	×	1	2	3	0.200 0
E	0	0	0	0	×	0	1	0.066 7
合计						10	15	1

②0~4评分法。该评分法要求两个功能相比,相对很重要的得4分,相对不重要的得0分,相对较重要的得3分,相对较不重要的得1分,同样重要的两个功能各得2分。

【例4-6】 有关专家决定从五个方面(分别以A~E表示)对各功能的重要性达成以下共识:B和C同样重要,D和E同样重要,A相对于D很重要,A相对于B较重要。用0~4评分法,计算各功能指数,详见表4-11。

表 4-11　各功能指数计算结果

评价对象	A	B	C	D	E	功能得分	功能指数 FI
A	×	3	3	4	4	14	0.350
B	1	×	2	3	3	9	0.225
C	1	2	×	3	3	9	0.225
D	0	1	1	×	2	4	0.1
E	0	1	1	2	×	4	0.1
合计						40	1

(2)计算成本指数。各成本指数的计算是将各评价对象的目前成本与全部评价对象的目前成本相比,其表达式为

$$CI = \frac{c_i}{\sum c_i} \tag{4-7}$$

(3)计算价值指数并进行分析。根据价值指数的表达式计算价值指数,此时计算结果有三种情况:

①$VI = 1$ 时,表示功能指数等于成本指数,即评价对象的功能比重与实现该功能的目前成本比重大致平衡,合理匹配,可以认为是最理想的状态,此功能无须改进。

②$VI < 1$ 时,表示成本指数大于功能指数,即评价对象的目前成本比重大于其功能比重,说明其目前成本偏高,从而会导致该功能过剩。此时,应将该评价对象的功能作为改进对象,在满足该功能的前提下,尽量降低成本。

③$VI > 1$ 时,表示功能指数大于成本指数,即评价对象的功能比重大于实现该功能的目前成本比重。此时应作出具体分析,如果由于目前成本偏低,不能满足评价对象实现其应具有的功能要求,致使该功能偏低,此时应将该评价对象的功能作为改进对象,在满足必要功能的前提下,适当增加成本;如果评价对象的功能超出了应该具有的功能水平,即功能过剩,该评价对象的功能也应作为改进对象;如果客观上存在着功能重要而需要耗费的成本却较少,则不必改进。

(4)分配目标成本。根据限额设计的要求,确定研究对象的目标成本,并以功能评价系数为基础,将目标成本分摊到各项功能上,与各项功能的现实成本进行对比,确定成本改进期望值,成本改进期望值大的,应首先重点改进。

4)方案创新与评价

方案创新的方法有以下几种:

(1)头脑风暴法。这种方法是选择 5 ~ 10 名有经验、有专长的人员开会讨论,会前将讨论的内容通知与会者,开会时要求气氛热烈、协调,并对与会者约定四条规则:不互相批评指责、自由奔放思考、多提构思方案、结合别人的意见提出设想。

(2)哥顿法(模糊目标法)。这种方法是把研究的问题适当抽象,要求大家对新方案作一番笼统的介绍,提出各种设想。

(3)德尔菲法(专家调查法)。这种方法是向专家作调查的方法,可以采用开会的方

法，也可以采用函询的方法。

5）方案评价与选择

对于方案创新所提出的多个方案需要进行评价，从中选择最优的方案。方案评价分为概略评价和详细评价。概略评价是对提出的多个方案进行粗略评价，从多个设想方案中选出价值较高的少数几个方案；详细评价是在通过概略评价以后选出的价值较高的少数几个方案中，再具体而又详细地分析、评价，从中选择最优的方案。

5. 价值工程进行设计方案的优选与优化案例

【案例 4-1】

背景材料 某市高新技术开发区要建一幢综合办公楼，现有 A、B、C 三个设计方案。

A 方案：结构形式为现浇框架体系，墙体材料采用多孔砖及可拆装式板材隔墙，窗户采用单层塑钢窗。使用面积系数 92%，单方造价 1 248 元/m^2。

B 方案：结构形式为现浇框架体系，墙体采用内浇外砌，窗户采用单层铝合金窗。使用面积系数 88%，单方造价 1 002 元/m^2。

C 方案：结构形式为砖混结构，采用现浇钢筋混凝土楼板，墙体材料采用普通黏土砖，窗户采用单层铝合金窗。使用面积系数 80%，单方造价 838 元/m^2。

问题 1 应用价值工程方法选择最优设计方案。

解：

(1) 功能分析。

价值工程小组认真分析了拟建工程的功能，认为建筑的结构形式（F1）、使用面积系数（F2）、墙体材料（F3）和窗户类型（F4）、模板类型（F5）等五项功能为主要功能。

(2) 功能评价。

经过价值工程小组研究，认为使用面积系数（F2）和结构形式（F1）很重要，墙体材料（F3）次重要，窗户类型（F4）、模板类型（F5）较不重要，即 F1 = F2 > F3 > F4 = F5，利用 0 ~4 评分法，可计算出各项功能因素的权重。按 0 ~4 评分法的规定，两个功能因素比较时，其相对重要程度有以下三种情况：

①很重要的功能因素得 4 分，另一不重要的功能因素得 0 分；

②较重要的功能因素得 3 分，另一较不重要的功能因素得 1 分；

③同样重要或基本同样重要时，两个功能因素各得 2 分。

根据给出的条件，各项功能的评价指数见表 4-12。

表 4-12 利用 0 ~4 评分法进行各项功能评价指数计算结果

功能	F1	F2	F3	F4	F5	得分	功能评价指数
F1	×	2	3	4	4	13	0.325
F2	2	×	3	4	4	13	0.325
F3	1	1	×	3	3	8	0.200
F4	0	0	1	×	2	3	0.075
F5	0	0	1	2	×	3	0.075
合计						40	1.000

(3)方案评价。

分别计算出各方案的功能指数、成本指数和价值指数,并根据价值指数选择最优方案,各方案功能评价及功能指数见表4-13。

表4-13　各方案功能评价及功能指数

项目功能	重要度权数	A方案		B方案		C方案	
		功能得分	加权得分	功能得分	加权得分	功能得分	加权得分
结构形式(F1)	0.325	10	3.25	10	3.25	7	2.275
使用面积系数(F2)	0.325	9	2.925	8	2.6	7	2.275
墙体材料(F3)	0.200	10	2	9	1.8	8	1.6
窗户类型(F4)	0.075	9	0.675	8	0.6	8	0.6
模板类型(F5)	0.075	10	0.75	10	0.75	9	0.675
方案加权得分和		9.6		9		7.425	
功能评价指数		0.37		0.35		0.29	

各方案成本指数计算结果见表4-14。

表4-14　各方案成本指数计算结果

设计方案	单方造价(元/m^2)	成本指数
A	1 248	0.40
B	1 002	0.32
C	838	0.27

各方案价值指数计算结果见表4-15。

表4-15　各方案价值指数计算结果

设计方案	功能指数	成本指数	价值指数
A	0.37	0.40	0.93
B	0.35	0.32	1.09
C	0.29	0.27	1.07

由以上结果可知,B方案价值指数较大,B方案为最佳方案。

问题2　为控制工程造价和进一步降低费用,对所选最佳方案即B方案的土建部分,以工程材料费为对象应用价值工程进行造价控制。将土建工程划分为四个功能项目,各功能项目评分值及其目前成本见表4-16。目前成本为236.34万元,按限额设计要求,目标成本额应控制在186万元。

表 4-16　各功能项目评分值及目前成本

功能项目	功能指数	目前成本(万元)
桩基工程	0.106	28.08
地下室工程	0.118	25.74
主体工程	0.424	88.92
装饰工程	0.352	93.60
合计	1.000	236.34

试分析各功能项目的目标成本及可能降低的额度,并确定功能改进顺序。

解:

根据表 4-16 所列数据,分别计算桩基工程、地下室工程、主体工程和装饰工程的功能指数、成本指数和价值指数,再根据给定的总目标成本额,计算各工程项目的目标成本额,从而确定其成本降低额度。具体计算结果如下:

(1)各项功能价值指数计算结果见表 4-17。

表 4-17　各项功能价值指数计算结果

功能项目	功能指数(*FI*)	成本指数(*CI*)	价值指数(*VI*)
桩基工程	0.106	0.12	0.88
地下室工程	0.118	0.11	1.07
主体工程	0.424	0.38	1.12
装饰工程	0.352	0.40	0.88

注:表中成本指数＝各功能项目目前成本/目前总成本。

由表 4-17 可知,$VI<1$ 的有桩基工程和装饰工程,成本比重偏高,应降低成本。$VI>1$ 的有地下室工程和主体工程,功能较重要,但成本比重偏低,应适当增加成本。

(2)目标成本的分配及成本改进期望值计算结果见表 4-18。

表 4-18　目标成本的分配及成本改进期望值计算结果

功能项目	功能指数	成本指数	目前成本(万元)	目标成本(万元)	成本降低额(万元)
(1)	(2)	(3)	(4)	(5)＝186×(2)	(6)＝(4)－(5)
桩基工程	0.106	0.12	28.08	19.72	8.36
地下室工程	0.118	0.11	25.74	21.95	3.79
主体工程	0.424	0.38	88.92	78.86	10.06
装饰工程	0.352	0.40	93.60	65.47	28.13

由表4-18可知，桩基工程、主体工程、装饰工程、地下室工程均应通过适当方式降低成本，功能改进顺序依次为装饰工程、主体工程、桩基工程、地下室工程。

（三）推广标准化设计优化设计方案

标准化设计又称定型设计、通用设计，是工程建设标准化的组成部分。标准化是在经济、技术、科学和管理等社会实践中，对重复性事物和概念通过制定、发布和实施标准，达到统一，以获得最佳秩序和社会效益。各类工程建设的构件、配件、零部件，以及通用的建筑物、构筑物、公用设施等，只要有条件的都应该实施标准化设计。

制定统一的设计标准、统一的设计规范，其目的就是获得最佳的设计方案，取得最佳的社会效益。标准化设计的基本原理概括为“统一、简化、协调、择优”。统一是在一定的范围内、一定的条件下，使标准对象的形式、功能或其他技术特征具有一致性，如房屋建筑制图统一标准、建筑构件设计统一标准、工业企业采光设计统一标准等。简化是使标准对象由复杂到简单，简化设计往往与模数化联系在一起，模数化设计有利于促进实现工厂化生产，实现建筑产品预制化、装配化。协调是处理好标准对象与相关标准和相关因素的关系，使其发挥特定的功能和保持相对的稳定性，使方案设计取得最佳效果。择优是在一定的目标和条件下，对标准的内容和标准化系统的多种设计方案进行方案比较和选择，优化设计方案。通过总结推广标准规范、标准设计，公布合理的技术经济指标及考核指标，为优化设计方案提供良好的服务。

工程建设标准和规范设计来源于工程建设的实践经验和科研成果，是工程建设必须遵循的科学依据，对降低工程造价有着很重要的影响。推广标准化设计有益于降低设计成本和工程成本，提高设计的正确性和科学性，缩短建设周期，其具体表现在以下几个方面：

(1)采用标准化设计，可节约建筑材料，降低工程造价。

采用标准化设计，简化设计工作，可以节约设计费用。另外，由于建筑构件、配件、零部件等实行标准化设计，具有较强的通用性，便于大批量的工厂化生产，合理配置资料，优化资源结构，可以节约建筑材料，从而可降低整个工程造价。如《工业与民用建筑灌注桩基础设计与施工规程》(JGJ 4—80)实施以来，同原来采用的预制桩相比，每平方米建筑可降低投资30%，节约钢材50%，并避免了施工过程中的噪声和对周围建筑物的影响，既提高了经济效益，又提高了社会效益。

(2)采用标准化设计，可提高劳动生产率，缩短建设周期。

随着科学技术的发展，建筑产品专业化程度越来越高，建筑规模越来越大，技术要求越来越复杂，这就要通过工程建设的标准化设计来保证各专业设计在技术上保持高度的统一和协调，可大大加快提供设计图纸的速度，一般可以加快设计速度1~2倍，缩短了设计周期，也可以使施工准备和定制预制构件等工作提前，从而缩短建设周期。另外，采用建筑构件、配件、零部件等的标准设计，能使工艺定型，容易提高工人技术，且提高劳动生产率，缩短建设周期。

(3)采用标准化设计，可提高设计质量，为实现优良工程创造条件。

工程建设标准化设计来源于基础理论的研究和实践经验，吸收国内外先进经验和技术总结出的科研成果，按照“统一、简化、协调、择优”的原则，提炼上升为设计规范和设计标准，所以按照标准化设计可以保证设计质量。另外，标准化设计有较强的通用性，可提高设计人员的熟练程度，保证设计图纸的质量，同样，由于采用标准化设计，使施工人员对其施工方案比较熟悉，也可保证施工质量，从而为实现优良工程创造条件。

（四）实行限额设计优化设计方案

1.限额设计的概念

所谓限额设计，就是按照批准的可行性研究报告及投资估算控制初步设计，按照批准的初步设计概算控制施工图设计，按照施工图预算对施工图设计的各个专业设计文件作出决策。所以，限额设计实际上是建设项目投资控制系统中的一个重要环节，或称为一项关键措施。限额设计并不是单纯地节约投资，盲目追求低造价，而是在保证建设项目在满足其功能要求的前提下控制工程造价，节约投资。在整个设计过程中，设计人员与经济管理人员密切配合，做到技术与经济的统一。设计人员在设计时考虑经济支出，作出方案比较，有利于强化设计人员的工程造价意识，优化设计；经济管理人员及时进行造价计算，为设计人员提供信息，使设计小组内部形成有机整体，避免相互脱节现象，达到动态控制投资的目的。

2.限额设计的目标

(1)限额设计目标的确定。限额设计目标是在初步设计开始前，根据批准的可行性研究报告及其投资估算确定的。限额设计指标经项目经理或总设计师提出，经主管院长审批下达，其总额度一般只下达直接工程费的90%，以便项目经理或总设计师和室主任留有一定的调节指标，限额指标用完后，必须经批准才能调整。

虽然限额设计是设计阶段控制造价的有效方法，但工程设计是一个从概念到实施的不断认识的过程，控制限额的提出也难免会产生偏差或错误，因此限额设计应以合理的限额为目标。如果限额设计的目标值缺乏合理性，一方面目标值过低会造成这个目标值被突破，限额设计无法实施；另一方面目标值过高会造成投资浪费现象。限额设计目标值的提出绝不是建设单位和领导机关或权力部门随意提出的限额，而是对整个建设项目进行投资分解后，对各个单项工程、单位工程、分部分项工程的各个技术经济指标提出科学、合理、可行的控制额度。在设计过程中一方面要严格按照限额控制目标，选择合理的设计标准进行设计；另一方面要不断分析限额的合理性，若设计限额确定不合理，必须重新进行投资分解，修改或调整限额设计目标值。

(2)采用优化设计，确保限额目标的实现。确保限额目标的实现，必须进行设计方案的优化。优化设计是以系统工程理论为基础，应用现代数学方法对工程设计方案、设备选型、参数匹配、效益分析等方面进行最优化的设计。通过优化设计不仅可以选择最佳设计方案，提高设计质量，而且能有效控制工程造价。

3.限额设计的全过程

限额设计是工程建设领域控制投资支出，有效使用建设资金的重要措施，在一定阶段、一定程度上很好地解决了工程项目在建设过程中技术与经济相统一的关系。因此，抓住设计这个关键阶段，也就抓住了造价全过程控制中的重点。限额设计的全过程实际上是建设项目投资目标管理的过程，造价全过程控制体现在设计阶段的限额设计应层层展开，纵向到底，横向到边，即限额设计的纵向控制和横向控制。

1)限额设计的纵向控制

限额设计的纵向控制的内容包括投资分配、初步设计造价控制、施工图设计造价控制、设计变更控制。

(1)投资分配。投资分配是实行限额设计的有效途径和主要方法,设计任务书获批准后,设计单位在设计之前应在设计任务书的总框架内将投资先分解到各专业,然后分配到各单项工程和单位工程,作为进行初步设计的造价控制目标。这种分配往往不是只凭设计任务书就能办到的,而是要进行方案设计,在此基础上作出决策。

(2)初步设计造价控制。初步设计应严格按分配的造价控制目标进行设计。在初步设计开始之前,项目总设计师应将设计任务规定的设计原则、建设方针和投资限额向设计人员交底,将投资限额分专业下达到设计人员,发动设计人员认真研究实现投资限额的可能性,切实进行多方案比选,对各个技术经济方案的关键设备、工艺流程、总图方案、总图建筑和各项费用指标进行比较与分析,从中选出既能达到工程要求,又不超过投资限额的方案,作为初步设计方案。如果发现重大设计方案或某项费用指标超出任务书的投资限额,应及时反映,并提出解决问题的办法。不能等到设计概算编出后才发现投资超限额,再被迫压低造价,减项目、减设备,这样不但影响设计进度,而且造成设计上的不合理,给施工图设计超投资埋下隐患。

(3)施工图设计造价控制。施工图设计是以已批准的初步设计和初步设计概算为依据,在施工图设计过程中,无论是建设项目总造价,还是单项工程造价,均不应该超过初步设计概算造价。设计单位按照造价控制目标确定施工图设计的构造,选用材料和设备。

严格按批准的初步设计和初步设计概算进行设计,重点应放在工程量控制上,控制的工程量是经审定的初步设计工程量,作为施工图设计工程量的最高限额,不得突破,并注意把握两个标准,一个是质量标准,一个是造价标准,使两个标准协调一致、相互制约,防止只顾质量而放松经济要求的倾向,当然也不能因为经济上的限制而消极地降低质量,因此必须在造价限额的前提下优化设计。在设计过程中,要对设计结果进行技术经济分析,看是否有利于造价目标的实现。每个单位工程施工图设计完成后,要作出施工图预算,判别是否满足单位工程造价限额要求,如果不满足,应修改施工图设计,直至满足限额要求。只有当施工图预算造价满足施工图设计造价限额时,施工图才能归档。

(4)设计变更控制。在初步设计阶段,由于外部条件的制约和人们主观认识的局限,往往会造成施工图设计阶段,甚至施工过程中的局部修改和变更。这是使设计、建设更趋完善的正常现象。但是由此却会引起对已经确认的概算价值的变化。这种变化在一定范围内是允许的,但必须经过核算和调整。如果施工图设计变化涉及建设规模、产品方案、工艺流程或设计方案的重大变更,使原初步设计失去指导施工图设计的意义,必须重新编制或修改初步设计文件,并重新报原审查单位审批。对于非发生不可的设计变更,应尽量提前,以减少变更对工程造成的损失。施工图设计阶段的变更,只需修改设计图纸,这种变更损失不大;如果在采购阶段变更,不仅需要修改图纸,而且需要重新采购材料、设备;如果在施工阶段变更,除上述费用外,变更部分工程需要拆除,会造成更大的损失。所以,应尽量把变更控制在设计阶段初期,对于设计变更较大的项目,更要采取先算账后变更的办法解决,以使工程造价得到有效控制。

2)限额设计的横向控制

限额设计的横向控制的内容包括健全责任分配制度和健全奖罚制度。明确设计单位内部各专业科室对限额设计所负的责任,建立健全设计院内部的院级、项目经理级、室主任级“三级”管理制度,使责任具体落实到个人,院级落实到主管院长、总工程师、总经济师等,项目经理级落实到正、副项目经理和项目总设计师等,室主任级落实到正、副主任和主任工程师等,使落实到个人的指标不突破限额。为使限额设计落实到实处,应建立健全奖罚制度,对于设计单位和设计人员在保证工程功能水平和工程安全的前提下,采用新工艺、新材料、新设备、新技术优化设计方案,节约项目投资额,按节约投资额的大小,给予设计单位和设计人员奖励;对于设计单位设计错误、由于设计原因造成的较大的设计变更,导致投资额超过了目标控制限额,按超支比例扣除相应比例的设计费用。

第三节　设计概算与施工图预算的编制和审查

一、设计概算概述

(一)设计概算的概念和作用

建设项目设计概算是初步设计文件的重要组成部分,是在投资估算的控制下由设计单位根据初步设计或技术设计的图纸及说明,利用国家或地区颁发的概算指标、概算定额或综合指标预算定额、设备材料预算价格等资料,按照设计要求,概略地计算建筑物或构筑物造价的文件。其特点是编制工作相对简略,在精度上没有施工图预算准确。采用两阶段设计的建设项目,初步设计阶段必须编制设计概算;采用三阶段设计的建设项目,技术设计阶段必须编制修正概算。

设计概算的主要作用有以下几点:

(1)设计概算是编制工程项目投资计划、确定和控制工程项目投资的依据。

(2)设计概算是签订建设工程合同和贷款合同的依据。

(3)设计概算是控制施工图设计和施工图预算的依据。

(4)设计概算是衡量设计方案技术经济合理性和选择最佳设计方案的依据。

(5)设计概算是工程造价管理及编制招标标底和投标报价的依据。

(6)设计概算是考核工程项目投资效果的依据。

(二)设计概算的内容

设计概算可分为单位工程概算、单项工程综合概算和建设项目总概算三级。各级概算之间的相互关系如图 4-1 所示。

1. 单位工程概算

单位工程概算是确定各单位工程建设费用的文件,是编制单项工程综合概算的依据,是单项工程综合概算的组成部分。单位工程概算按其工程性质分为建筑工程概算和设备及安装工程概算两大类。建筑工程概算包括土建工程概算,给水排水、采暖工程概算,通风、空调工程概算,电气、照明工程概算,弱电工程概算,特殊构筑物工程概算等。设备及安装工程概算包括机械设备及安装工程概算、电气设备及安装工程概算、热力设备及安装

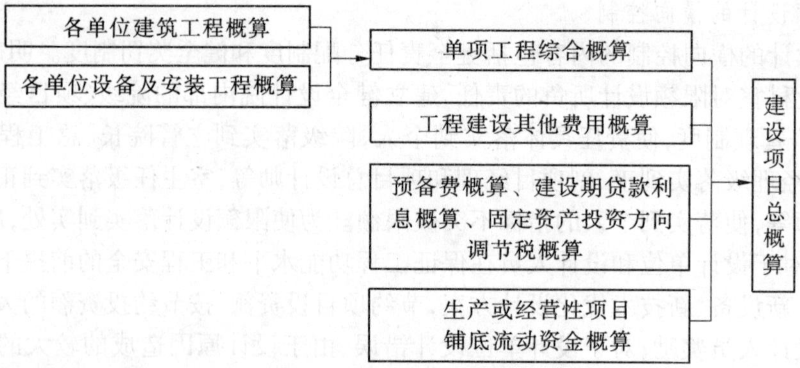

图 4-1 设计概算的三级概算关系

工程概算、工器具及生产家具购置费概算等。

2. 单项工程综合概算

单项工程综合概算是确定一个单项工程所需建设费用的文件。它由单项工程中的各单位工程概算汇总编制而成,是建设项目总概算的组成部分。单项工程综合概算的组成如图 4-2 所示。

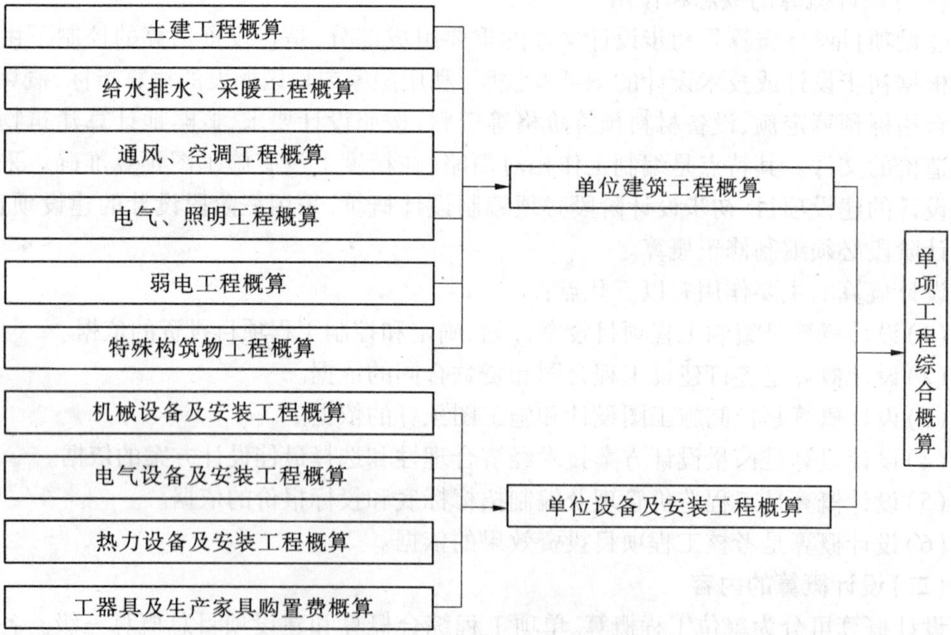

图 4-2 单项工程综合概算的组成

3. 建设项目总概算

建设项目总概算是确定整个建设项目从筹建到竣工验收交付使用所需全部费用的文件。它是由各单项工程综合概算、工程建设其他费用概算、预备费概算、固定资产投资方向调节税概算和建设期贷款利息概算等汇总编制而成的,如图 4-3 所示。

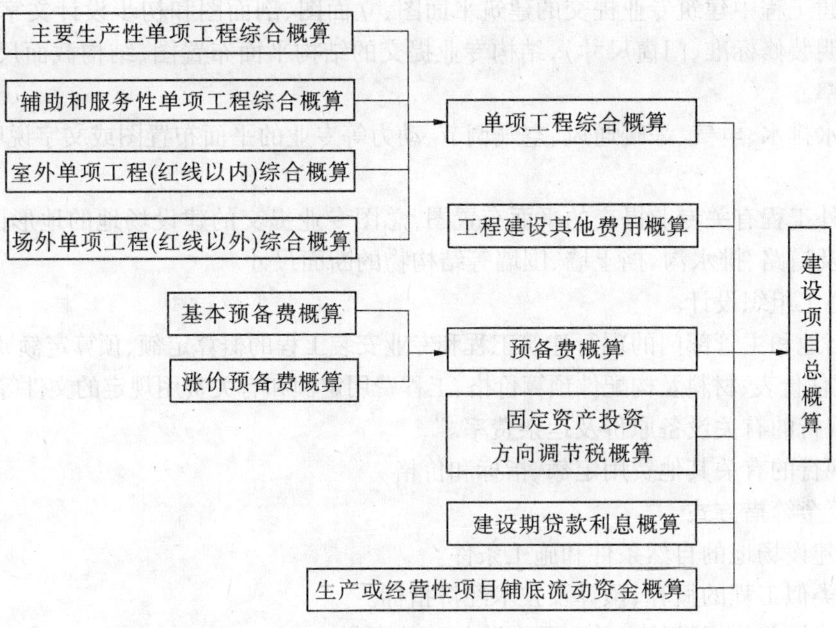

图 4-3　建设项目总概算的组成

二、设计概算的编制

(一)设计概算的编制原则

为提高工程项目设计概算编制质量、科学合理地确定工程项目投资,设计概算编制应坚持以下原则:

(1)严格执行国家的建设方针和经济政策的原则。设计概算是一项重要的技术经济工作,要严格按照党和国家的方针、政策办事,坚决执行勤俭节约的方针,严格执行规定的设计标准。

(2)要完整、准确地反映设计内容的原则。编制设计概算时,要认真了解设计意图,根据设计文件、图纸准确计算工程量,避免重算和漏算。设计修改后,要及时修正概算。

(3)要坚持结合拟建工程的实际,反映当时所在地价格水平的原则。为提高设计概算的准确性,要实事求是地对工程所在地的建设条件、可能影响造价的各种因素进行认真的调查研究。在此基础上正确使用定额、指标、费率和价格等各项编制依据,按照现行工程造价的构成,根据有关部门发布的价格信息及价格调整指数,考虑建设期的价格变化因素,使概算尽可能地反映设计内容、施工条件和实际价格。

(二)设计概算的编制依据

(1)国家、行业和地方政府发布的有关建设和造价管理的法律、法规、规程。

(2)批准的建设项目的设计任务书(或批准的可行性研究报告)和主管部门的有关规定。

(3)初步设计项目一览表。

(4)能满足编制设计概算的各专业设计图纸、文字说明和主要设备表,其中包括:

①土建工程中建筑专业提交的建筑平面图、立面图、剖面图和初步设计文字说明(应说明或注明装修标准、门窗尺寸),结构专业提交的结构平面布置图、结构截面尺寸、特殊配件配筋率。

②给水排水、电气、采暖通风、空气调节、动力等专业的平面布置图或文字说明和主要设备表。

③室外工程有关专业提交的平面布置图,总图专业提交的建设场地的地形图和场地设计标高及道路、排水沟、挡土墙、围墙等结构物的断面尺寸。

(5)施工组织设计。

(6)当地和主管部门的现行建筑工程和专业安装工程的概算定额、预算定额、综合预算定额、单位估价表、材料及构配件预算价格、工程费用定额和有关费用规定的文件等资料。

(7)现行的有关设备原价及运杂费率。

(8)现行的有关其他费用定额、指标和价格。

(9)资金筹措方式。

(10)建设场地的自然条件和施工条件。

(11)类似工程的概算、预算及技术经济指标。

(12)建设单位提供的有关工程造价的其他资料。

(13)有关合同、协议等其他资料。

(三)设计概算的编制方法

建设项目设计概算的编制,一般首先编制单位工程的设计概算,然后逐级汇总,形成单项工程综合概算及建设项目总概算。因此,下面分别介绍单位工程概算、单项工程综合概算和建设项目总概算的编制方法。

1. 单位工程概算编制方法

单位工程是指具有单独设计文件,可以独立组织施工,但不能独立发挥生产能力或使用效益的工程。单位工程概算是确定单位工程建设费用的文件,是单项工程综合概算的组成部分。它由直接费、间接费、利润和税金组成。

单位工程概算分建筑工程概算和设备及安装工程概算两大类。

1)建筑工程概算编制方法

建筑工程概算编制方法有概算定额法、概算指标法、类似工程预算法等。

(1)概算定额法。

概算定额法又叫扩大单价法或扩大结构定额法。它是使用概算定额来编制建筑工程概算的。其具体步骤主要有根据初步设计图纸、资料,按概算定额的项目划分,计算工程数量,然后套用概算定额单价(基价),汇总后,再计取有关费用,确定建筑工程概算造价。

概算定额法要求初步设计达到一定深度,建筑结构比较明确,能按照初步设计的平面、立面、剖面图纸计算出楼地面、墙身、门窗和屋面等扩大分项工程(或扩大结构构件)项目的工程量时,才可采用。

概算定额法编制设计概算的步骤如下:

①列出单位工程中分项工程或扩大分项工程的项目名称,并计算其工程量。

②确定各分部分项工程项目的概算定额单价。

③计算分部分项工程的直接工程费,合计得到单位工程直接工程费总和。

④按照有关规定标准计算措施费,合计得到单位工程直接费。

⑤按照一定的取费标准和计算基础计算间接费和利税。

⑥计算单位工程概算造价。

⑦计算单位建筑工程经济技术指标。

(2)概算指标法。

概算指标法是用拟建的厂房、住宅建筑面积(或体积)乘以技术条件相同或基本相同的概算指标得出直接费,然后按规定计算出间接费、利润和税金等,编制出单位工程概算的方法。

概算指标法适用于初步设计深度不够,不能准确地计算出工程量,但工程设计是采用技术比较成熟而且又有类似工程概算指标可以利用时的情况。如普通的住宅、小型通用厂房工程。

建筑工程概算指标是以建筑面积或体积为单位,以整个建筑物为范围的定额,通常以整个房屋每100 m^2 建筑面积(或以每座构筑物)为计量单位来规定人工、材料和施工机械台班消耗量以及价值货币表现的标准。因此,它比概算定额更综合,范围更扩大,其概算的编制工作也更简略。

由于拟建工程(设计对象)往往与类似工程的概算指标的技术条件不尽相同,而且概算指标编制年份的设备、人工、材料价格与拟建工程当时当地的价格也不会一样,因此必须对其进行调整,根据调整对象不同,又可以分为以下两类。

①设计对象的结构特征与概算指标有局部差异时的调整。在实际工作中,经常会遇到拟建对象的结构特征与概算指标中规定的结构特征有局部不同的情况,因此须对概算指标进行调整后方可套用,调整的方法有以下两种。

A. 修正概算指标单价。其计算公式为

$$\text{结构变化修正概算指标(元/m}^2\text{)} = J + Q_1P_1 - Q_2P_2 \tag{4-8}$$

式中 J——原概算指标;

Q_1——换入新结构的工程量;

Q_2——换出旧结构的工程量;

P_1——换入新结构的单价;

P_2——换出旧结构的单价。

拟建工程造价为

$$\text{直接工程费} = \text{修正后的概算指标} \times \text{拟建工程建筑面积(或体积)} \tag{4-9}$$

求出直接工程费后,再按照规定的取费计算方法计算其他费用,最终得到单位工程概算造价。

B. 修正概算指标中的人工、材料、机械数量。其计算公式为

结构变化修正概算指标中的

人工、材料、机械数量 = 原概算指标中的人工、材料、机械消耗量 + 换入结构的工程量 × 相应定额的人工、材料、机械消耗量 − 换出结构的工程量 × 相应定额的人工、材料、机械消耗量 (4-10)

②设备、人工、材料、机械台班费用有局部差异时的调整。

设备、人工、材料、机械修正

$$概算费用 = 原概算指标的设备、人工、材料、机械费用 + \sum(换入设备、人工、材料、机械数量 \times 拟建地区相应单价) - \sum(换出设备、人工、材料、机械数量 \times 原概算指标设备、人工、材料、机械单价) \quad (4\text{-}11)$$

【例4-7】 某市普通办公楼为框架结构，2 800 m^2，建筑工程直接费为780元/m^2，其中，毛石基础为59元/m^2，而今拟建办公楼3 000 m^2，除采用钢筋混凝土带形基础外，其他结构相同。经计算钢筋混凝土带形基础141元/m^2。试求该拟建办公楼建筑工程直接费造价。

解：

调整后的概算指标 $=780-59+141=862$（元/m^2）

拟建新办公楼建筑工程直接费 $=3\ 000\times 862=2\ 586\ 000$（元）

（3）类似工程预算法。

类似工程预算法是利用技术条件与设计对象相类似的已完工程或在建工程的工程造价资料来编制拟建工程设计概算的方法。

类似工程预算法适用于拟建工程初步设计与已完工程或在建工程的设计相类似且没有可用的概算指标的情况，但必须对建筑结构差异和价差进行调整。建筑结构差异调整方法与概算指标法的调整方法相同。其具体有综合系数法、价格（费用）变动系数法、地区价差系数法、结构（材质）差异换算法等。

2）设备及安装工程概算编制方法

设备及安装工程概算包括设备购置费用概算和设备安装工程费用概算两大部分。以下着重介绍的是设备安装工程费用概算的编制。其主要的编制方法有以下几种：

（1）预算单价法。当初步设计较深，有详细的设备清单时，可直接按安装工程预算定额单价编制安装工程概算，概算编制程序基本同于安装工程施工图预算。该法具有计算比较具体、精确性较高的优点。

（2）扩大单价法。当初步设计深度不够，设备清单不完备，只有主体设备或仅有成套设备自重时，可采用主体设备、成套设备的综合扩大安装单价来编制概算。

上述两种方法的具体操作与建筑工程概算相类似。

（3）设备价值百分比法（又叫安装设备百分比法）。当初步设计深度不够，只有设备出厂价而无详细规格、自重时，安装费可按占设备费的百分比计算。其百分比值（即安装费费率）由相关管理部门制定或由设计单位根据已完类似工程确定。该法常用于价格波动不大的定型产品和通用设备产品。其计算公式为

$$设备安装费 = 设备原价 \times 安装费费率 \quad (4\text{-}12)$$

（4）综合吨位指标法。当初步设计提供的设备清单有规格和设备重量时，可采用综合吨位指标编制概算，其综合吨位指标由相关主管部门或由设计院根据已完类似工程资料确定。这种方法常用于设备价格波动较大的非标准设备和引进设备安装工程概算。其计算公式为

$$设备安装费=设备吨重(t)\times每吨设备安装费指标(元/t) \tag{4-13}$$

2.单项工程综合概算编制方法

单项工程综合概算是确定单项工程费用的综合性文件。它是由该单项工程的各专业的单位工程概算汇总而成的，是建设项目总概算的组成部分。

单项工程综合概算文件一般包括编制说明(不编制总概算时列入)和综合概算表(含其所附的单位工程概算表和建筑材料表)两大部分。当建设项目只有一个单项工程时，综合概算文件除包括上述两大部分外，还应当包括工程建设其他费用、建设期贷款利息、预备费和固定资产投资方向调节税(实为总概算)。

1)编制说明

编制说明应列在综合概算表的前面，其内容包括：

(1)工程概况。简述建设项目性质、特点、生产规模、建设周期、建设地点等主要情况。引进项目要说明引进内容以及国内配套工程等主要情况。

(2)编制依据。包括国家和有关部门的规定、设计文件、现行概算定额或概算指标、设备材料的预算价格和费用指标等。

(3)编制方法。说明设计概算是采用概算定额法，还是采用概算指标法或其他方法。

(4)其他必要的说明。

2)综合概算表

综合概算表是根据单项工程所辖范围内的各单位工程概算等基础资料，按照国家或部委所规定的统一表格进行编制的。

(1)综合概算表项目的组成。工业建设项目综合概算表由建筑工程和设备及安装工程两大部分组成。民用工程项目综合概算表仅建筑工程一项。

(2)综合概算表费用的组成。一般应由建筑工程费用、安装工程费用、设备购置费及工器具生产家具购置费组成。当不编制总概算表时，还应包括工程建设其他费用、建设期贷款利息、预备费和固定资产投资方向调节税等费用项目。

3.建设项目总概算编制方法

建设项目总概算是设计文件的重要组成部分，是确定整个建设项目从筹建到竣工交付使用所预计花费的全部费用文件。它由各单项工程综合概算、工程建设其他费用概算、建设期贷款利息概算、预备费概算、固定资产投资方向调节税概算和生产或经营性项目铺底流动资金概算组成，按照主管部门规定的统一表格进行编制而成。

总概算一般应包括封面及目录、编制说明、总概算表、工程建设其他费用概算表、单项工程综合概算表、单位工程概算表、工程量计算表、分年度投资汇总表与分年度资金流量汇总表以及主要材料汇总表与工日数量表。

三、设计概算的审查

(一)审查设计概算的意义

(1)审查设计概算有利于合理分配投资资金，加强投资计划管理；有利于合理确定和有效控制工程造价。设计概算编制偏高或偏低，不仅影响工程造价的控制，而且影响投资计划的真实性和投资资金的合理分配。

(2)审查设计概算有利于促进编制单位严格执行国家有关规定和费用标准，从而提高概算的编制质量。

(3)审查设计概算有利于促进设计的技术先进性与经济合理性。概算中的技术经济指标是概算的综合反映，与同类工程对比，便可看出它的先进性与合理程度。

(4)审查设计概算有利于核定建设项目的投资规模，可以使建设项目的总投资力求做到准确、完整，防止任意扩大投资规模或出现漏项，从而减少投资缺口，缩小概算与预算之间的差距，避免故意压低概算投资，搞"钓鱼"项目，最后导致实际造价大幅度地突破概算。

(5)审查设计概算有利于为建设项目投资的落实提供可靠的依据。打足投资，不留缺口，有助于提高建设项目的投资效益。

(二)设计概算的审查内容

1. 审查设计概算的编制依据

审查设计概算的编制依据即审查设计概算编制依据的合法性、时效性以及适用范围。设计概算采用的各种编制依据必须经过国家和授权机关的批准，符合国家的现行编制规定，并且在规定的适用范围内使用。

2. 审查设计概算的编制深度

(1)审查编制说明。审查编制说明可以检查概算的编制方法、深度和编制依据等重大原则问题，若编制说明有差错，具体概算必有差错。

(2)审查概算编制的完整性。一般大中型项目的设计概算应有完整的编制说明和"三级概算"(即总概算表、单项工程综合概算表、单位工程概算表)，并按有关规定的深度进行编制。审查是否有符合规定的"三级概算"，各级概算的编制、核对、审核是否按规定签署，有无随意简化，有无把"三级概算"简化为"二级概算"，甚至"一级概算"。

(3)审查概算的编制范围。审查概算编制范围及具体内容是否与主管部门批准的建设项目范围及具体工程内容一致；审查分期建设项目的建筑范围及具体工程内容有无重复交叉，是否重复计算或漏算；审查其他费用应列的项目是否符合规定，静态投资、动态投资和生产或经营性项目铺底流动资金是否分别列出等。

3. 审查设计概算的内容

(1)审查设计概算的编制是否符合党和政府的方针、政策，是否根据工程所在地的自然条件进行编制。

(2)审查建设规模(投资规模、生产能力等)、建设标准(用地指标、建筑标准等)、配套工程、设计定员等是否符合原批准的可行性研究报告或立项批文的标准。对总概算投资超过批准投资估算10%以上的，应查明原因，重新上报审批。

(3)审查编制方法、计价依据和程序是否符合现行规定，包括定额或指标的适用范围和调整方法是否正确。进行定额或指标的补充时，要求补充定额或指标的项目划分、内容组成、编制原则等与现行的规定相一致等。

(4)审查工程量是否正确。工程量的计算是否根据初步设计图纸、概算定额、工程量计算规则和施工组织设计的要求进行，有无多算、重算和漏算，尤其是对工程量大、造价高的项目要重点审查。

(5)审查材料用量和价格。审查主要材料(钢材、木材、水泥、砖)的用量数据是否正确,材料预算价格是否符合工程所在地的价格水平,材料价差调整现行规定及其计算是否正确等。

(6)审查设备规格、数量和配置是否符合设计要求,是否与设备清单相一致,设备预算价格是否真实,设备原价和运杂费的计算是否正确,非标准设备原价的计价方法是否符合规定,进口设备的各项费用的组成及其计算程序、方法是否符合国家主管部门的规定。

(7)审查建筑安装工程的各项费用的计取是否符合国家或地方有关部门的现行规定,计算程序和取费标准是否正确。

(8)审查综合概算、总概算的编制内容、方法是否符合现行规定和设计文件的要求,有无设计文件外项目,有无将非生产性项目以生产性项目列入。

(9)审查总概算文件的组成内容是否完整地包括了建设项目从筹建到竣工投产的全部费用组成。

(10)审查工程建设其他各项费用。这部分费用内容多、弹性大,而它的投资占项目总投资的25%以上,要按国家和地区规定逐项审查,不属于总概算范围的费用项目不能列入概算,具体费率或计取标准是否按国家、行业有关部门规定计算,有无随意列项、有无多列、交叉计列和漏项等。

(11)审查项目的“三废”(废水、废气、废渣)治理。拟建项目必须同时安排“三废”的治理方案和投资,对于未作安排或漏项或多算、重算的项目,要按国家有关规定核实投资,以使“三废”排放达到国家标准。

(12)审查技术经济指标。技术经济指标计算方法和程序是否正确,综合指标和单项指标与同类型工程指标相比,是偏高还是偏低,查明原因并予纠正。

(13)审查投资经济效果。设计概算是初步设计经济效果的反映,要按照生产规模、工艺流程、产品品种和质量,从企业的投资效益和投产后的运营效益全面分析,是否达到了先进可靠、经济合理的要求。

(三)审查设计概算的方法

采用适当方法审查设计概算,是确保审查质量、提高审查效率的关键。较常用的方法有以下几种。

1. 对比分析法

对比分析法主要是通过建设规模、标准与立项批文对比,工程数量与设计图纸对比,综合范围、内容与编制方法、规定对比,各项取费与规定标准对比,材料、人工单价与市场信息对比,引进设备、技术投资与报价要求对比,技术经济指标与同类工程对比等。通过以上对比,容易发现设计概算中存在的主要问题和偏差。

2. 查询核实法

查询核实法是对一些关键设备和设施、重要装置、引进工程图纸不全、难以核算的较大投资进行多方查询核对、逐项落实的方法。主要设备的市场价向设备供应部门或招标代理公司查询核实,重要生产装置、设施向同类企业(工程)查询了解,引进设备价格及有关税费向进出口公司调查落实,复杂的建安工程向同类工程的建设、承包、施工单位征求意见,深度不够或不清楚的问题直接向原概算编制人员、设计者询问清楚。

3. 联合会审法

联合会审前，可先采取多种形式分别审查，包括设计单位自审，主管、建设、承包单位初审，工程造价咨询公司评审，邀请同行专家预审，审批部门复审等，经层层审查把关后，由有关单位和专家进行联合会审。在会审会上，由设计单位介绍概算编制情况及有关问题，各有关单位、专家汇报初审和预审意见。然后进行认真分析、讨论，结合对各专业技术方案的审查意见所产生的投资增减，逐一核实原概算出现的问题。经过充分协商，认真听取设计单位意见后，实事求是地处理、调整。

通过以上审核后，对审查中发现的问题和偏差，按照单项、单位工程的顺序，先按设备费、安装费、建筑工程费和其他费用分类整理；然后按照静态投资、动态投资、铺底流动资金三大类，汇总核增或核减的项目及投资额；最后将具体审核数据按照"原概算数"、"审核结果"、"增减投资"、"增减幅度"四栏列表。按原总概算表顺序，将增减项目逐一列出，相应调整所属项目的投资合计数，再依次汇总审核后的总投资及增减投资额。对于差错较多、问题较大或不能满足要求的，责成编制单位按审核意见返工修改后重新报批。对于无重大原则问题、深度基本满足要求、投资增减不多的，当场核定概算投资额，并提交审批部门复核后，正式下达审批概算。

四、施工图预算的编制

（一）施工图预算的含义

施工图预算是在施工图设计完成后、工程开工前，根据已批准的施工图纸、现行的预算定额、费用定额和地区设备、材料、人工、施工机械台班等资源价格，在施工方案或施工组织设计已大致确定的前提下，按照规定的计算程序计算直接工程费、措施费，并计取间接费、利润、税金等费用，确定工程造价的技术经济文件。

按以上施工图预算的概念，只要是按照工程图以及计价所需的各种依据，在工程实施前所计算的工程价格，均可以称为施工图预算价格。该施工图预算价格既可以是按照政府统一规定的预算单价、取费标准、计价程序计算而得到的属于计划或预期性质的施工图预算价格，也可以是通过招标投标法定程序后施工企业根据自身的实力即企业定额、资源市场单价和市场供求及竞争状况计算得到的反映市场性质的施工图预算价格。

（二）施工图预算编制的模式

1. 传统定额计价模式

我国传统定额计价模式是采用国家、部门或地区统一规定的预算定额、单位估价表、取费标准、计价程序进行工程造价计价的模式，通常也称为定额计价模式。由于清单计价模式中也要用到消耗量定额，为避免歧义，此处称为传统定额计价模式，它是我国长期使用的一种施工图预算的编制方法。

在传统定额计价模式下，国家或地方主管部门颁布工程预算定额，并且规定了相关取费标准，发布了有关资源价格信息。建设单位与施工单位均先根据预算定额中规定的工程量计算规则、定额单价计算直接工程费，再按照规定的费率和取费程序计取间接费、利润和税金，汇总得到工程造价。

在预算定额从指令性走向指导性的过程中，虽然预算定额中的一些因素可以按市场变化作一些调整，但其调整（包括人工、材料和机械价格的调整）也都是按照造价管理部门发布的造价信息进行的，造价管理部门不可能把握市场价格的随时变化，其公布的造价信息与市场实际价格信息总有一定的滞后与偏离，这就决定了定额计价模式的局限性。

2. 工程量清单计价模式

工程量清单计价模式是招标人按照国家统一的工程量清单计价规范中的工程量计算规则提供工程量清单和技术说明，由投标人依据企业自身的条件和市场价格对工程量清单自主报价的工程造价计价模式。

工程量清单计价模式是国际通行的计价方法，为了使我国工程造价管理与国际接轨，逐步向市场化过渡，我国于2003年7月1日开始实施国家标准《建设工程工程量清单计价规范》（GB 50500—2003），并于2008年修订成《建设工程工程量清单计价规范》（GB 50500—2008），于2008年12月1日起施行。

（三）施工图预算的作用

（1）施工图预算是设计阶段控制工程造价的重要环节，是控制施工图设计不突破设计概算的重要措施。

（2）施工图预算仅是对建筑安装工程造价作出的框算，可对发承包价格进行一定范围内的预测，并可作为业主施工发包目标期望值的重要参考。

（3）对于实行施工招标的工程，施工图预算是编制标底的参考依据。

（四）施工图预算的内容

施工图预算有单位工程预算、单项工程预算和建设项目总预算。

根据施工图设计文件、现行预算定额、单位估价表、费用定额以及人工、材料、设备、机械台班等预算价格资料，按照一定的方法，编制单位工程的施工图预算；然后汇总所有各单位工程施工图预算，成为各单项工程施工图预算；再汇总所有单项工程施工图预算，成为最终的建设项目总预算。

单位工程预算包括建筑工程预算和设备安装工程预算。建筑工程预算按其工程性质分为一般土建工程预算、给水排水工程预算、采暖通风工程预算、煤气工程预算、电气照明工程预算、弱电工程预算、特殊构筑物（如炉窑、烟囱、水塔等）工程预算和工业管道工程预算等。设备安装工程预算可分为机械设备安装工程预算、电气设备安装工程预算和热力设备安装工程预算等。

五、施工图预算的编制依据

（1）国家、行业和地方政府有关工程建设及造价管理的法律、法规和规定。

（2）经过批准和会审的施工图设计文件和有关标准图集。

（3）工程地质勘察资料。

（4）企业定额、现行建筑工程和安装工程预算定额及费用定额、单位估价表、有关费用规定等文件。

（5）材料与构配件市场价格、价格指数。

（6）施工组织设计或施工方案。

（7）经批准的拟建项目的概算文件。

(8)现行的有关设备原价及运杂费率。

(9)建设场地中的自然条件和施工条件。

(10)工程承包合同、招标文件。

六、施工图预算的编制方法

施工图预算由单位工程施工图预算、单项工程施工图预算和建设项目施工图预算三级逐级编制综合汇总而成。由于施工图预算是以单位工程为单位编制的,按单项工程汇总而成,所以施工图预算编制的关键在于编制好单位工程施工图预算,下面重点讲解单位工程施工图预算的编制。

《建筑工程施工发包与承包计价管理办法》(建设部令第107号)规定,施工图预算、招标标底(相当于现招标控制价)、投标报价由成本、利润和税金构成。其编制可以采用工料单价法和综合单价法两种,工料单价法是传统的定额计价模式下的施工图预算编制方法,而综合单价法是适应市场经济条件的工程量清单计价模式下的施工图预算编制方法。

(一)工料单价法

工料单价法是指以分部分项工程的单价为直接工程费单价,以分部分项工程量乘以对应分部分项工程单价后的合计为单位直接工程费,直接工程费汇总后另加措施费、间接费、利润、税金生成施工图预算造价。按照分部分项工程单价产生的方法不同,工料单价法又可以分为预算单价法和实物法。

1.预算单价法

预算单价法就是采用地区统一单位估价表中的各分项工程工料预算单价(基价)乘以相应的各分项工程的工程量,求和后得到包括人工费、材料费和施工机械使用费在内的单位工程直接工程费,措施费、间接费、利润和税金可根据统一规定的费率乘以相应的计费基数得到,将上述费用汇总后得到单位工程的施工图预算价格。

2.实物法

用实物法编制单位工程施工图预算,就是根据施工图计算的各分项工程量分别乘以地区定额中人工、材料、施工机械台班的定额消耗量,分类汇总得出该单位工程所需的全部人工、材料、施工机械台班消耗数量,然后乘以当时当地人工工日单价、各种材料单价、施工机械台班单价,求出相应的人工费、材料费、机械使用费,再加上措施费,就可以求出该工程的直接费。间接费、利润及税金等费用计取方法与预算单价法相同。

实物法与预算单价法首尾部分的步骤是相同的,所不同的主要是中间的三个步骤,即实物法为:

(1)工程量计算后,套用相应预算人工、材料、机械台班定额用量。

(2)求出各分项工程人工、材料、机械台班消耗数量并汇总单位工程所需各类人工工日、材料和机械台班的消耗量。

(3)用当时当地的各类人工、材料和机械台班的实际单价分别乘以相应的人工、材料和机械台班的消耗量,并汇总得出单位工程的人工费、材料费和机械使用费。

很明显,单价法是把工程数量直接乘以某个定额分项得直接工程费后再计算建筑安装工程费用。

在市场经济条件下,人工、材料和机械台班单价是随市场变化的,而且它们是影响工程造价最活跃、最主要的因素。用实物法编制施工图预算,是采用工程所在地的当时人工、材料、机械台班价格,较好地反映实际价格水平,工程造价的准确性高。虽然计算过程较预算单价法烦琐,但用计算机来计算也就快捷了。因此,实物法是与市场经济体制相适应的预算编制方法。

在工程量清单计价过程中,控制工程造价的关键是建设单位或代理单位,要认真编制工程量清单表,详细描述项目特征,准确计算工程数量,以便投标单位在正确的工程数量基础上报价。投标单位要准确把握市场价格信息,运用企业定额,确定一个既能获利又是合理低价去参与竞争。作为评标委员会,则应根据招标文件有关条款,掌握合理低价的尺度,把标授予理想的投标人。

(二)综合单价法

综合单价法是指分项工程单价综合了直接工程费及其以外的多项费用。按照综合单价的内容不同,综合单价法可分为全费用综合单价和清单综合单价。

1. 全费用综合单价

全费用综合单价即单价中综合了工程人工费、材料费、机械费、管理费、利润、规费和有关文件规定的调价、税金以及一定范围的风险等全部费用。以各分项工程量乘以全费用单价的合价汇总后,再加上措施项目的完全价格,就生成了单位工程施工图造价。其计算公式为

$$\text{建筑安装工程预算造价} = \sum(\text{分项工程量} \times \text{分项工程全费用单价}) + \text{措施项目完全价格} \quad (4\text{-}14)$$

2. 清单综合单价

分部分项工程清单综合单价中综合了人工费、材料费、施工机械使用费、企业管理费、利润,并考虑了一定范围的风险费用,但并未包括措施费、规费和税金,因此它是一种不完全单价。以各分部分项工程量乘以该综合单价的合价汇总后,再加上措施项目费、规费和税金,就是单位工程的造价。其计算公式为

$$\text{建筑安装工程预算造价} = \sum(\text{分项工程量} \times \text{分项工程不完全单价}) + \text{措施项目不完全价格} + \text{规费} + \text{税金} \quad (4\text{-}15)$$

七、施工图预算的审查

(一)审查施工图预算的意义

施工图预算编制完之后,需要认真进行审查。加强施工图预算的审查,对于提高预算的准确性,正确贯彻党和国家的有关方针政策,降低工程造价具有重要的现实意义。具体表现为以下几方面:

(1)有利于控制工程造价,克服和防止预算超概算。

(2)有利于加强固定资产投资管理,节约建设资金。

(3)有利于施工承包合同价的合理确定和控制。施工图预算对于招标工程还是编制

招标控制价的依据。对于不宜招标的工程,它又是合同价款结算的基础。

(4)有利于积累和分析各项技术经济指标,不断提高设计水平。通过审查工程预算,核实了预算价值,为积累和分析技术经济指标提供了准确数据,进而通过有关指标的比较,找出设计中的薄弱环节,以便及时改进,不断提高设计水平。

(二)审查施工图预算的内容

(1)审查工程量。

(2)审查设备、材料的预算价格。

(3)审查预算单价的套用。

(4)审查有关费用项目及其计取。

审查施工图预算的重点应该放在工程量计算、预算单价套用、设备材料预算价格取定是否正确,各项费用标准是否符合现行规定等方面。

(三)审查施工图预算的方法

审查施工图预算的方法较多,主要有全面审查法、标准预算审查法、分组计算审查法、对比审查法、筛选审查法、重点抽查法、利用手册审查法和分解对比审查法等八种。

1.全面审查法

全面审查法又叫逐项审查法,就是按预算定额顺序或施工的先后顺序,逐一地全部进行审查的方法。其具体计算方法和审查过程与编制施工图预算基本相同。此方法的优点是全面、细致,经审查的工程预算差错比较少,质量比较高;缺点是工作量大。对于一些工程量比较小、工艺比较简单的工程,编制工程预算的技术力量又比较薄弱,可采用全面审查法。

2.标准预算审查法

对于利用标准图纸或通用图纸施工的工程,先集中力量编制标准预算,此为标准审查预算的方法。按标准图纸设计或通用图纸施工的工程一般上部结构和做法相同,可集中力量细审一份预算或编制一份预算,作为这种标准图纸的标准预算,或以这种标准图纸的工程量为标准,对照审查,而对局部不同的部分作单独审查即可。这种方法的优点是时间短,效果好,好定案;缺点是只适用于按标准图纸设计的工程,适用范围小。

3.分组计算审查法

分组计算审查法是一种加快审查工程量速度的方法,把预算中的项目划分为若干组,并把相邻且有一定内在联系的项目编为一组,审查或计算同一组中某个分项工程量,利用工程量间具有相同或相似计算基础的关系,判断同组中其他几个分项工程量计算的准确程度的方法。

4.对比审查法

对比审查法是用已建成工程的预算或虽未建成但已审查修正的工程预算对比审查拟建类似工程预算的一种方法。一般有以下几种情况,应根据工程的不同条件,区别对待。

(1)两个工程采用同一个施工图,但基础部分和现场条件不同。其新建工程基础以上部分可采用对比审查法,不同部分可分别采用相应的审查方法进行审查。

(2)两个工程设计相同,但建筑面积不同。根据两个工程建筑面积之比与两个工程分部分项工程量之比基本一致的特点,可审查新建工程各分部分项工程的工程量,或者用两个工程每平方米建筑面积造价以及每平方米建筑面积的各分部分项工程量进行对比审查。如果基本相同，则说明新建工程预算是正确的；反之，说明新建工程预算有问题，应找出差错原因，加以更正。

(3)两个工程的面积相同，但设计图纸不完全相同时，可把相同的部分(如厂房中的柱子、房架、屋面、砖墙等)进行工程量的对比审查，不能对比的分部分项工程按图纸计算。

5. 筛选审查法

筛选法是统筹法的一种，也是一种对比方法。建筑工程虽然有建筑面积和高度的不同，但是它们的各个分部分项工程的工程量、造价、用工量在每个单位面积上的数值变化不大，把这些数据加以汇集、优选，归纳为工程量、造价(价值)、用工量三个单方基本值表，并注明其适用的建筑标准。这些基本值犹如"筛子孔"，用来筛选各分部分项工程，筛下去的就不审查了，没有筛下去的就意味着此分部分项的单位建筑面积数值不在基本值范围之内，应对该分部分项工程详细审查。当所审查的预算的建筑面积标准与"基本值"所适用的标准不同时，就要对其进行调整。

筛选法的优点是简单易懂，便于掌握，审查速度和发现问题快，但解决差错分析其原因需继续审查。因此，此法适用于住宅工程或不具备全面审查条件的工程。

6. 重点抽查法

重点抽查法是抓住工程预算中的重点进行审查的方法。审查的重点一般是工程量大或造价较高、工程结构复杂的工程，补充单位估价表，计取各项费用(计费基础、取费标准等)。重点抽查法的优点是重点突出，审查时间短，效果好。

7. 利用手册审查法

利用手册审查法是把工程中常用的构件、配件事先整理成预算手册，按手册对照审查的方法。如工程常用的预制构配件(洗池、大便台、检查井、化粪池、碗柜等)，几乎每个工程都有，把这些按标准图集计算出工程量，套上单价，编制成预算手册使用，可大大简化预结算的编审工作。

8. 分解对比审查法

一个单位工程，按直接费与间接费进行分解，然后把直接费按工种和分部工程进行分解，分别与审定的标准预算进行对比分析的方法，叫分解对比审查法。

分解对比审查法一般有三个步骤：

第一步，全面审查某种建筑的定型标准施工图或复用施工图的工程预算，经审定后作为审查其他类似工程预算的对比基础，而且将审定预算按直接费与应取费用分解成两部分，再把直接费分解为各工种工程和分部工程预算，分别计算出它们每平方米的预算价格。

第二步，把拟审查的工程预算与同类型预算单方造价进行对比，若出入在1%～3%范围内(根据本地区要求)，再按分部分项工程进行分解，边分解边对比，对出入较大者，就进一步审查。

第三步，对比审查。其方法是：

(1)经分析对比，若发现应取费用相差较大，则应考虑建设项目的投资来源和工程类别及其取费项目和取费标准是否符合现行规定;材料调价相差较大,则应进一步审查材料调价统计表,将各种调价材料的用量、单位差价及其调整数量等进行对比。

(2)经过分解对比,若发现土建工程预算价格出入较大,首先审查其土方和基础工程,因为±0.00以下的工程往往相差较大,然后对比其余各个分部工程,发现某一分部工程预算价格相差较大时,再进一步对比各分项工程或工程细目。在对比时,先检查所列工程细目是否正确,预算价格是否一致。发现相差较大者,再进一步审查所套预算单价,最后审查该项工程细目的工程量。

由于工程规模、繁简程度不同,施工方法和施工企业情况不一样,所编工程预算的质量也不同,因此需选择适当的审查方法进行审查。综合整理审查资料,并与编制单位交换意见,定案后编制调整预算。审查后,需要进行增加或核减的,经与编制单位协商,统一意见后,进行相应的修正。

思考题与习题

1. 简述工业建筑设计中影响工程造价的因素。
2. 简述住宅建筑设计中影响工程造价的因素。
3. 设计方案优选的原则有哪些?
4. 简述住宅建筑设计方案技术经济评价指标的内容。
5. 设计方案优化的方法有哪些?
6. 提高产品价值的途径有哪些?
7. 简述价值工程的一般工作程序。
8. 标准化设计的基本原理是什么?
9. 限额设计纵向控制的内容有哪些?
10. 设计概算包括哪些类别、内容?编制的原则、方法及各自的适用范围有哪些?
11. 设计概算的审查内容包括哪些?
12. 施工图预算的作用及其编制的内容和依据是什么?
13. 甲、乙、丙三个设计方案的投资额和年成本如表4-19所示。若基准投资回收期为8.33年,试比较三个设计方案哪一个最优?

表4-19

方案	基建投资(万元)	年成本(万元)	方案	基建投资(万元)	年成本(万元)
甲	800	450	丙	1 000	420
乙	1 400	400			

14. 某制造厂在进行厂址选择过程中,对甲、乙、丙三个地点进行了考虑。综合专家评审意见,提出厂址选择的评价指标。包括:①接近原料产地;②有良好的排污条件;③有一定的水源、动力条件;④当地有廉价劳动力从事原料采集、搬运工作;⑤地价便宜。经专家评审,三个地点的得分情况和各项指标的重要程度如表4-20所示。请根据上述资料进行厂址选择。

表 4-20

评价指标	各评价指标权重	选择方案得分		
		甲	乙	丙
①	0.35	90	80	75
②	0.25	80	75	90
③	0.20	70	90	80
④	0.10	80	85	90
⑤	0.10	90	85	90

15. 某企业为扩大生产规模需要增加一个生产车间，现有三家设计单位设计了A、B、C三个设计方案，其初始投资和年收益如表4-21所示。若三个设计方案的寿命期均为15年，基准收益率为8%。试选择经济上较合理的设计方案。

表 4-21

（单位：万元）

设计方案	初始投资	年运行费用	年收益
A	500	150	450
B	700	130	600
C	850	120	700

16. 某建设项目有两个设计方案，其生产能力和产品品种质量相同，有关基本数据如表4-22所示。假定基准收益率为8%，试选择设计方案。

表 4-22

项目	方案1	方案2
初始投资（万元）	7 000	8 000
生产期（年）	10	8
残值（万元）	350	400
年经营成本（万元）	3 000	2 000

17. 某工程项目有甲、乙、丙、丁四个单位工程，造价工程师拟对该工程进行价值工程分析。在选择对象并进行功能分析后，得出数据如表4-23所示。

表 4-23

项目	造价（万元）	功能指数
甲	600	0.35
乙	400	0.10
丙	500	0.30
丁	100	0.25
合计	1 600	1.00

问题：

(1)计算出成本指数和价值指数，选择出价值工程分析对象。

(2)按该工程项目实际情况，准备将工程造价控制在1 500万元。试分析各单位工程的目标成本及其成本降低期望值，并确定单位工程改进的顺序。

18.通过价值工程分析对象的选择，造价工程师将某单位工程作为进一步研究的对象。有关专家决定从四个方面（分别以F1～F4表示）对不同方案的功能进行评价，并对各功能的重要性达成以下共识：F2相对于F3很重要，F2相对于F4较重要，F4相对于F3较重要，F1和F4同样重要。此外，各专家提出了三个设计方案，得出数据如表4-24所示。

表4-24

方案功能	各方案功能得分		
	A	B	C
F1	10	9	7
F2	8	10	8
F3	9	8	9
F4	9	10	10
单方造价(元/m^2)	780	860	650

问题：

(1)用0～4评分法，计算各功能的权重。

(2)计算各方案的成本系数、功能系数和价值系数，并确定最优方案。

第五章　建设项目招标投标阶段的工程造价控制

【学习目标】

本章主要是学习建设项目施工招标投标阶段如何进行造价控制的有关内容，具体包括如何选择合理的招标方式，如何选择合理的承包模式，如何编制招标文件中的工程量清单及如何确定招标控制价，如何编制投标报价并运用报价策略确定最终报价，评标如何进行，在签订施工合同时有关价款的确定与支付方面中应注意哪些问题。

【能力要求】

通过对上述内容的学习，最终使学生具备在施工招标投标阶段对工程进行造价控制和管理的能力。

第一节　概　述

建设工程项目招标投标是市场经济的产物，是期货交易的一种方式。推行工程招标投标的目的就是要在建筑市场中建立竞争机制，招标人通过招标活动来选择条件优越者，力争用最优的技术、最佳的质量、最低的报价、最短的工期完成工程项目任务，投标人也通过这种方式选择项目和招标人，以使自己获得丰厚的利润。

一、招标投标的概念和性质

（一）建设工程项目招标的概念

建设工程招标投标是指招标人（或招标单位）在发包建设工程项目之前，以公告或邀请书的方式公布招标项目的有关要求和招标条件；投标人（或投标单位）根据招标人的意图和要求提出报价，并择日当场开标，以便从中择优选定中标人的一种交易行为。

（二）建设工程项目投标的概念

建设工程项目投标是工程招标的对应概念，是指具有合法资格和能力的投标人（或投标单位）根据招标条件，经过初步研究和估算，在指定期限内填写标书，根据实际情况提出自己的报价，通过竞争企图被招标人选中，并等待开标后决定能否中标的一种交易方式。

二、招标投标的范围、种类、方法

（一）建设项目招标投标的范围

《中华人民共和国招标投标法》（简称《招标投标法》）指出，凡在中华人民共和国境内进行下列工程建设项目的，包括项目的勘察、设计、施工、监理以及与工程建设有关的重要设备、材料等的采购都必须进行招标。

（1）大型基础设施、公用事业等关系社会公共利益、公众安全的项目。

(2)全部或者部分使用国有资金投资或者国家融资的项目。

(3)使用国际组织或者外国政府贷款、援助资金的项目。

(4)法律或国务院对必须进行招标的其他项目的范围有规定的则依照其规定。

(二)建设项目招标的种类

1.按照工程建设程序分类

(1)可行性研究招标。是指对建设项目的可行性研究任务进行的招标。中标的承包方要根据中标的条件和要求,向发包方提供可行性研究报告,并对其负责;承包方提供的可行性研究报告,应获得发包方的认可。

(2)工程勘察设计招标。是指对工程建设项目的勘察设计任务进行的招标。中标的承包方要根据中标的条件和要求,向发包方提供勘察设计成果,并对其负责。

(3)工程施工招标。是指对工程建设项目的施工任务进行的招标。中标的承包方必须根据中标的条件和要求提供建筑产品。

2.按照工程建设项目的构成分类

(1)建设项目招标。是指对一个工程建设项目的全部工程进行的招标。

(2)单项工程招标。是指对一个工程建设项目中所包含的若干个单项工程进行的招标。

(3)单位工程招标。是指对一个单项工程所包含的若干个单位工程进行的招标。

3.按照工程发包、承包的范围分类

(1)工程总承包招标。是指对工程建设项目的全部(即交钥匙工程)或实施阶段的全过程进行的招标。

(2)工程分承包招标。是指中标的工程总承包人作为其中标范围内的工程任务的招标人,依法将其中标范围内的工程任务,通过招标的方式,分包给具有相应资质的分承包人,中标的分承包人只对招标的总承包人负责。

(3)工程专项承包招标。是指对某些比较复杂或专业性强、有特殊性要求的单项工程进行的招标。

4.按照工程是否具有涉外因素分类

(1)国内工程招标。是指对本国没有涉外因素的建设工程进行的招标。

(2)国际工程招标。是指对有不同国家或国际组织参与的建设工程进行的招标。

(三)建设项目招标的方式

1.公开招标

公开招标又称无限竞争招标,是由招标单位通过报刊、广播、电视、网络等方式发布招标广告,有意的承包商均可参加资格审查,资格审查合格的承包商可购买招标文件并参加投标的招标方式。

公开招标的优点是投标的承包商多,范围广,竞争激烈,业主有较大的选择余地,有利于降低工程造价、提高工程质量和缩短工期;缺点是由于投标的承包商多,招标工作量大,组织工作复杂,需投入较多的人力、物力,招标过程所需时间较长。

公开招标方式主要用于政府投资项目或投资额度大,工艺、结构复杂的较大型工程建设项目。

2. 邀请招标

邀请招标又称有限竞争性招标。这种招标方式不发布广告，业主根据自己的经验和所掌握的信息资料，向三个以上具有承担招标项目能力、资信良好的法人或其他组织发出投标邀请书。

三、建设工程项目施工招标投标程序

施工招标分为公开招标与邀请招标两种方式，不同的招标方式决定了其程序也有所不同。

（一）公开招标的程序

（1）建设工程项目报建。

（2）提出招标申请，自行招标或委托招标，报主管部门备案。

由招标单位填写“工程建设项目招标申请书”，并经上级主管部门批准后报招标管理机构审批。

对于具备施工招标条件的可以自行招标；对于不具备有关条件的建设单位，需委托具有相应资质的中介机构代理招标，并报招标管理机构备案。

（3）资格预审文件、招标文件的编制、送审。

资格预审文件是指公开招标时，招标人须对投标人进行资格预审的文件。资格预审文件和招标文件都必须经过招标管理机构审查。

（4）发布招标公告。

可通过报刊、信息网发布招标公告。

（5）资格预审。

招标人按照资格预审文件的要求，对潜在投标人进行资格审查，确定出合格的投标人。

（6）发放招标文件。

招标文件发放给通过资格预审获得投标资格的投标单位。投标单位接到招标文件、图纸和有关资料后，应认真核对。

（7）勘察现场。

为使投标单位获取关于施工现场的必要信息，招标单位应组织投标单位进行现场勘察。

（8）投标答疑会。

举办投标答疑会的目的在于澄清招标文件中的疑问，解答投标单位对招标文件和勘察现场所提出的问题。

（9）接受投标书。

投标人应当在招标文件要求提交投标文件的截止时间前，将投标文件密封送达投标地点。招标人收到投标文件后，应当签收保存。

（10）开标、评标、定标、发中标函。

①开标。通常仅是一项事务性工作，一般当众检查各投标书的密封及表面印鉴，剔除不合格的标书，再当场拆开并宣读所有合格的标书标价、工期等指标。

②评标。业主在通过澄清会议后，在全面了解了各投标人的标书内容，包括报价、方案、组织的细节问题的基础上进行评标，作评标报告。它是在对各投标文件进行分析，召开澄清会议的基础上，按照预定的评价指标作出的。

③定标。按照评标报告的分析结果，根据招标规则规定，确定中标单位。现在一般多采用多指标评分的办法，综合考虑价格、工期、实施方案、项目组织等方面因素，分别赋予不同的权重，进行评分，以确定中标单位。

④发中标函。对选定的中标单位发出通知。发出中标函是业主的承诺。按照国际惯例，这时合同已正式生效，而双方签订合同协议书仅是一种形式。

(11)签订合同。

(二)邀请招标的程序

邀请招标是招标单位直接向适于本工程的单位发出邀请，其程序与公开招标大同小异。其不同点主要是没有资格预审文件的编制、送审；另外，把发布招标公告、资格预审环节变为发出投标邀请书的环节。

【案例5-1】

背景材料 某省重点工程项目，由于工程复杂，技术难度高，一般施工队伍难以胜任，建设单位自行决定采取邀请招标方式，共向A、B、C、D、E、F六家施工单位发出投标邀请书。这六家施工单位于规定的时间购买了招标文件。招标文件规定：2005年3月9日下午4:00是投标截止时间。在提交投标文件的同时，投标单位需提供投标保证金20万元。

在投标截止时间之前，A、B、C、D、E五家施工单位均提交了投标文件，并按招标文件的规定提供了投标保证金。3月9日，A施工单位于15:00向招标人书面提出撤回已提交的投标文件，B施工单位于下午3:30向招标人递交了一份投标价格下调4%的书面补充资料，F施工单位由于堵车于下午4:10才将投标文件送达。

3月10日下午，由当地招标投标监督管理办公室主持进行了公开招标。开标时，由招标人检查投标文件的密封情况，确认无误后，由工作人员当众拆封并宣读各投标单位的名称、投标价格、工期和其他主要内容。

评标时发现C施工单位投标报价大写金额与小写金额不一致，D施工单位投标文件中某分项工程的报价有个别漏项，E施工单位投标文件无法定代表人签字和委托人授权书，但投标文件均已有项目经理签字并加盖了公章。

建设单位最终确定C施工单位中标，并在中标通知书发出后第40天与该施工单位签订了施工合同。

问题：

(1)建设单位自行决定采取邀请招标方式的做法是否妥当？说明理由。

(2)A施工单位提出的撤回投标文件的要求是否合理？其能否撤回其投标保证金？说明理由。

(3)B施工单位向招标人递交的补充资料是否有效？说明理由。

(4)C、D、E、F四家施工单位的投标是否有效？为什么？

(5)通常情况下，废标的条件有哪些？

(6)请指出本工程在开标工作和签订合同过程中的不妥之处，说明理由。

解答：

(1)根据《招标投标法》的规定，省、自治区、直辖市人民政府确定的地方重点项目中不适宜公开招标的项目，要经过省、自治区、直辖市人民政府的批准，方可进行邀请招标。因此，本案例建设单位自行决定采取邀请招标的做法是不妥的。

(2)本案例中A施工单位提出撤回已提交的投标文件的要求是合理的。根据《招标投标法》的规定，投标人在招标文件要求提交投标文件的截止时间前，可以补充、修改或撤回已提交的投标文件，并书面通知招标人。所以，本案例中A施工单位于投标文件的截止时间前向招标人书面提出撤回已提交的投标文件，其要求是合理的，并有权收回其已缴纳的投标保证金。

(3)B施工单位向招标人递交的补充资料有效。根据《招标投标法》的规定，投标人在招标文件要求提交投标文件的截止时间前，可以补充、修改或撤回已提交的投标文件，补充、修改的内容作为投标文件的组成部分。

(4)E、F两家施工单位的标书为无效标，C、D两家施工单位的标书为有效标。E施工单位的标书无法定代表人签字，也无法定代表人的授权委托书，项目经理签字没有法律效力，所以该文件不具有法律效力，不符合《招标投标法》的规定，属废标；F施工单位未能在投标截止时间前送达投标文件，属废标。

(5)废标的条件如下：

①逾期送达的或未送达指定地点的；

②未按招标文件要求密封的；

③无单位盖章并无法定代表人签字或盖章的；

④未按规定格式填写，内容不全或关键字迹模糊、无法辨认的；

⑤投标人递交两份或多份内容不同的投标文件，或在一份投标文件中对同一招标文件项目报有两个或多个报价，且未声明哪一个有效(按招标文件规定提交备选投标方案的除外)；

⑥投标人名称或组织机构与资格预审时不一致的；

⑦未按招标文件要求提交投标保证金的；

⑧联合体投标未附联合体各方共同投标协议的。

(6)本工程在开标工作和签订合同过程中的不妥之处有：

①根据《招标投标法》的规定，开标应当在招标文件确定的提交投标文件的截止时间公开进行，本工程招标文件规定的投标截止时间是2005年3月9日下午4:00，但于3月10日下午才开标，是不妥的；

②根据《招标投标法》的规定，开标应由招标人主持，本案例由属于行政监督部门的当地招标投标监督管理办公室主持，是不妥的；

③根据《招标投标法》的规定，开标时由投标人或者其推选的代表检查投标文件的密封情况，也可以由招标人委托的公证机构检查并公证，本案例由招标人检查投标文件的密封情况，是不妥的；

④根据《招标投标法》的规定，应在中标通知书发出后30天内与施工单位签订施工合同，本案例是在中标通知书发出后第40天签订了施工合同，是不妥的。

四、工程造价管理内容

(1)发包人选择合理的招标方式。

《招标投标法》允许的招标方式有邀请招标和公开招标。邀请招标一般只适用于国家投资的特殊项目和非国有经济的项目,公开招标方式是能够体现公开、公正、公平原则的最佳招标方式。选择合理的招标方式是合理确定工程合同价款的基础。

(2)发包人选择合理的承包模式。

常见的承包模式包括总分包模式、联合体承包模式和合作承包模式。不同的承包模式适用于不同类型的工程项目,对工程造价的控制也体现出不同的作用。

总分包模式可以有效地进行施工的组织与管理,有利于工程进度的推进,有利于工程造价的控制。但对于总承包商来说,承担的责任和风险较大。

联合体承包模式具有施工总承包的优点,便于组织、管理和协调。联合体承包模式还可以集中各成员单位在资金、技术、管理等各方面的优势,克服了单一施工企业势单力孤的困难。

在合作承包模式中,虽然几家施工企业结成施工合作体,但出于自主性的要求,不采取联合体的捆绑式经营方式。由于合作体中各成员单位都与发包方直接签订了施工承包合同,履约过程中一旦一家企业倒闭破产,其他成员单位及合作体机构不承担项目合同的经济责任,这一风险由业主承担。

(3)发包人编制招标文件,确定合理的工程计量方法和投标报价方法,确定招标控制价。

建设工程项目的发包数量、合同类型和招标方式一经批准确定后,即应编制为招标服务的有关文件。工程计量方法和报价方法的不同,会产生不同的合同价格,因而在招标前,应选择有利于降低工程造价和便于合同管理的工程计量方法和报价方法。编制招标控制价是建设工程项目招标前的另一项重要工作,而且是较复杂和细致的工作。招标控制价能避免投标人哄抬报价,把投标价控制在合理的范围之内。

(4)承包人编制投标文件,合理确定投标报价。

投标人在通过资格审查后,根据获取的招标文件来编制投标文件。投标报价是投标文件的重要组成部分。

首先应计算或复核工程量,确定单价,在此基础上进行工程估价。在定额计价和清单计价模式下投标报价有不同的编制方法。然后根据工程情况和企业自身情况,运用投标技巧和正确的策略来确定最后报价。

(5)发包人选择合理的评标方式进行评标,选择中标单位。

评标应遵循一定的程序进行。评标过程中使用的方法很多,不同的计价方式对应不同的评标方法,选择正确的评标方法有助于科学选择承包人。目前,使用比较广泛的是综合评分法。在评标时,可以采用两阶段评标的办法,即先对投标单位的技术方案进行评判,在技术方案可行的前提下,再以投标单位的报价作为评标定标的唯一因素。另外,评标时也可以将经济标和技术标同时考虑。

在正式确定中标单位之前,一般都对得分最高的一两家潜在中标单位的标函进行质询,旨在对投标函中有意或无意的不明和笔误之处作进一步明确或纠正,以确保发包人和潜在中标人等各方的利益都不受损害。

(6)发包人确定中标单位后,签订承包合同。

评标委员会依据评标规则对投标人评分并排名,向业主推荐中标人,并以中标人的报价作为承包价。

确定合同金额的方式包括总价合同、单价合同和成本加酬金合同。目前,施工合同的格式一般有三种:参考 FIDIC 合同格式订立的合同、按照国家工商部门和建设部推荐的《建设工程施工合同(示范文本)》格式订立的合同或自由格式合同。不同的合同格式适用于不同类型的工程。

在签订合同时,除要关注合同的类型和格式外,合同中价款的确定与支付的内容也是工程造价管理的重要方面。

第二节 施工招标与招标控制价的确定

工程施工招标是指对工程建设项目的施工任务进行的招标。中标的承包方必须根据中标的条件和要求提供建筑产品。

一、施工招标文件应包括的内容

(1)投标须知。

(2)招标工程的技术要求和设计文件。

(3)采用工程量清单招标的,应当提供工程量清单。

(4)投标函的格式及附录。

(5)拟签订合同的主要条款。

(6)要求投标人提供的其他资料。

二、确定工程计量方法和投标报价方法

在招标文件编写过程中进行造价控制的主要工作是选定合理的工程计量方法和投标报价方法。我国目前可供选择的模式是定额计价模式和清单计价模式。按规定,全部使用国有资产投资或以国有资产投资为主的工程建设项目,必须采用工程量清单计价。其他项目可由业主自主选择计价模式。

(一)定额计价模式

长期以来,在我国工程价格形成中采用定额计价模式,定额计价模式是一种与计划经济相适应的工程造价管理制度。定额计价实际上是国家通过颁布统一的估算指标、概算指标,以及概算、预算和有关定额,对建筑产品价格进行有计划管理的计价方法。

对于定额计价模式,工程量计算和工程计价都由投标人来完成。

(二)清单计价模式

工程量清单计价模式是指在建设工程招标投标中,招标人按照国家统一的《计价规范》的要求编制和提供工程量清单,投标人依据工程量清单、拟建工程的施工方

案，结合自身实际情况并考虑风险后自主报价的工程造价计价模式。

工程量清单计价模式的基本操作过程为：招标人在统一的工程量清单计算规则的基础上，按照统一的工程量清单标准格式、统一的工程量清单项目设置规则，根据具体工程的施工图纸计算各个清单项目的工程量，编制出工程量清单，此清单作为招标文件的组成部分。招标人将工程量清单编制好后，投标人根据招标文件中的工程量清单和有关要求、施工现场实际情况，以及拟定的施工方案或施工组织设计，依据企业定额和各种渠道获得的工程造价信息及经验数据编制投标报价。所以，工程量清单计价模式的程序分为两个阶段，即工程量清单编制和工程量清单计价编制。其中，工程量清单编制由招标人完成，招标文件内容包括工程量清单。

三、工程量清单的编制

工程量清单是表现拟建工程的分部分项工程项目、措施项目、其他项目名称和相应数量的明细清单。它是招标人按照招标文件要求和施工设计图纸要求规定将拟建招标工程的全部项目和内容，依据《计价规范》附录中统一的项目编码、项目名称、计量单位和工程量计算规则进行编制，包括分部分项工程量清单、措施项目清单、其他项目清单、规费项目清单、税金项目清单。

招标单位在工程方案设计、初步设计或部分施工图设计完成后，即可委托招标控制价编制单位（或招标代理单位）按照统一的工程量计算规则，以单位工程为对象，计算并列出各分部分项工程的工程量清单、措施项目清单、其他项目清单、规费项目清单、税金项目清单，作为招标文件的组成部分发放给各投标单位。其工程量清单的粗细程度、准确程度取决于工程的设计深度及编制人员的技术水平和经验。

（一）编制依据

（1）《计价规范》中项目编码、项目名称、项目特征、工程内容、计量单位、工程量计算规则等的有关规定。

（2）国家或省级、行业建设主管部门颁发的计价依据和办法。

（3）招标文件规定的相关内容。

（4）建筑工程施工图等设计文件。

（5）施工现场情况、工程特点及常规施工方案。

（二）工程量清单计价规范简介

为了指导工程量清单计价方法的全面实施，国家于 2008 年颁布了《建设工程工程量清单计价规范》（GB 50500—2008），下面对其进行论述。

《计价规范》由正文和附录两大部分组成，二者具有同等效力。

第一部分为正文，共五章，包括总则、术语、工程量清单编制、工程量清单计价、工程量清单计价表格。正文分别就《计价规范》的适应范围、编制工程量清单应遵循的原则、工程量清单计价活动的规则、工程量清单及其计价格式等作了明确规定。

第二部分为附录，内容包括：

附录 A　建筑工程工程量清单项目及计算规则；

附录 B　装饰装修工程工程量清单项目及计算规则；

附录C 安装工程工程量清单项目及计算规则;

附录D 市政工程工程量清单项目及计算规则;

附录E 园林工程工程量清单项目及计算规则;

附录F 矿山工程工程量清单项目及计算规则。

以上每一个附录中包括了对应专业工程的清单项目名称、项目编码、项目特征、计量单位、工程量计算规则和工程内容。这五项作为统一的内容,招标人在编制工程量清单时必须执行。

附录是编制工程量清单的依据,主要体现在工程量清单的12位编码中,其中的前9位应按附录中的规定设置。工程量清单中的项目名称、计量单位、工程数量应依据附录中的相应项目名称和项目特征、计量单位、计算规则来设置和确定。

《计价规范》适用于建设工程项目工程量清单计价活动,并且规定全部使用国有资金投资或以国有资金投资为主的工程建设项目必须执行该规范,附录A~附录F应作为编制工程量清单的依据。

(三)编制方法

工程量清单包括分部分项工程量清单、措施项目清单、其他项目清单、规费项目清单、税金项目清单。它是由招标方提供的一种技术文件,是招标文件的组成部分,一经中标签订合同,即成为合同的组成部分。工程量清单的描述对象是拟建工程,体现招标人需要投标人完成的工程项目及其相应的工程数量,是投标人进行报价的依据,是招标文件不可缺少的组成部分,以表格为主要表现形式。

1.分部分项工程量清单

分部分项工程量清单应包括项目编码、项目名称、项目特征、计量单位和工程数量。

1)项目编码

项目编码应采用12位阿拉伯数字表示,前9位应按附录的规定设置,10~12位应根据拟建工程的工程量清单项目名称设置。

2)项目名称

项目名称应按照《计价规范》的规定结合拟建工程的实际确定。

3)项目特征

分部分项工程量清单的项目特征会直接影响工程量清单综合单价的确定,因此清单编制人必须严格按照《计价规范》列出的每个工程量清单的项目特征,结合拟建工程的实际情况,详细描述工程量清单的项目特征。

项目特征是对项目的准确描述,是影响价格的因素和设置具体清单项目的基础和依据。项目特征按不同的工程部位、施工工艺或材料品种、规格等分别列项。凡项目特征中未描述到的独有特征,由清单编制人视项目具体情况确定,以准确描述清单项目为准。

4)计量单位

在《计价规范》中,计量单位均为基本计量单位,不得使用扩大单位(如10 m、100 kg等),这一点与传统的定额计价有很大的区别。

5)工程数量

工程数量的计算应严格按照《计价规范》附录中相应的工程量计算规则进行。

《计价规范》的工程量计算规则与消耗量定额的工程量计算规则有着原则上的区别:《计价规范》的工程量计算规则是以实体安装就位的净尺寸计算,这与国际通用做法(FIDIC)一致;而消耗量定额的工程量计算是在净值的基础上,加上施工操作(或定额)规定的预留量,这个量随施工方法、措施的不同而变化。因此,工程量清单的工程量计算规则与消耗量定额的计算规则不同,应加以区分。

2. 措施项目清单

措施项目是指完成工程施工,发生于该工程施工前和施工过程中技术、生活、安全等方面的非工程实体项目。措施项目清单的编制应考虑多种因素,除工程本身的因素外,还涉及水文、气象、环境、安全和施工企业的实际情况。

措施项目清单应根据拟建工程的实际情况列项。通用措施项目可按表 2-1 选择列项,专业工程的措施项目可按附录中规定的项目选择列项。

措施项目中可以计算工程量的项目清单宜采用分部分项工程量清单的方式编写,列出项目编码、项目名称、项目特征、计量单位和工程量计算规则;不能计算工程量的项目清单,以"项"为计量单位。

3. 其他项目清单

项目建设标准的高低、工程的复杂程度、工期长短等直接影响其他项目清单中的具体内容。

其他项目清单宜按下列内容列项:暂列金额、暂估价(包括材料暂估单价、专业工程暂估价)、计日工、总包服务费。

暂列金额是指招标人在工程量清单中暂定并包括在合同价款中的一笔款项。用于施工合同签订时尚未确定或不可预见的所需材料、设备、服务的采购,施工中可能发生的工程变更、工程价款调整及发生的索赔等费用。

暂估价是指招标阶段直至签订合同协议时,招标人在招标文件中提供的用于支付必然要发生但暂时不能确定价格的材料及需另行发包的专业工程金额。

计日工以完成零星工作所消耗的人工工时、材料数量、机械台班进行计量,并按照合同中约定的综合单价进行计价支付。

总包服务费是指总承包人为配合协调发包人进行的工程分包自行采购的设备、材料等进行管理、服务以及施工现场管理、竣工资料汇总整理等服务所需的费用。

4. 规费项目清单

规费项目清单应按下列内容列项:工程排污费、工程定额测定费、社会保障费(包括养老保险费、失业保险费、医疗保险费)、住房公积金、危险作业意外伤害保险。

5. 税金项目清单

税金项目清单应包括营业税、城市维护建设税、教育费附加。

(四)格式

工程量清单编制使用的表格包括:

(1)封面,见表 5-1。

表 5-1 封面

____________________工程

工 程 量 清 单

工 程 造 价

招　标　人：____________ (单位盖章)

咨　询　人：____________ (单位资质专用章)

法定代表人
或其授权人：____________ (签字或盖章)

法定代表人
或其授权人：____________ (签字或盖章)

编　制　人：____________ (造价人员签字盖专用章)

复　核　人：____________ (造价工程师签字盖专用章)

编制时间：　　年　月　日

复核时间：　　年　月　日

(2)总说明,见表5-2。

表5-2 总说明

工程名称:　　　　　　　　　　　　　　　　　　　　　　　　第 页 共 页

(3)分部分项工程清单与计价表,见表5-3。

表5-3 分部分项工程量清单与计价表

工程名称:　　　　　　　　标段:　　　　　　　　　　　　　第 页 共 页

序号	项目编码	项目名称	项目特征描述	计量单位	工程量	金额(元)		
						综合单价	合价	其中:暂估价
本页小计								
合计								

(4)措施项目清单与计价表(一),见表5-4。

表5-4 措施项目清单与计价表(一)

工程名称:　　　　　　　　　　　　　　　　　　　　　　　　第 页 共 页

序号	项目名称	计算基础	费率(%)	金额(元)
合计				

(5)措施项目清单与计价表(二),见表5-5。

(6)其他项目清单与计价表,见表5-6。

(7)暂列金额明细表,表5-7。

(8)材料暂估单价表,见表5-8。

(9)专业工程暂估价表,见表5-9。

(10)计日工表,见表5-10。

(11)总承包服务费计价表,见表5-11。

(12)规费、税金项目清单与计价表,见表5-12。

表5-5 措施项目清单与计价表(二)

工程名称: 第 页 共 页

序号	项目编码	项目名称	项目特征描述	计量单位	工程量	金额(元)	
						综合单价	合价
本页小计							
合计							

表5-6 其他项目清单与计价表

工程名称: 第 页 共 页

序号	项目名称	计量单位	金额(元)	备注
1	暂列金额			
2	暂估价			
3	计日工			
4	总包服务费			
合计				

表5-7 暂列金额明细表

工程名称: 第 页 共 页

序号	项目名称	计量单位	暂定金额(元)	备注
合计				

表5-8 材料暂估单价表

工程名称: 第 页 共 页

序号	材料名称、规格、型号	计量单位	单价(元)	备注

表 5-9　专业工程暂估价表

工程名称：　　　　　　　　　　　　　　　　　　　　　　　　　　　　第　页　共　页

序号	工程名称	工程内容	金额(元)	备注
合计				

表 5-10　计日工表

工程名称：　　　　　　　　　　　　　　　　　　　　　　　　　　　　第　页　共　页

编号	项目名称	单位	暂定数量	金额(元)	
				综合单价	合价
1	人工				
人工小计					
2	材料				
材料小计					
3	施工机械				
施工机械小计					
总计					

表 5-11　总承包服务费计价表

工程名称：　　　　　　　　　　　　　　　　　　　　　　　　　　　　第　页　共　页

序号	项目名称	项目价值(元)	服务内容	费率(%)	金额(元)
1	发包人发包专业工程				
2	发包人供应材料				
合计					

表 5-12　规费、税金项目清单与计价表

工程名称：　　　　　　　　　　　　　　　　　　　　　　　　　　　　第　页　共　页

序号	项目名称	计算基础	费率(%)	金额(元)
1	规费			
2	税金			
合计				

四、招标控制价

(一)招标控制价的概念及相关规定

招标控制价是招标人根据国家或省级、行业建设主管部门颁发的有关计价依据和办法,按设计施工图纸计算的,对招标工程限定的最高工程造价。

《建设工程工程量清单计价规范》(GB 50500—2008)规定:

(1)国有资金投资的工程建设项目应实行工程量清单招标,招标人应编制招标控制价。

(2)招标控制价应在招标文件中公布,不应上调或下浮,同时将招标控制价及有关资料报送工程所在地工程造价管理机构备查。

(3)招标控制价超过批准的概算时,招标人应报原概算审批部门审核。投标人的投标报价高于招标控制价的,其投标应予拒绝。

(4)投标人经复核认为招标人公布的招标控制价未按照《计价规范》的规定进行编制的,应在开标前5日向招标投标监督机构或(和)工程造价管理机构投诉。招标投标监督机构应会同工程造价管理机构对投诉进行处理,发现确有错误,应责成招标人修改。

(二)招标控制价的作用

招标控制价能使招标人对工程的建造费用预先进行计算,以便控制工程造价;招标控制价给上级主管部门提供了核实建设规模的依据;招标控制价能避免投标人哄抬报价,把投标价控制在合理的范围之内。

(三)招标控制价的编制原则和依据

1. 招标控制价的编制原则

(1)因招标控制价是公开的最高限价,体现了公开、公正的原则,所以招标控制价的编制应遵循客观、公正的原则。

(2)编制招标控制价应严格执行《计价规范》,合理反映拟建工程项目市场价格水平。

2. 招标控制价的编制依据

根据《计价规范》的规定,招标控制价应根据下列依据编制:

(1)《计价规范》。

(2)国家或省级、行业建设主管部门颁发的计价定额和计价办法。

(3)建设工程设计文件及相关资料。

(4)招标文件中的工程量清单及有关要求。

(5)与建设项目相关的标准、规范、技术资料。

(6)工程造价管理机构发布的工程造价信息,工程造价信息没有发布的参照市场价。

(7)其他的相关资料。

(四)招标控制价的编制步骤

因招标控制价随招标文件一起发布,招标控制价的编制必须快速,所以编制质量要高,要求熟悉施工过程,这样才能编制出合理的控制价。总之,对编制人的能力要求比较高。具体编制步骤如下。

1. 准备工作

首先,要熟悉施工图设计及说明,若发现图纸中的问题或不明确之处,可要求设计单位进行交底、补充,并在招标文件中加以说明。

其次,要勘察现场,实地了解现场情况及周围环境,以此作为确定施工方案、采取相应技术措施的依据。

再次,了解招标文件中规定的招标范围,材料、半成品的加工订货情况,物资供应方式。

最后,还要进行市场调查,掌握材料、设备的市场价格。

2. 收集编制资料

编制招标控制价需收集的资料包括建设行政主管部门制定的有关工程造价的文件、规定,设计文件、图纸、技术说明及招标时的设计交底,完整、有效的勘察报告,现场环境和条件,拟采用的施工方案、施工技术等措施,市场价格信息等。总之,凡在工程建设过程中可能影响到工程费用的各种因素,在编制招标控制价前都必须予以考虑,收集所有必需的资料和依据。

3. 计算招标控制价

消耗量水平、人工工资单价、有关费用标准按建设行政主管部门颁发的计价表(定额)和计价办法执行。

材料价格按工程所在地造价管理部门发布的市场指导价取定(没有市场指导价的,按市场信息价或市场询价)。

措施项目费用应当考虑工程所在地的施工管理水平和拟建工程常用的施工方案计取。

4. 审核修正定稿

计算得到招标控制价以后,应根据相关资料、综合考虑各种因素对招标控制价进行复查与审核。

5. 招标控制价文件的主要内容

发出的招标控制价应当包括费用汇总表,分部分项工程量清单与计价表,措施项目清单与计价表,其他项目清单与计价表,暂列金额明细表,材料暂估单价表,专业工程暂估价表,计日工表,总包服务费计价表,规费、税金项目清单与计价表,工程量清单综合单价分析表等。

第三节　施工投标报价

一、投标报价的编制

(一)投标报价的编制原则

(1)根据招标文件中设定的工程发承包模式和发承包双方责任划分,综合考虑投标报价的费用项目、费用计算方法和计算深度。

(2)投标报价计算前须经技术经济比较,确定拟投标工程的施工方案、技术措施等。

(3)应以反映企业技术和管理水平的企业定额来计算人工、材料和机械台班消耗量。

(4)充分利用现场考察、调研的成果及市场价格信息、行情资料，编制基价，确定调价方法。

(二)投标报价的编制依据

(1)招标人发放的招标文件及提供的设计图纸、工程量清单及有关的技术说明书等。

(2)国家或省级、行业建设主管部门颁布的计价办法。

(3)《计价规范》。

(4)企业定额，国家或省级、行业建设主管部门颁布的现行建筑、安装工程预算定额及与之相配套执行的各种费用定额等的规定、标准。

(5)拟投标工程当地现行材料预算价格、采购地点及供应方式，市场价格信息或工程造价管理机构发布的工程造价信息等。

(6)由招标单位答疑后书面回复的有关资料。

(7)施工现场情况、工程特点及拟定的投标施工组织设计或施工方案。

(8)其他与建设项目相关的标准、规范等技术资料。

(三)投标报价的工作步骤

投标报价工作不仅是招标投标工作的一个环节，而且是一个系统工程，应遵循一定的步骤。

1. 研究招标文件

要开展投标报价工作，首要的工作就是认真研究招标文件，充分了解其内容和要求，以便接下来有针对性地开展投标工作。

2. 调查投标环境

投标环境是指招标工程施工的自然、经济和社会条件，这些条件将制约着工程施工的展开，必然会影响到工程成本，所以是投标单位报价时必须考虑的，在报价前应尽可能了解清楚。

3. 制定施工方案

施工方案是投标报价的一个前提条件，报价的计算要针对具体的施工方案进行，也是招标单位评标时要考虑的主要因素之一。施工方案应由施工单位的技术负责人主持制定，主要考虑施工方法、主要施工机具的配备、各工种劳动力的安排及现场施工人员的平衡、施工进度及分批竣工的安排、安全措施等。施工方案制定得合理与否，将直接影响到工期的长短和施工成本的高低，所以投标单位要组织相关人员认真制定。

4. 投标价的计算

投标价的计算是投标单位对将要投标的工程所要发生的各种费用的计算。在进行投标计算时，必须首先根据招标文件计算和复核工程量，作为投标价计算的必要条件。投标价的计算过程如下：

(1)计算和复核工程量。

(2)确定单价，计算合价。

(3)确定分包工程费。

(4)确定利润和风险费。

(5)确定投标价格。

5. 确定投标策略

通过计算所得的工程总造价并不一定是投标的最终报价。通过计算得到工程总造价后，投标单位需根据工程情况和企业自身情况确定投标报价策略，对工程总造价进行修正，进而确定投标报价。正确的投标策略对提高中标率、获得较高的利润有重要的作用。

6. 编制正式的投标书

投标单位应该按照招标单位的要求和确定的投标策略编制投标书，并在规定的时间内送到指定地点。

(四)定额计价模式下的投标报价

1. 确定工程造价的程序

对于定额计价模式，编制建设工程造价的过程有两个，即工程量计算和工程计价两个阶段。首先，按照预算定额规定的分部分项工程量计算规则和施工图逐项计算工程量；其次，套用预算定额单价(或市场价)确定直接工程费；再次，按照一定的计费程序和取费标准确定措施费、企业管理费(间接费)、利润和税金；最后，确定出工程预算造价(或投标报价)。

定额计价模式采用的报价方法是工料单价法。工料单价法是以分项工程量乘以单价后的合计为直接工程费，其中分项工程工料单价为人工、材料、机械的消耗量乘以相应价格合计而成的直接工程费单价。

$$\begin{aligned}\text{分项工程工料单价} &= \text{人工费} + \text{材料费} + \text{机械使用费}\\ &= \sum(\text{人工工日消耗量} \times \text{人工工日单价}) + \sum(\text{材料消耗量} \times \\ &\quad \text{材料预算价格}) + \sum(\text{机械台班消耗量} \times \text{机械台班单价})\end{aligned} \tag{5-1}$$

$$\text{单位工程直接工程费} = \sum(\text{假定建筑产品工程量} \times \text{分项工程工料单价}) \tag{5-2}$$

$$\text{单位工程造价} = \text{单位工程直接工程费} + \text{措施费} + \text{间接费} + \text{利润} + \text{税金} \tag{5-3}$$

$$\text{单项工程造价} = \sum \text{单位工程造价} \tag{5-4}$$

$$\text{工程项目总造价} = \sum \text{单项工程造价} \tag{5-5}$$

定额计价模式的特点就是一个量与价结合的问题。概预算的单位价格的形成过程，就是依据概预算定额所确定的消耗量乘以定额单价或市场价，经过不同层次的计算达到量与价最优结合的过程。

2. 施工图预算书的编制步骤

1)收集资料，准备各种编制依据资料

要收集的资料包括施工图纸，已经批准的初步设计概算书、现行预算定额及单位估价表、取费标准，统一的工程量计算规则、预算工作手册和工程所在地的人工、材料和机械台班预算价格，施工组织设计方案、招标文件、工程预算软件等相关资料。

2)熟悉施工图纸、定额和施工组织设计及现场情况

看图计量是编制预算的基本工作，编制施工图预算前，应熟悉并检查施工图纸是否齐

全、尺寸是否清楚，了解设计意图，掌握工程全貌。同时，针对要编制预算的工程内容收集有关资料，包括熟悉并掌握预算定额的使用范围、工程内容及工程量计算规则等。另外，还应了解施工组织设计中影响工程造价的有关因素及施工现场的实际情况，以便能正确计算工程量和正确套用或确定某些分项工程的基价。这对正确计算工程造价、提高施工图预算质量都有重要意义。

3）计算工程量

计算工程量是一项工作量很大而又十分细致的工作。工程量是预算编制的基本数据，计算的准确程度直接影响到工程造价，而且影响到与之关联的一系列数据，如计划、统计、劳动力、材料等。因此，工程量计算不仅是单纯的技术工作，它对整个企业的经营管理都有重要意义。计算时一般可以按照下列步骤进行：

（1）根据施工图示的工程内容和定额子目情况，列出分部分项工程名称，应避免漏项和重项。

（2）根据一定的计算顺序和定额规定的工程量计算规则，列出计算式。

（3）将计算式求出结果。

4）汇总工程量，套用预算定额基价（预算单价）

各分项工程量计算完毕，并经复核无误后，按预算定额手册规定的分部分项工程顺序逐项汇总；然后将汇总后的工程量列入工程预算表内，并把计算项目的相应定额编号、计量单位、预算定额基价，以及其中的人工费、材料费、机械台班使用费填入工程预算表内，便可求出单位工程的直接工程费。套用单价时要注意以下几点：

（1）分项工程量的名称、规格、计量单位必须与预算定额或单位估价表所列内容完全一致。重套、错套、漏套都会引起定额直接费的偏差，进而导致施工图预算造价的偏差。

（2）定额换算。当施工图纸的某些设计要求与定额单价的特征不完全符合时，必须根据定额使用说明，对定额单价进行调整。

（3）补充定额编制。当施工图纸的某些设计要求与定额单价特征相差甚远，既不能直接套用又不能换算和调整时，必须编制补充单位估价表或补充定额。

5）进行工料分析

根据各分部分项工程的实物工程量和相应定额中的项目所列的用工工日及材料消耗数量，计算出各分部分项工程所需的人工及材料数量。相加汇总便可得出该单位工程所需要的各类人工和材料的数量。它既是工程预算、决算中人工、材料和机械费用调差及计算其他各种费用的基础，又是企业进行经济核算、加强企业管理的重要依据。

这一步骤通常与套用定额单价同时进行，以避免二次翻阅定额。

6）计算其他各项工程费用，汇总造价

在分部分项子目、工程量、单价经复查无误后，即可按照建筑安装工程造价构成中费用项目的费率和计费基础，分别计算出措施费、间接费、利润和税金，并汇总得出单位工程造价，同时计算出如单方造价等相关技术经济指标。

7）复核

单位建筑工程预算编制完成后，有关人员应对单位工程预算进行复核，以便及时发现差错，提高预算编制质量。复核时应对工程量计算公式和结果、套用定额单价，各项费用的取费费率、计算基础和计算结果,材料和人工预算价格及其价格调整等是否正确进行全面复核。

8)编制说明

编制说明是编制者向审核者交代编制方面的有关情况。编制说明一般包括以下几项内容:

(1)工程概况。包括工程性质、内容范围、施工地点等。

(2)编制依据。包括编制预算时所采用的施工图纸名称、工程编号、标准图集以及设计变更情况等图纸会审纪要资料、招标文件。

(3)所用预算定额编制年份、有关部门发布的动态调价文件号、套用定额单价或补充单位估价表方面的情况。

(4)其他有关说明。通常是指在施工图预算中无法表示而需要用文字补充说明的,如分项工程定额中需要的材料无货,用其他材料代替,其材料代换价格待结算时另行调整等,就需用文字补充说明。

9)填写封面,装订成册,签字盖章

施工图预算书封面通常需填写的内容有工程编号及名称、建筑结构形式、建筑面积、层数、工程造价、技术经济指标、编制单位、编制人、审核人及编制日期等。按封面、编制说明、预算费用汇总表、费用计算表、工程预算表、工料分析表和工程量计算表等顺序编排并装订成册。编制人员签字盖章,请有关单位审阅、签字并加盖单位公章后,一般建筑工程施工图预算计价编制工作便完成了。

(五)工程量清单计价模式下的投标报价

工程量清单计价模式下的投标报价是与市场经济相适应的投标报价方法,也是国际通用的竞争性招标方式所要求的报价。一般由招标控制价编制单位根据业主委托,将拟建招标工程全部项目和内容按《计价规范》中的计算规则计算出工程量,列在清单上作为招标文件的组成部分,供投标人逐项填报单价,计算出总价,作为投标报价,然后通过评标竞争,最终确定合同价。

投标人要报出工程造价,应首先对工程量清单中的工程量进行审核,投标报价应根据投标文件中的工程量清单和有关要求、施工现场实际情况及拟定的施工方案或施工组织设计、企业定额和市场价格信息,并参照建设行政主管部门发布的消耗量定额进行编制。因为投标人依据企业自己的定额确定人工、材料、机械消耗量和价格、间接费费率、利润率,结合市场因素自主报价,而投标人的企业定额又是根据企业本身的技术专长、材料采购渠道和管理水平制定的,因此各投标报价体现自身的优势与经验,反映市场竞争状况。

1.投标报价的特点

在工程量清单计价模式下,投标报价最基本的特点是投标人自主报价、企业自主确定,体现在以下两方面:

(1)使用的定额应是企业定额,也可以使用国家或省级、行业建设主管部门颁发的计价定额。

(2)采用的价格应是市场价格,也可以使用工程造价管理机构发布的工程造价信息。

但投标人自主报价不能违背以下原则:

(1)必须执行强制性规定，即执行《计价规范》和国家或省级、行业建设主管部门颁布的计价办法。

(2)投标报价不得低于成本。

2. 工程量清单计价的程序

工程量清单的投标报价应包括按招标文件规定完成工程量清单所需的全部费用，通常由分部分项工程费、措施项目费和其他项目费及规费、税金组成。

采用工程量清单投标报价时，投标人填入工程量清单中的单价是综合单价。

综合单价是指完成一个规定计量单位的分部分项工程量清单项目或措施清单项目所需的人工费、材料费、施工机械使用费和企业管理费与利润，以及一定范围内的风险因素。

该定义并非真正意义上的全包括的综合单价，而是一种狭义上的综合单价，规费和税金等不可竞争的费用并不包括在项目单价中。

分部分项工程量清单应采用综合单价计价，计算公式为

$$\text{分部分项工程费用} = \sum(\text{分部分项工程量清单数量} \times \text{分部分项工程综合单价}) \quad (5\text{-}6)$$

其中，分部分项工程综合单价由人工费、材料费、机械费、管理费、利润等组成，并考虑风险费用。

措施项目清单计价应根据拟建工程的施工组织设计，可以计算工程量的项目应按分部分项工程量清单的方式采用综合单价计价，即

$$\text{措施项目费} = \sum(\text{措施项目工程量} \times \text{措施项目综合单价}) \quad (5\text{-}7)$$

其中，措施项目包括通用措施项目和与其相对应的单位工程的专用措施项目，措施项目综合单价的构成与分部分项工程综合单价的构成类似。

其余的措施项目可以“项”为单位的方式计价，应包括除规费、税金外的全部费用。

其他项目费应根据工程特点和《计价规范》规定计算。

规费和税金应按国家或省级、行业建设主管部门的规定计算，不得作为竞争性费用。

$$\text{单位工程造价} = \text{分部分项工程费} + \text{措施项目费} + \text{其他项目费} + \text{规费} + \text{税金} \quad (5\text{-}8)$$

$$\text{单项工程造价} = \sum \text{单位工程造价}$$

$$\text{工程项目总造价} = \sum \text{单项工程造价}$$

根据《计价规范》的规定，工程量清单计价程序可用表 5-13 表示。

表 5-13　工程量清单计价程序

序号	名称	计算办法
(1)	分部分项工程费	∑(分部分项工程工程量×综合单价)
(2)	措施项目费	按规定计算
(3)	其他项目费	按招标文件规定计算
(4)	规费	按规定计算
(5)	税金	按税务部门规定计算
(6)	工程造价	(1)+(2)+(3)+(4)+(5)

3. 工程量清单计价的步骤

1)熟悉工程量清单

工程量清单是计算工程造价最重要的依据,在计价时必须全面了解每一个清单项目的特征描述,熟悉其所包括的工程内容,以便在计价时不漏项,不重复计算。

2)研究招标文件

工程招标文件的有关条款、要求和合同条件是工程量清单计价的重要依据。在招标文件中对有关承发包工程范围、内容、期限、工程材料、设备采购及供应方法等都有具体规定,只有在计价时按规定进行,才能保证计价的有效性。因此,投标单位拿到招标文件后,根据招标文件的要求,对照图纸对招标文件提供的工程量清单进行复查或复核,其内容主要包括:

(1)分专业对施工图进行工程量的数量审查。招标文件上要求投标人审核工程量清单,如果投标人不审核,则不能发现清单编制中存在的问题,也就不能充分利用招标人给予投标人澄清问题的机会,由此产生的后果由投标人自行负责。如果投标人发现由招标人提供的工程量有误,招标人可按合同约定进行处理。

(2)根据图纸说明和各种选用规范对工程量清单项目进行审查。这主要是指根据规范和技术要求,审查清单项目是否漏项。

(3)根据技术要求和招标文件的具体要求,对工程需要增加的内容进行审查。认真研究招标文件是投标人争取中标的第一要素。从表面上看,各招标文件基本相同,但每个项目都有自己的特殊要求,这些要求一定会在招标文件中反映出来,这需要投标人仔细研究。有的工程量清单要求增加的内容、技术要求若与招标文件不一致,只有通过审查和澄清才能统一起来。

3)熟悉施工图纸

全面、系统地阅读图纸是准确计算工程造价的重要基础。阅读图纸时应注意以下几点:

(1)按设计要求收集图纸选用的标准图、大样图。

(2)认真阅读设计说明,掌握安装构件的部位和尺寸、安装施工要求及特点。

(3)了解本专业施工与其他专业施工工序之间的关系。

(4)对图纸中的错漏以及表示不清楚的地方予以记录,以便在招标答疑会上询问解决。

4)了解施工组织设计

施工组织设计或施工方案是施工单位的技术部门针对具体工程编制的施工作业的指导性文件,其中对施工技术措施、安全措施、施工机械配置、是否增加辅助项目等,都应在工程计价的过程中予以注意。施工组织设计所涉及的费用主要属于措施项目费。

5)熟悉加工订货的有关情况

明确建设、施工单位双方在加工订货方面的分工。对需要进行委托加工订货的设备、材料、零件等,提出委托加工计划,并落实加工单位及加工产品的价格。

6)明确主材和设备的来源情况

主材和设备的型号、规格、数量、材质、品牌等对工程计价影响很大,因此主材和设备的采购范围及有关内容需要招标人予以明确,必要时注明产地和厂家。

7）计算工程量

清单计价的工程量主要有两部分内容：一是核算工程量清单所提供的清单项目工程量是否准确；二是计算每一个清单主体项目所组合的辅助项目工程量，以便分析综合单价。

在计算工程量时，应注意清单计价和定额计价计算方法的不同。清单计价时，是辅助项目随主体项目计算，将不同工程内容发生的辅助项目组合在一起，计算出该主体项目的分部分项工程费。

8）确定措施项目清单内容

措施项目清单是完成项目施工必须采取的措施所需的工作内容，该内容必须结合项目的施工方案或施工组织设计的具体情况填写，因此在确定措施项目清单内容时，一定要根据自己的施工方案或施工组织设计加以修改。

9）计算综合单价

将工程量清单主体项目及其组合的辅助项目汇总，填入分部分项综合单价计算表。采用消耗量定额分析综合单价的，应按照定额的计量单位，选套相应定额，计算出各项的管理费和利润，汇总为清单项目费合价，分析出综合单价。综合单价是报价和调价的主要依据。

投标人可以用企业定额，也可以用建设行政主管部门的消耗量定额，甚至可以根据本企业的技术水平调整消耗量定额的消耗量来计价。

10）计算相关费用

计算措施项目费、其他项目费、规费、税金等。

11）汇总计算单位工程造价

将分部分项工程费、措施项目费、其他项目费、规费和税金汇总计算出单位工程造价，将各个单位工程造价汇总计算出单项工程造价。

4. 工程量清单计价的格式

投标报价的编制使用的表格包括表 5-2 ~ 表 5-12 和表 5-14 ~ 表 5-18。

表 5-14　投标总价

投标总价

招标人：____________

工程名称：____________

投标总价（小写）：________

（大写）：________

投标人：____________（单位盖章）

法定代表人

或其授权人：_________（签字或盖章）

编制人：____________（造价人员签字盖专用章）

编制时间：____________

表 5-15　工程项目投标报价汇总表

工程名称：　　　　　　　　　　　　　　　　　　　　　　　第　页　共　页

序号	单项工程名称	金额(元)	其中		
			暂估价(元)	安全文明施工费(元)	规费(元)
	合计				

表 5-16　单项工程投标报价汇总表

工程名称：　　　　　　　　　　　　　　　　　　　　　　　第　页　共　页

序号	单位工程名称	金额(元)	其中		
			暂估价(元)	安全文明施工费(元)	规费(元)
	合计				

表 5-17　单位工程投标报价汇总表

工程名称：　　　　　　　　　　　　　　　　　　　　　　　第　页　共　页

序号	项目名称	金额(元)	其中:暂估价(元)
1	分部分项工程费合计		
2	措施项目费合计		
3	其他项目费合计		
4	规费		
5	税金		
	合计		

表 5-18　工程量清单综合单价分析表

工程名称：　　　　　　　　　标段：　　　　　　　　　　　第　页　共　页

项目编码				项目名称				计量单位			
清单综合单价组成明细											
定额编号	定额名称	定额单位	数量	单价(元)				合价(元)			
				人工费	材料费	机械费	管理费和利润	人工费	材料费	机械费	管理费和利润
人工单价		小计									
元/工日		未计价材料表									

续表 5-18

项目编码		项目名称		计量单位			
清单项目综合单价							
材料费合计	主要材料名称、规格、型号	单位	数量	单价（元）	合价（元）	暂估单价（元）	暂估合价（元）
	其他材料费			—		—	
	材料费合计			—		—	

二、投标报价的策略

投标报价的策略是指承包商在投标竞争中的系统工作部署及其参与投标竞争的方式和手段。报价是确定中标人的条件之一，但不是唯一的条件。一般来说，在工期、质量、社会信誉相同的条件下，招标人以选择最低标为好。企业不能单纯追求报价最低，应当在评价标准和项目本身条件所决定的标价高低的因素上充分考虑报价的策略。

（一）投标报价主要考虑的因素

投标人要想在投标中获胜，首先就要考虑主客观制约条件，这是影响投标决策的重要因素。

1. 主观因素

从本企业的主观条件、各项业务能力和能否适应投标工程的要求进行衡量，主要考虑以下方面：

（1）设计能力。

（2）机械设备能力。

（3）工人和技术人员的操作技术水平。

（4）以往对类似工程的经验。

（5）竞争的激烈程度。

（6）器材设备的交货条件。

（7）中标承包后对本企业的影响。

（8）对工程的熟悉程度和管理经验。

2. 客观因素

（1）工程的全面情况。包括图纸和说明书，现场地上、地下条件，如地形、交通、水源、电源、土壤地质、水文气象等。这些都是拟定施工方案的依据和条件。

（2）业主及其代理人（工程师）的基本情况。包括资历、业务水平、工作能力、个人的性格和作风等。这些都是有关今后在施工承包结算中能否顺利进行的主要因素。

(3)劳动力的来源情况。如当地能否招募到比较廉价的工人,以及当地工会对承包商在劳务问题上能否合作的态度。

(4)建筑材料和机械设备等资源的供应来源、价格、供货条件以及市场预测等情况。

(5)专业分包。如空调、电气、电梯等专业安装力量情况。

(6)银行贷款利率、担保收费、保险费费率等与投标报价有关的因素。

(7)当地各项法规,如企业法、合同法、劳动法、税法、外汇管理法、工程管理条例以及技术规范等。

(8)竞争对手的情况。包括对手企业的历史、信誉、经营能力、技术水平、设备能力、以往投标报价的情况和经常采用的投标策略等。

对以上这些客观情况的了解,除有些可以从投标文件和业主对招标公司的介绍、勘察现场获得外,必须通过广泛的调查研究、询价、社交活动等多种渠道才能获得。

(二)常用的投标报价策略

投标报价时,既要考虑企业自身的优势和劣势、企业盈亏、企业当前任务情况,也要分析招标项目的特点,分析竞争对手、市场材料价格等。根据多方面因素来选择投标报价策略。在实际工作中经常采用以下的投标报价策略。

1. 调整盈利水平策略

1)调高报价

一般情况下,在下列情况下报价可高一些:

(1)施工条件差(如场地狭窄、地处闹市)的工程。

(2)专业要求高的技术密集型工程,而某公司这方面有专长,声望也高。

(3)总价低的小工程,以及自己不愿意做而被邀请投标时,不便于不投标的工程。

(4)特殊的工程,如港口码头工程、地下开挖工程等。

(5)业主对工期要求紧的工程。

(6)投标对手少的工程。

(7)支付条件不理想的工程。

另外,可根据实际情况提高报价中的不可预见风险费。对风险大的合同,承包商可以提高报价中的风险附加费,为风险做资金准备,以弥补风险发生所带来的部分损失,使合同价格与风险责任相平衡。风险附加费的数量一般根据风险发生的概率和风险一经发生承包商将要受到的损失量确定。所以,风险越大,风险附加费就越高。但这受到很大限制,风险附加费太高对双方都不利:业主必须支付较高的合同价格;承包商的报价太高,失去竞争力,难以中标。

2)调低报价

下列情况下报价应低一些:

(1)施工条件好的工程,工作简单、工程量大而一般公司都可以做的工程,如大量的土方工程、一般房建工程等。

(2)某公司目前急于打入某一市场、某一地区,或虽已在某地区经营多年,但即将面临没有工程的情况,机械设备等无工地转移。

(3)附近有工程而本项目可利用该项工程的设备、劳务或有条件短期内突击完成的工程。

(4)投标对手多,竞争力强的工程。

(5)非急需工程。

(6)支付条件好的工程,如现汇支付。

3)无利润报价

缺乏竞争优势的承包商,在不得已的情况下,只好在报价中根本不考虑利润去夺标。这种办法一般是处于以下情况时采用:

(1)有可能在得标后,将大部分工程包给索价较低的一些分包商。

(2)对于分期建设的项目,先以低价获得首期工程,而后赢得机会创造第二期工程中的竞争优势,并在以后的实施中赚得利润。

(3)在较长时期内,承包商没有在建的工程项目,如果再不得标,就难以维持生存。因此,虽然本工程无利可图,只要能有一定的管理费维持工程的日常运转,就可设法度过暂时的困难,以谋未来的发展。

2. 不平衡报价策略

不平衡报价法是指一个工程项目总报价基本确定后,如何调整内部各个项目的报价,某些项目的报价调低,某些项目的报价调高,但并不提高总价,以期加快资金周转或在结算时得到更理想的经济效益。一般适用于以下情况:

(1)对能早日结账收款的项目(如建筑工程中的土方、基础等前期工程)的单价可定高一些,有利于资金周转,存款也有较多利息可得;而后期项目单价可适当降低。

(2)预计工程量将来会增加的项目,其单价可提高;预计工程量会减少的项目,其单价可降低。

(3)图纸不明确或有错误的,估计修改后工程量会增加的项目,单价可提高;工程内容说明不清的单价可降低,这样做有利于以后的索赔。

(4)没有工程量,只填单价的项目(如土方工程中的挖淤泥、岩石等),其单价宜高,这样做既不影响投标报价,以后发生时又可多获利。

(5)计日工报价。如果是单纯报计日工的单价,而且不计入总价中,可以报高一些,以便在日后业主用工或使用机械时可以多盈利。但如果计日工单价要计入总报价,则需具体分析是否报高价,以免抬高总报价。

(6)暂定工程量的报价。

暂定工程量有三种:第一种是业主规定了暂定工程量的分项内容和暂定总价款,并规定所有投标人都必须在总报价中加入这笔固定金额,但由于分项工程量不很准确,允许将来按投标人所报单价和实际完成的工程量付款。第二种是业主列出了暂定工程量的项目和数量,但并没有限制这些工程量的估价总价款,要求投标人既列出单价,也应按暂定项目的数量计算出合价,然后并入总报价,当将来结算付款时可按实际完成的工程量和所报单价支付。第三种是只有暂定工程的一笔固定总金额,将来这笔金额做什么用,由业主确定。

第一种情况,由于暂定总价款是固定的,对总报价水平竞争力没有任何影响,因此投标时应将暂定工程量的单价适当提高。这样既不会因今后工程量变更而吃亏,也不会削弱投标报价的竞争力。第二种情况,投标人必须慎重考虑,如果单价定高了,同其他工程量计价一样,便会增大总报价,影响投标报价的竞争力;如果单价定低了,将来这类工程量增大,便会影响收益。一般来说,这类工程量可以采用正常价格。如果承包商估计今后实际工程量肯定会增大,则可适当提高单价,使将来可增加额外收益。第三种情况,对投标竞争没有实际意义,按招标文件要求将规定的暂定款列入总报价即可。

不平衡报价一定要建立在对工程量表中工程量仔细核对分析的基础上,特别是对于报低单价的项目,执行时工程量增多将造成承包商的重大损失,因此一定要控制在合理幅度内,一般为8% ~10%。另外,不平衡报价过多或过于明显,可能会引起业主反对,甚至会导致废标,因此要谨慎使用。

3. 多方案报价与增加备选方案报价策略

对于一些招标项目工程范围不很明确,文件条款不清楚或不公正,或技术规范要求过于苛刻时,要在充分估计投标风险的基础上,按多方案报价处理。所谓多方案报价,指先按原招标文件报一个价,然后提出"如果条款做某些改动,报价可降低多少……"以此降低总价,吸引业主。可以按不同的情况,分别提出多个报价供业主选择。需要注意的是,采用多方案报价法时,必须对原方案进行报价。

有时招标文件规定,可以提一个备选方案,即可以全部或部分修改原设计方案,提出投标人的方案。在这种情况下,投标人应花大力气提出更合理的方案以吸引业主,这个新的备选方案必须有一定的优势,如可以降低造价,或提前竣工,或有利于施工管理等。值得注意的是,增加备选方案时,不要将方案写得太具体,要保留方案的技术关键,以防止业主将此方案交给其他承包商施工,而且,备选方案一定要比较成熟,有很好的可操作性,否则将引起后患。

4. 随机应变策略

一些投标人采取随机应变策略,包括突然降价法和开口升级报价法。

1)突然降价法

为防止竞争对手刺探到自己的真实报价,一些投标人先按一般情况报价,在临近投标截止日期之前再把总报价突然降低。采用这种方法时,一定要考虑好降价的幅度。因为开标后只能降总价,在签订合同后可采用不平衡报价的方法调整工程量表或单价,以期取得更高的效益。

2)开口升级报价法

由于一些分项工程的施工条件特殊,灵活性很大,所以在报价时可以将这些风险大、花钱多的分项工程或工作抛开,仅在报价单中注明,由双方再商讨决定。这样大大降低了总报价,用最低价吸引业主,从而取得与业主商谈的机会。这种方法把报价看成是协商的开始,利用这些未定的活口工程在以后的议价谈判和合同谈判中进行升级加价。

【案例 5-2】

背景材料 某工程基础采用箱形基础,发包方已委托某专业设计单位做了基坑支护方案,采用钢筋混凝土桩悬臂支护。招标文件中规定:预付款数额为合同价的10%,在合同签订并生效后10天内支付,当进度款支付累计达到合同总价的60%时,一次性全额扣回。工程进度款按季度支付。

某承包商通过资格预审后，购买了招标文件。根据图纸测算和对招标文件的分析，确定该项目总估价为7 000万元，总工期为24个月，其中基础工程估价为1 100万元，工期为6个月；上部结构工程估价为3 900万元，工期为12个月；装饰和安装工程估价为2 000万元，工期为6个月。

投标时，该承包商建议建设单位将钢筋混凝土桩悬臂支护改为钢筋混凝土桩悬臂加锚杆支护，并对这两种方案进行了技术经济分析和比较，钢筋混凝土桩悬臂加锚杆支护不仅能有效地保证施工安全性，而且可以使工程造价降低10%。

该承包商决定采用不平衡报价法，对原工程进行调整后的方案如下：基础工程估价调整为1 150万元，结构工程估价调整为4 050万元，装饰和安装工程估价调整为1 800万元。

该承包商还考虑到该工程虽有预付款，但平时工程款按季度支付不利于资金周转，决定除按上述调整后的数额报价外，还建议业主将支付条件改为：预付款为合同价的5%，工程款按月支付，其余条款不变。

该承包商在投标截止日期前一天上午将投标文件报送业主。在投标截止日期当天下午，在规定的开标时间前1 h，该承包商又递交了一份补充资料，其中声明将原报价降低3%。

问题：

(1)招标人对投标单位进行资格预审应包括哪些内容？

(2)该承包商所运用的不平衡报价法是否恰当？为什么？

(3)除不平衡报价法外，该承包商还运用了哪些报价技巧？运用得是否得当？

解答：

(1)招标人对投标单位进行资格预审应包括以下内容：投标单位组织与机构和企业概况，近三年完成工程的情况，目前正在履行的合同情况，单位的财务状况、管理人员情况、各种奖励和处罚，劳动力和施工机械设备等资源方面的情况。

(2)恰当。因为该承包商是将属于前期工程的基础工程和主体结构工程的报价调高，而将属于后期工程的装饰和安装工程的报价调低，可以在施工的早期阶段收到较多的工程款，从而提高承包商所得工程款的现值，而且基础工程、主体结构、装饰和安装工程这三类工程估价的调整幅度均在10%以内，属于合理范围。

(3)承包商还运用了增加建议方案法、多方案报价法、突然降价法。

增加建议方案法运用得当，新建议的方案是钢筋混凝土桩悬臂加锚杆支护方案，与原方案相比，新建议的方案有更大的优势并且成本更低。

多方案报价法运用恰当，因为承包商的报价既适用于原付款条件，也适用于建议的付款条件。

突然降价法也运用得当。原投标文件提前一天递交，这既是符合常理的，又为竞争对手调整最终报价留有一定的时间。若提前时间太多，会引起竞争对手的怀疑。而在开标前1 h突然递交一份补充文件，这时竞争对手已不可能再调整报价了。

第四节 工程评标

评标就是对投标人编制和递交的投标文件进行分析比较，判断优劣，提出确定中标人的意见和建议。评标定标的综合原则是平等竞争、机会均等、公正合理、科学评定、择优定标。

一、评标程序

大型工程项目的评标因评审内容复杂、涉及面宽，通常需分成初步评审和详细评审两个阶段进行。

（一）初步评审

初步评审也称对投标书的符合性审查。

（1）投标人的资格。公开招标时核对是否为资格预审的投标人。邀请招标在此阶段应对投标人提交的资格材料进行审查。

（2）投标保证有效性。如果招标文件要求提供投标保证，投标时是否已提交及检查保证金额、担保期限，出具保证书的单位是否符合投标须知的规定。

（3）报送资料的完整性。投标书报送的资料是否符合投标须知的规定，有无遗漏。

（4）投标书与招标文件的要求有无实质性的背离。投标文件应实质上响应招标文件的要求。所谓实质上响应招标文件的要求，是指其投标文件应该与招标文件的所有条款、条件和规定符合，无显著差异或保留。

（5）报价计算的正确性。若投标书存在计算或统计错误，由评标委员会予以改正后请投标人签字确定。投标人拒绝确认的，按投标人违约对待；当错误值超过允许范围时，按废标对待。

没有通过初步评审的投标书不得进入下一阶段的评审。

（二）详细评审

详细评审通常分为两个步骤进行。首先对各投标书进行技术和商务方面的审查，评定其合理性及合同授予该投标人在履行过程中可能给招标人带来的风险。大型复杂工程的评标过程经常分成商务评审和技术评审。在此基础上再由评标委员会对各投标书分项进行量化比较，从而评定出优劣次序。

1. 对投标书的审查

评审投标人实施招标工程时，主要考虑以下几个方面。

1）技术评审

技术评审主要是对投标书的施工总体布置、施工进度计划、施工方法和技术措施、材料和设备、技术建议等实施方案进行评定。

另外，还需对管理和技术能力进行评价，着重于投标人施工管理的组织机构模式、管理人员和技术人员的能力、施工机械设备、质量保证体系等方面的评价，投标人以往履约、业绩和分包情况等。

2）商务评审

商务评审的目的在于鉴定投标报价是否合理，是否低于工程成本，并找出报价高与低的原因。

应分析投标报价的构成，看是否有严重的不平衡报价。虽然可以采用不平衡报价法投标，但不允许有严重的不平衡报价。有的投标人为了解决前期施工中资金流通的困难，过大地提高前期工程的支付要求，会影响到项目的资金筹措计划。

同时，应分析投标书中所附资金流量表的合理性，包括审查各阶段的资金需求计划是否与施工进度计划相一致，对预付款的要求是否符合。

另外，还应分析修改合同条件和某些条款建议的采用价值，替代方案的可行性，财务或付款方面的建议和优惠条件，估价接受该建议的利弊及可能导致的风险。

2. 对投标书进行量化比较

在上述审查的基础上，评标委员会对可以接受的投标书按照预先制定的规则进行量化评定，从而比较出各投标书综合能力的高低。

二、评标方法

评标方法一般包括经评审的最低投标价法、综合评分法和法律法规允许的其他评标方法。

（一）经评审的最低投标价法

这种方法是以评审价格作为衡量标准，选取最低评标价者作为推荐中标人。评标价并非投标价，它是将一些因素折算为价格，按照对招标人有利或不利的原则，在投标报价中增加或扣减，将折算后的投标价作为其评标价。由于有一些因素不能折算成价格，所以这种方法必须建立在严格的资格预审的基础上，这样可以保证最后中标人的投标能够满足招标文件的各项要求。

（二）综合评分法

综合评分法是对价格、施工组织设计（或施工方案）、工期、项目经理的资历和业绩、投标人的资质和信誉等因素进行综合评定，从而确定中标人的方法。这种方法需将评审内容进行分类并赋予不同权重，评标委员会依据评分标准对各类内容细分的小项进行相应的打分，最后以计算的累计分值最高的投标书为最优。

这种方法的评审内容通常包括技术标和经济标（即商务标）。技术标主要对施工组织方案、施工总工期、质量水平、项目经理能力、企业信誉等因素进行评审。经济标是对投标单位的最终总报价以及分部分项工程项目和措施项目的综合单价的合理性进行评判。

在评标时，可以采用两阶段评标的办法，即先对投标单位的技术方案进行评判，在技术方案可行的前提下，再以投标单位的报价作为评标定标的唯一因素，这样既可以保证工程建设质量，又有利于业主选择一个合理的、报价较低的单位中标。另外，评标时也可以将经济标和技术标同时考虑，在考虑报价因素的同时，还对投标单位的施工组织设计、企业业绩和信誉等按一定的权重分值分别进行计分，按总评分的高低确定中标单位。

在评定经济标时，应依据投标报价的综合水平确定工程合理造价（评标基准价），并以此作为各投标报价的依据，评标基准价可采用投标报价的算术平均值、加权平均值（根据报价高低赋予不同的权重）或其修正值。标准值确定后，再按预先确定的规则，视各投标书的报价与标准值的偏离程度，计算各投标书的该项得分。

工程量清单计价的招标中经常采用合理低价评分法评标。评审投标报价时不仅注重总价,更注重价格构成,各投标报价工程量相同,价格构成清晰可比,便于进行投标的响应性和报价是否合理的评价,各投标人的优势体现在报价中,使报价结合质量及工期的综合合理低价评价得到有效的保证,同时在一定程度上也消除了串标、抬标等不良现象,避免了工程造价被恶意扭曲。

【案例5-3】

背景材料 某工程采用公开招标方式,有A、B、C、D、E、F六家单位参加投标,经资格预审,六家单位均满足业主要求。该工程采用两阶段评标法评标,评审的具体规定如下:

(1)第一阶段评技术标。

技术标共计40分,其中施工方案15分、总工期8分、工程质量6分、项目班子6分、企业信誉5分。

技术标合计得分不满28分者,不再评其商务标。

表5-19为各投标人所报工期汇总。工期评分原则是满足业主工期要求,36个月者得4分,每提前1个月加1分,最多加至8分,工期超过36个月不得分。

表5-19 投标人所报工期汇总 (单位:月)

投标单位	A	B	C	D	E	F
工期	34	32	33	34	31	35

表5-20为各投标人施工方案、工程质量、项目班子、企业信誉得分汇总。

表5-20 投标人施工方案、工程质量、项目班子、企业信誉得分汇总

投标单位	施工方案	工程质量	项目班子	企业信誉
A	11.7	5.5	4.5	4.5
B	14.3	5.0	5.0	4.5
C	11.5	4.5	3.5	3.0
D	13.8	5.5	5.0	4.5
E	12.0	5.0	4.0	4.0
F	10.3	4.5	4.0	3.5

(2)第二阶段评商务标。

商务标共计60分。以投标人报价的算术平均值为基准价,但最高(或最低)报价高于(或低于)次高(或次低)报价的10%者,在计算投标人报价的算术平均值时不予考虑,且商务标得分为20分。

以基准价为满分(60分),报价比基准价每下降1%,扣1分,最多扣10分;报价比基准价每增加1%,扣2分,扣分不保底。

表5-21为各投标人的报价汇总。

表 5-21　各投标人的报价汇总　（单位:万元）

投标单位	A	B	C	D	E	F
报价	5 970	5 880	5 850	6 150	6 090	5 920

问题：

请按综合得分最高者中标的原则确定中标单位(计算结果保留两位小数)。

解答：

(1)计算各投标单位的技术标得分，见表 5-22。

表 5-22　各投标单位的技术标得分汇总

投标单位	施工方案	工程质量	项目班子	企业信誉	工期	合计
A	11.7	5.5	4.5	4.5	6	32.2
B	14.3	5.0	5.0	4.5	8	36.8
C	11.5	4.5	3.5	3.0	7	29.5
D	13.8	5.5	5.0	4.5	6	34.8
E	12.0	5.0	4.0	4.0	8	33.0
F	10.3	4.5	4.0	3.5	5	27.3

由于投标单位 F 的技术标仅为 27.3 分，小于 28 分的最低限，按规定，不再评其商务标，实际上已作为废标处理。

(2)计算各投标单位的商务标得分，见表 5-23。

因 $(6\,150-6\,090)/6\,090\times100\%=0.985\%<10\%$

$(5\,880-5\,850)/5\,850\times100\%=0.513\%<10\%$

所以所有投标人的报价(F 除外)在计算基准价时都应予以考虑。

基准价 $=(5\,970+5\,880+5\,850+6\,150+6\,090)/5=5\,988$(万元)

表 5-23　各投标单位的商务标得分汇总

投标人	报价(万元)	报价与基准价比例(%)	扣分	得分
A	5 970	(5 970/5 988)×100=99.70	(100−99.70)×1=0.30	59.70
B	5 880	(5 880/5 988)×100=98.20	(100−98.20)×1=1.80	58.20
C	5 850	(5 850/5 988)×100=97.70	(100−97.70)×1=2.30	57.70
D	6 150	(6 150/5 988)×100=102.71	(102.71−100)×2=5.42	54.58
E	6 090	(6 090/5 988)×100=101.70	(101.70−100)×2=3.40	56.60

(3)计算各投标单位的综合得分，见表 5-24。

表 5-24 各投标单位的综合得分汇总

投标单位	技术标得分	商务标得分	综合得分
A	32.2	59.70	91.90
B	36.8	58.20	95.00
C	29.5	57.70	87.20
D	34.8	54.58	89.38
E	33.0	56.60	89.60

因投标单位 B 的综合得分最高,故应选择其为中标单位。

第五节 合同价款的确定

一、建设工程施工合同的类型

投标人中标后签订承包合同,正确选用合适的合同类型是保证合同顺利执行的基础,合同类型的选择要考虑项目的规模、工期长短、项目的竞争情况、项目的复杂程度等。目前,在我国的建筑市场中,一种是以承包形式确定的合同类型,一种是以结算时付款方式确定的合同类型。

按承包形式可分为总分包模式、联合体承包模式和合作承包模式,不同的承包模式适用于不同类型的工程项目,对工程造价的控制也体现出不同的作用,现分述如下。

(一)总分包模式下的合同

总分包模式是指业主将一项工程的施工安装任务全部发包给一家资质符合要求的施工企业,它们之间签订施工总承包合同。而总承包施工企业,在法规许可的范围内,可以将工程按部位或专业进行分解后再分别发包给一家或多家分包商。

总分包模式以总承包为核心,可以有效地进行施工的组织与管理,有利于工程进度的推进,有利于工程造价的控制。但对于总承包商来说,承担的责任和风险较大。总分包模式的总包合同价可以较早确定,业主可以承担较少的风险,对总承包商而言,责任重,风险大,获得高额利润的潜力也比较大。

(二)联合体承包模式下的合同

施工联合体是由多家施工企业为承建某项工程而成立的组织机构,用联合体的名义与工程发包方签订施工合同,联合体各成员间需签订合同和组建章程,按各方的投入比重确定其经济利益和风险承担的程序。工程完工后联合体即进行内部清算而解体。

联合体承包模式,从合同关系上看相当于施工总承包,即以业主为一方、施工联合体为另一方的施工总承包合同关系,因此具有施工总承包的优点,便于组织、管理和协调。联合体承包还可以集中各成员单位在资金、技术、管理等各方面的优势,克服了单一施工企业势单力孤的困难。联合体承包对业主而言,合同结构简单,有利于工程造价的控制;对联合体而言,可以集中各成员单位在资金、技术和管理等方面的优势,增强抗风险能力。

(三)合作承包模式下的合同

施工合作体是由几家施工企业自愿结成合作伙伴,以合作体的名义与工程发包方签订施工基本合同,达成协议后,各承包单位还需分别与发包方签订施工承包合同,并在合作体的统一计划、指挥下展开施工。

虽然几家施工企业结成施工合作体,但出于自主性的要求,不采取联合体的捆绑式经营方式。由于合作体中各成员单位都与发包方直接签订了施工承包合同,履约过程中一旦一家企业倒闭破产,其他成员单位及合作体机构不承担项目合同的经济责任,这一风险由业主承担。合作承包模式与联合体承包相比,业主的风险较大,合作各方之间信任度不够。

按结算时的付款方式可分为总价合同、单价合同、成本加酬金合同,分述如下。

1. 总价合同(总价固定合同)

总价合同是指按商定的总价承包工程,是承包商按签订合同时确定的总价,负责按期、保质、保量地完成合同规定的全部工程承包内容。

总价合同的风险偏于承包商,相对于发包方有利,它适用于以下项目:

(1)工程范围必须清楚明确,报价的工程量应准确而不是估计数字,对此承包商必须认真复核。

(2)工程设计较细,图纸完整、详细、清楚。

(3)工程量小,工期短,估计在工程过程中环境因素(特别是物价)变化小,工程条件稳定并合理。

(4)工程结构、技术简单,风险小,报价估算方便。

(5)工程投标期相对宽裕,承包商可以详细作现场调查、复核工作量,分析招标文件,拟定计划。

(6)合同条件完备,双方的权利和义务十分清楚。

以固定总价签约的合同都称为总价合同,又可分为固定总价合同、调值总价合同、固定工程量总价合同等几类。

1)固定总价合同

这种合同以一次包死的总价格委托,价格不因环境的变化和工程量增减而变化,所以在这类合同中承包商承担了全部的工作量和价格风险。除设计图纸或工程要求有重大变更外,一般不允许调整合同价格。由于承包商承担了全部风险,报价中不可预见风险费用较高。承包商报价的确定必须考虑施工期间物价变化以及工程量变化带来的影响。在这种合同的实施中,由于业主没有风险,所以其干预工程的权力较小,只管总的目标和要求。

2)调值总价合同

在报价及订立合同时,按照招标文件的要求及当时的物价计算合同总价。但在合同价款中双方商定,如果在执行合同时由于通货膨胀引起成本增加达到一定限度,合同总价应相应调整。这样的合同,业主承担了通货膨胀的风险,承包商承担其他风险。

3)固定工程量总价合同

在以固定总价签约时,业主要求承包商按单价合同的办法分别填报分项工程单价。如果将来改变设计或新增项目,则用合同中已确定的单价计算新的工程量和调整总价。

2. 单价合同

单价合同通常指固定单价合同，承包商投标报价时，按招标方提供的工程量表逐项填报单价，结算时按承包商实际完成的工程量和合同上所填相应不变的单价进行计价和付款。

单价合同的特点是单价优先，如 FIDIC 施工合同，业主给出的工程量表中的工程量是参考数字，而实际合同价款按实际完成的工程量和承包商所报的单价计算。虽然在投标报价、评标、签订合同中，人们常常注重合同总价格，但在工程款结算中单价优先，所以单价是不能错的。

这是最常见的合同种类，适用范围广，如 FIDIC 土木工程施工合同，我国的建设工程施工合同也主要是这一类合同。在这种合同中，承包商仅按合同规定承担报价的风险，即对报价（主要为单价）的正确性和适宜性承担责任，而工程量变化的风险由业主承担。由于风险分配比较合理，所以能够适应大多数工程，能调动承包商和业主双方的管理积极性。

单价合同又分为估计工程量单价合同、纯单价合同、单价与包干混合式合同等几类。

1）估计工程量单价合同

招标文件中列出工程量表及估算的工程量，承包商投标时在工程量表中填入各项单价，据之计算出合同总价作为投标报价之用。结算时，按实际完成的工程量和合同上的单价计算。

2）纯单价合同

在施工图尚不完备的情况下，招标文件只给出工作项目一览表，而不提供工程量，承包商只要给出表中各项目的单价即可。结算时，按实际完成的工程量和合同上的单价计算。

3）单价与包干混合式合同

以单价合同为基础，对能够计算工程量的均要求报单价，结算时，按实际完成的工程量和合同上的单价计算。但对其中某些不易计算工程量的分项工程采用包干办法。

3. 成本加酬金合同

成本加酬金合同是指在合同签订时不能确定一个具体的合同价格，只能确定酬金的比率。结算时由业主向承包商支付建设工程的实际成本，并按事先约定的某种方式支付酬金的合同。

这是与固定总价合同截然相反的合同类型。由于合同价格按承包商的实际成本结算，所以在这类合同中，承包商不承担任何风险，而业主承担了全部工作量和价格风险，所以承包商在工程中没有成本控制的积极性，常常不仅不愿意压缩成本，相反期望提高成本以提高自身的工程经济效益，这样会损害工程的整体效益。所以，在这种合同中，合同条款应十分严格。由于业主承担全部风险，所以其应加强对工程的控制，参与工程方案（如施工、采购、分包方案等）的选择和决策，否则容易造成不应有的损失。同时，合同中应明确规定成本的开支和间接费范围，规定业主有权对成本开支作决策、监督和审查。

这类合同的使用应受到严格限制，通常应用于下列情况：

（1）投标阶段依据不准，工程的范围无法界定，无法准确估价，缺少工程的详细说明。

（2）工程特别复杂，工程技术、结构方案不能预先确定。它们可能按工程中出现的新的情况确定。例如，在国外这一类合同经常被用于一些带研究、开发性质的工程中。

（3）时间特别紧急，要求尽快开工的工程。如抢救、抢险工程，震后的救灾工程，人们无法详细地计划和商谈。

为了克服成本加酬金合同的缺点，扩大它的使用范围，人们对该种合同又作了许多改进，以调动承包商成本控制的积极性。例如，事先确定目标成本，实际成本在目标成本范围内按比例支付酬金，如果超过目标成本，酬金不再增加，如果实际成本低于目标成本，除支付合同规定的酬金外，另给承包商一定比例的奖励；或采用成本加固定额度的酬金，即酬金是定值，不随实际成本数量的变化而变化等。

二、实行工程量清单计价的工程宜采用的合同类型

《计价规范》规定，实行工程量清单计价的工程宜采用单价合同方式。即工程量清单项目综合单价在约定条件内是固定的，不予调整，工程量允许调整。工程量清单项目综合单价在约定条件外允许调整，但调整方式应在合同中予以约定。

本规定并不排斥总价合同，对于合同工期较短且工程合同总价较低的工程，可以采用总价合同。

实行工程量清单计价的工程可采用单价合同和总价合同，两者的区别在于工程量清单中工程量的合同约束力。采用单价合同，结算时按照合同约定和实际完成的工程量调整工程款，也就是说，工程量清单中的工程量具备合同约束力（量可调）；采用总价合同，工程量清单中的工程量不具备合同约束力（量不可调）。

三、施工合同的签订

（一）施工合同格式的选择

合同是双方对招标成果的认可，是招标之后、开工之前双方签订的工程施工、付款和结算的凭证。合同的形式应在招标文件中确定，投标人应在投标文件中作出响应。目前的建筑工程施工合同格式一般采用如下几种。

1. 参照 FIDIC 合同格式订立的合同

FIDIC 合同是国际通用的规范合同文本。它一般用于大型的国家投资项目和世界银行贷款项目。采用这种合同格式，可以避免工程竣工结算时的经济纠纷，但因其使用条件较严格，因而在一般中小型项目中较少采用。

2.《建设工程施工合同（示范文本）》

按照国家工商行政管理局和建设部推荐的《建设工程施工合同（示范文本）》格式订立的合同是比较规范，也是公开招标的中小型工程项目采用最多的一种合同格式。该合同由协议书、通用条款、专用条款、附件四部分组成。

协议书是总纲性文件，明确了合同双方最主要的权利、义务，规定了合同文件的组成及合同当事人对履行合同的承诺，经当事人签字盖章，具有最高的法律效力。通用条款是将建设工程施工合同中共性的一些内容拿出来编写的一份完整的合同文件，具有很强的通用性，基本适用于各类建筑施工和设备安装。专用条款是对通用条款作必要的修改与补充，其与通用条款相对应，多为空格形式，需双方协商完成，主要是由当事人根据工程的具体情况予以明确或对通用条款进行修改、补充，体现了双方的统一意愿。附件对双方的某项义务以确定格式予以明确，便于实际工作中的执行与管理。整个合同示范文本是招

标文件的延续，故一些项目在招标文件中就拟定了补充条款内容以表明招标人的意向；投标人若对此有异议，可在招标答疑（澄清）会上提出，并在投标函中提出施工单位能接受的补充条款；双方对补充条款再有异议时可在询标时得到最终统一。

当上述合同文件的几个组成部分出现不一致时，合同的优先解释顺序为协议书、专用条款、通用条款。

3. 自由格式合同

自由格式合同是由建设单位和施工单位协商订立的合同，它一般适用于通过邀请招标或议标发包而定的工程项目。这种合同是一种非正规的合同形式，往往由于一方（主要是建设单位）对建筑工程的复杂性、特殊性等方面考虑不周，从而使其在工程实施阶段陷于被动。

（二）合同中价款的确定与支付

合同文件中规定了发包方、承包方的权利、义务，规定了合同价款与支付方式，还规定了施工组织设计和工期、质量和验收、材料设备供应的要求，以及设计变更、争议的解决办法等，从造价管理的角度，本书仅阐述在签订合同时，有关合同价款的确定与支付的内容。

1. 合同价款的确定

《计价规范》规定，实行招标的工程合同价款应在中标通知书发出30天内，由发承包双方依据招标文件和中标人的投标文件在书面合同中约定。合同约定不得违背招标投标文件中关于工期、造价、质量等方面的实质性内容。招标文件与中标人投标文件不一致的地方，以投标文件为准。

承包商在签订施工合同时应对工程项目的整体工程量进行复核，工程量应当计算净值，不能采取简单估算的做法，将复核结果作为确定合同价款的依据。按照双方签订的合同价格，承包商应向业主提交现金流量表，作为不同阶段业主向承包商提供资金的依据。

2. 预付款的支付与偿还

预付款是指业主在合同签订后向承包商提供的一笔无息款项作为工程开工动用费。在承包商与业主签订了合同协议书，并提交了履约保证，银行也开出了预付款保函的条件下，工程师应发出预付款支付证书。在预付款全部回收前，预付款保函一直有效，但其中担保金额随承包商的逐步偿还而持续递减。预付款的比例是双方谈判的重点内容，在合同中还应明确业主在收到预付款支付证书后的支付时间和抵扣方式。

3. 中期付款的结算与支付

中期付款按月支付。中期付款支付的前提是承包商每月必须完成一定的工程量，否则不能支付。工程师审核承包商月报表后应填写支付证书交给业主，报送应付给承包商的本月结算款项和支付项目，应扣除相关款项。应扣款额主要是预付款额、按合同规定计算的保证金额，以及承包商应付给业主的其他款项。在合同中应对中期付款的最低金额、方式、数额及时间加以约定。

4. 滞留金（保证金）的支付

滞留金为每次中期付款时从承包商应得款项中按规定比例扣除的金额。一般情况下，从每月的业主给承包商的工程结算款中扣除7%～10%，一直扣到工程合同价的5%。滞留金的支付方式为工程移交时业主向承包商支付一半，工程的缺陷责任期满时再支付另一半。在合同中,应对保证金的扣除比例等内容加以约定。

5. 备用金(暂定金额)的使用

备用金包括以下几种情况:根据招标文件资料,投标人不能开出确定的费率和价格,招标文件中对具体工程项目不明确的部分,给指定分包商的工程付款。承包商在签订合同时应对以上几种情况进行认真确定备用金总的范围和数量。

6. 工程变化与工程价款的调整与支付

由于非承包商的原因引起的工程量增减,该项工程量变化在合同约定幅度以内的,应执行原有的综合单价;该项工程量变化在合同约定幅度以外的,其综合单价及措施项目费应予以调整。

若施工期内市场价格波动超出一定幅度,应按合同约定调整工程价款。

所以,承包商在合同谈判时要对工程量变化及工程价款调整的因素、方法、程序、支付及时间作具体约定。

7. 索赔条款

在合同中还应约定索赔与现场签证的程序、金额确定与支付时间、发生工程价款争议的解决方法及时间等。

8. 竣工支付与最终支付

在合同中还应对工程竣工价款结算的编制与核对、支付及时间进行约定,对工程质量保修金的数额、预扣方式及时间进行约定。

【案例 5-4】

背景材料 某房地产开发公司投资建设一幢写字楼,钢筋混凝土大空间结构,设计项目已明确,功能布局及工程范围都已确定,业主为缩短建设周期,施工图设计未完成时就进行了招标,确定了总承包单位。

业主与承包商在签订施工合同时,施工图设计还未完成,工程量难以确定。为减少双方风险,双方经协商决定采用总价合同形式签订施工合同。

合同条款中有下列规定:

(1)为确保工程如期竣工,乙方不得以甲方的资金暂时不到位而停工和拖延工期。

(2)甲方向乙方提供施工场地的工程地质和地下主要管网线路资料,供乙方参考使用。

(3)为加快工程进度,在征得业主同意的前提下,允许承包商将工程结构主体的一部分分包给其他单位。

问题:

(1)业主与施工单位选择总价合同是否妥当?为什么?

(2)你认为可以选择何种计价方式的合同?为什么?

(3)合同条款中有哪些不妥之处?

(4)违法分包行为主要有哪些?

解答:

(1)选择总价合同形式不妥当。因为施工图设计未完成,工程量没法确定,工程价格随工程量的变化而变化,合同总价无法确定,双方风险都较大。

(2)可采用纯单价合同。因为施工图尚不完备,可根据工程范围和工作内容列出各分项工程内容和工作项目一览表,暂不提供工程量,承包商只要给出表中各项目的单价即可。结算时,按实际完成的工程量和合同上的单价计算。

(3)该合同存在的不妥之处有:

①第1条“乙方不得以甲方的资金暂时不到位而停工和拖延工期”显失公平,应说明甲方资金不到位在什么期限内乙方不得停工和拖延工期,且应规定逾期支付的利息如何计算;

②第2条“供乙方参考使用”不妥,应修改为“保证资料真实、准确,作为乙方现场施工的依据”;

③第3条“允许将工程主体结构的一部分分包给其他单位”不妥,应修改为“不允许将建设工程主体结构的施工分包给其他施工单位”。

(4)违法分包行为主要有:

①施工总承包单位将建设工程分包给不具备相应资质条件的单位;

②建设工程总承包合同中未约定,又未经建设单位认可,承包单位将其承包的部分建设工程交由其他单位完成的;

③施工总承包单位将建设工程主体结构的施工分包给其他单位的;

④分包单位将其分包的建设工程再分包的。

思考题与习题

1. 简述建设工程项目公开招标的程序。
2. 简述招标投标阶段工程造价管理的内容。
3. 简述招标文件编制过程中工程量清单的编制方法。
4. 简述《计价规范》中有关招标控制价的相关规定。
5. 简述投标报价的原则、依据和工作步骤。
6. 简述工程量清单计价模式投标报价的计算步骤。
7. 投标报价可以采取哪些策略?
8. 不平衡报价策略适用于哪些情况?
9. 采用多方案报价与增加备选方案的报价策略时应注意哪些问题?
10. 简述评标的程序和方法。
11. 简述建设工程施工合同的类型。
12. 总价合同、单价合同、成本加酬金合同分别适用于哪类工程项目?
13. 实行工程量清单计价的工程宜采用什么合同类型?
14. 招标投标过程中可以选择哪些施工合同形式?
15. 施工合同签订过程中有关价款的确定与支付方面应注意哪些问题?
16. 背景资料　某工程采用框架－剪力墙结构,某承包商通过资格预审后,通过对招标文件的研究,发现业主提出的工期要求过于苛刻,且规定每拖延一天工期罚合同价的1‰。若要保证按期完成,必须采取特殊措施,从而又增加了成本。所以,该承包商在投标文件中提出业主的工期要求难以实现,于是按自己认为的合理工期(比业主要求的工期增加4个月)编制施工进度计划,并据此报价,还建议将框架－剪力墙结构改为框架结构,并对这两种结构体系进行了技术经济分析和比较,证明框架结构能保证结构体系的安全性,可提高空间利用的灵活性,同时降低造价约2%。该承包商将投标文件封装,在封口处加盖本单位公章和项目经理签字后,在投标截止日期前一天上午将投标文件报送业主。在投标截止日期当天下午,在规定的开标时间前1 h,该承包商又递交了一份补充资料,其中声明将原报价降低3%。但招标单位以一个承包商不能递交两份投标文件为由,拒收承包商的补充资料。

开标会由市招标办的工作人员主持,市公证处有关人员到会,各投标单位代表均到场。开标前,市公证处人员对各投标单位的资质进行审查,并对所有投标文件进行审查,确定所有投标文件均有效后,正式开标。主持人宣读投标单位名称、投标价格、投标工期和有关投标文件的重要说明。

问题:

(1)该承包商运用了哪几种报价技巧?运用是否得当?

(2)从背景资料来看,在该项目招标程序中存在哪些问题?请分别简单说明。

17. 背景资料　某工程采用公开招标方式,有A、B、C、D、E、F六家单位参加投标,经资格预审,六家单位均满足业主要求。该工程采用两阶段评标法评标,评审的具体规定如下:

(1)第一阶段评技术标。

技术标共计30分,其中施工方案10分,总工期10分,项目班子施工经验5分,企业信誉5分。

技术标合计得分不满28分者,不再评其商务标。

表5-25为各投标人所报的工期汇总。工期评分原则是满足业主工期要求20个月者得5分,每提前1个月加1分,最多加至10分,工期超过20个月不得分。

表5-25　各投标人所报的工期汇总　(单位:月)

投标单位	A	B	C	D	E	F
工期	17	18	18	16	17	16

表5-26为各投标人施工方案、项目班子施工经验、企业信誉得分汇总。

表5-26　各投标人施工方案、项目班子施工经验、企业信誉得分汇总

投标单位	施工方案	项目班子施工经验	企业信誉
A	8.7	4.5	4.5
B	9.3	4.0	4.5
C	8.5	3.5	3.0
D	7.8	4.0	4.5
E	8.0	4.5	4.0
F	7.6	3.5	3.5

(2)第二阶段评商务标。

商务标共计70分。以投标人报价的算术平均值为基准价，但最高（或最低）报价高于（或低于）次高（或次低）报价的10%者，在计算投标人报价的算术平均值时不予考虑，且商务标得分为30分。

以基准价为满分（70分），报价比基准价每下降1%，扣1分，最多扣10分；报价比基准价每增加1%，扣2分，扣分不保底。

表5-27为各投标人的报价汇总。

表5-27　各投标人的报价汇总　　（单位：万元）

投标单位	A	B	C	D	E	F
报价	3 820	4 090	4 130	3 960	3 880	3 905

问题：

请按综合得分最高者中标的原则确定中标单位（计算结果保留两位小数）。

18. 背景资料　某市遭遇非典疫情，疫情蔓延很快，原有医院已不能容纳日益增多的患者，市政府决定在市郊建一所专门收治非典患者的医院。因疫情紧急，要求该医院尽快投入使用，建设单位邀请本市三家有医院施工经验的一级施工资质企业竞标，考虑到该项目的设计与施工必须同时进行，采用了成本加酬金的合同形式，最终选择了一家施工企业，签订了施工合同，按实际工程成本的15%的酬金进行结算，合同工期为50天。

该施工企业签订施工合同后，因工期较紧立即开始施工，工程实施过程中成本增加近200万元，建设单位要求施工单位承担相关的经济责任。

问题：

（1）该工程采用成本加酬金合同是否合适？说明理由。

（2）该项目实际成本突破了投资计划，其成本增加的风险应由谁来承担？为什么？

（3）采用成本加酬金合同有何不足之处？

第六章　建设项目施工阶段的工程造价控制

【学习目标】

1. 掌握工程变更的确认、处理及变更后合同价款的确定，工程索赔程序与计算；工程备料款的预付与扣回；工程款的支付与结算方法。

2. 熟悉工程变更产生的原因与内容；熟悉索赔的概念，处理索赔的原则、程序及有关规定，索赔证据和文件，常见的索赔内容；熟悉投资偏差分析的方法、偏差产生的原因。

3. 了解 FIDIC 条件下的工程变更、索赔、工程款的支付与结算，了解项目资金计划的编制方法。

【能力要求】

1. 能根据工程实际情况确认工程变更，会分析工程变更产生的原因，并能确定变更后合同价款。

2. 能运用工程索赔知识处理索赔事件，会写索赔报告，会计算工程索赔工期和索赔费用。

3. 能运用工程款结算方法编制工程进度款结算和竣工结算。

4. 能运用投资偏差分析方法分析工程投资偏差产生的原因。

第一节　建设项目施工与工程造价的关系

一、概述

每个建设项目都是从设想、策划开始，进而通过可行性研究、论证决策、计划立项之后，进入项目设计和施工阶段，直至竣工验收交付使用或生产运营，经历一个较长的建设期。在整个建设期内，由于项目的性质和特点不同，整个过程所需的时间也不完全相同。在这个过程中，各阶段各个环节的工作彼此相互联系，承前启后，有其内在的规律。在长期的工程建设实践过程中，人们对这种活动规律总结概括为建设程序。

建设项目经批准开工，项目便进入施工阶段，这是项目决策实施、建成投产发挥效益的关键环节。工程施工是使工程设计意图最终实现并形成工程实体的阶段，也是最终形成工程产品质量和工程使用价值的重要阶段。

在整个建设阶段，从投资的角度分析项目各阶段投入的资金（见图6-1）。从图6-1中可以清楚地看到，施工阶段投入的资金量最大，如何让这些资金真正落到实处，体现投资的价值，势必要加强施工阶段的工程造价控制。

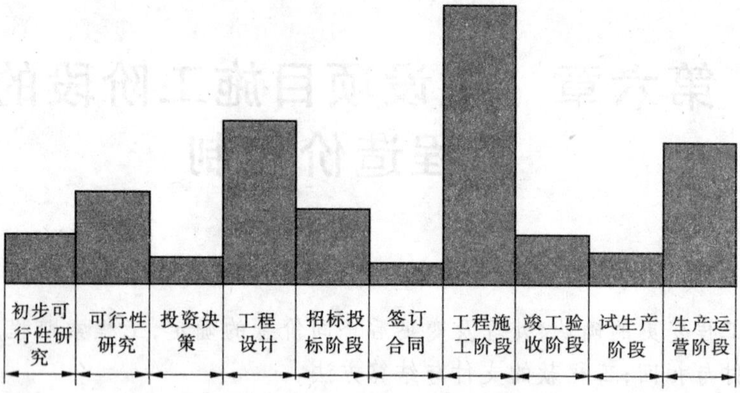

图6-1　项目各阶段投入资金示意图

二、施工阶段造价控制的方法

施工阶段是工程造价的实现阶段，影响施工阶段工程造价的因素有很多，主要有地质条件、物价、工程量以及气候。物价的变化不是以人的意志为转移的，是人力所不能控制的，气候的变化一般情况下也是有规律的，唯有工程量的变化大多来源于工程变更。工程变更的多少直接决定了施工阶段工程造价的变化数量，所以施工阶段造价控制的重点应该是工程变更。

如何处理好施工阶段工程变更，要从业主或监理人和承包商双方入手，作为监理人或业主应该按照《建筑工程施工合同（示范文本）》的规定，进行严格审批、管理和控制，杜绝不合理和不必要的变更，而且设计变更一定要在施工前进行，避免施工后才变更的现象。作为承包商要抓好各个环节的成本控制工作，如人工、材料、机械、变更的签证、工程的索赔等。具体控制方法如下。

（一）业主或监理人的控制方法

（1）对工程变更进行严格的审批。工程变更必须建立在本工程的范围之内，否则就不能称为工程变更。

（2）要做好施工图会审工作。施工图是工程施工的直接依据，所以图纸会审是监理单位、设计单位和施工单位进行质量控制和造价控制的重要手段。

（3）要根据施工阶段复杂多变的特点，从经济、技术、组织等方面采取控制措施。经济措施就是要从经济上对成本进行动态管理，严格审核各项费用支出，采取对节约成本的奖励措施等；技术措施就是要对多种施工方案进行技术选择；组织措施就是要有明确的组织结构，有专人负责和明确管理职能分工。

（二）承包商的控制方法

施工阶段是一个经投入资源和条件的成本控制（事前控制）进而对施工过程及各环节进行人工、材料、机械控制（事中控制），直至对所完成的工程产品的质量检验与控制（事后控制）的全过程、全面、全员的系统控制过程，也是工程项目成本控制的重点。

第二节　工程变更与合同价调整

一、概述

(一)工程变更的概念

由于工程建设的周期长,涉及的经济关系和法律关系复杂,受自然条件和客观因素的影响大,因此项目的实际情况与项目招标投标时的情况相比会发生一些变化。如发包人修改项目计划对项目有了新要求,因设计错误而对图纸的修改,施工条件变化,政府对建设项目有了新要求等。因此,工程的实际施工情况与招标投标时的工程情况相比也会发生一些变化,这就发生了工程变更。

工程变更常常会导致工程量变化、施工进度变化等情况,都有可能使项目实际造价超出原来的预算造价,因此必须严格控制、密切注意其对工程造价的影响。

(二)工程变更的分类

工程变更包括设计变更、工程项目变更(如发包人提出增加或者删减原项目内容)、进度计划变更、施工条件变更等。

如果按照变更的起因划分,变更的种类有很多,如发包人的变更指令(包括发包人对工程有了新的要求、发包人修改项目计划、发包人削减预算、发包人对项目进度有了新的要求等);设计错误,必须对设计图纸作修改;工程环境变化;有了新的技术和知识,有必要改变原设计、实施方案或实施计划;法律法规或者政府对建设项目有了新的要求等。当然,这样的分类并不是十分严格的,变更原因也不是相互排斥的。这些变更往往需经设计发出相应图纸和说明后方可变更,即最终表现为设计变更。因此,考虑到设计变更在工程变更中的重要性,往往将工程变更分为设计变更和其他变更两大类。

1.设计变更

能够构成设计变更的事项一般包括以下变更:

(1)更改有关部分的标高、基线、位置和尺寸。

(2)增减合同中约定的工程量。

(3)改变有关工程的施工时间和顺序。

(4)其他有关工程变更需要的附加工作。

2.其他变更

合同履行中发包人要求变更工程质量标准及发生其他实质性变更,由双方协商解决。

(三)工程变更的处理要求

(1)如果出现了必须变更的情况,应当尽快变更。变更既然已不可避免,不论是停止施工等待变更指令,还是继续施工,无疑都会增加损失。

(2)工程变更后,应当尽快落实变更。工程变更指令发出后,应当迅速落实指令,全面修改相关的各种文件。承包人也应当抓紧落实,如果承包人不能全面落实变更指令,则扩大的损失应当由承包人承担。

(3)对工程变更的影响应当作进一步分析。工程变更的影响往往是多方面的,影响持续的时间也往往较长，对此应当有充分的分析。

二、我国现行施工合同条件下的工程变更

（一）工程变更的范围和内容

在履行合同中发生以下情形之一的，经发包人同意，监理人可按合同约定的变更程序向承包人发出变更批示：

（1）取消合同中任何一项工作，但被取消的工作不能转由发包人或其他人实施，此项规定是为了维护合同公平，防止某些发包人在签约后擅自取消合同中的工作，转由发包人或其他承包人实施而使本合同承包人蒙受损失。如发包人将取消的工作转由自己或其他人实施，构成违约，按照《中华人民共和国合同法》的规定，发包人应赔偿承包人损失。

（2）改变合同中任何一项工作的质量或其他特性。

（3）改变合同工程的基线、标高、位置或尺寸。

（4）改变合同中任何一项工作的施工时间或改变已批准的施工工艺或顺序。

在履行合同过程中，经发包人同意，监理人可按约定的变更程序向承包人作出变更指示，承包人应遵照执行。没有监理人的变更指示，承包人不得擅自变更。

（二）工程变更的程序

在合同履行过程中，监理人发出变更指示包括监理人认为可能要发生变更的情形、监理人认为发生了变更的情形、承包人认为可能要发生变更的情形三种。

1. 监理人认为可能要发生变更的情形

在合同履行过程中，对可能发生变更情形的，监理人可向承包人发出变更意向书。变更意向书应说明变更的具体内容和发包人对变更的时间要求，并附必要的图纸和相关资料。变更意向书应要求承包人提交包括拟实施变更工作的计划、措施和竣工时间等内容的实施方案。发包人同意承包人根据变更意向书后认为难以实施此项变更，应立即通知监理人，说明原因并附详细依据。监理人与承包人和发包人协商后撤销、改变或不改变原变更意向书。

2. 监理人认为发生了变更的情形

在合同履行过程中，发生合同约定变更情形的，监理人应向承包人发出变更指示。变更指示应说明变更的目的、范围、内容、工程量及其进度和技术要求，并附有关图纸和文件。承包人收到变更指示后，应按变更指示进行变更工作。

3. 承包人认为可能要发生变更的情形

承包人收到监理人按合同约定发出的图纸和文件，经检查认为其中存在变更情形的，可向监理人提出书面变更建议。变更建议应阐明要求变更的依据，并附必要的图纸和说明。监理人收到承包人书面建议后，应与发包人共同研究，确认存在变更的，应在收到承包人书面建议后的 14 天内作出变更指示。经研究后不同意作为变更的，应由监理人书面答复承包人。

无论何种情况确认的变更，变更指示都只能由监理人发出。变更指示应说明变更的目的、范围、内容、工程量及其进度和技术要求，并附有关图纸和文件。承包人收到变更指示后，应按变更指示进行变更工作。

(三)变更后合同价款的确定

(1)设计变更发生后,承包人在工程变更确定后 14 天内,提出变更工程价款的报告,经监理人确认后调整合同价款。变更合同价款按下列方法进行:

①合同中已有适用于变更工程的价格,按合同已有的价格变更合同价款;

②合同中只有类似于变更工程的价格,可以参照类似价格变更合同价款;

③合同中没有适用或类似于变更工程的价格,由承包人提出适当的变更价格,经监理人确认后执行。

(2)承包人在双方确定变更后 14 天内不向监理人提出变更工程价款报告时,视为该项变更不涉及合同价款的变更。

(3)监理人应在收到变更工程价款报告之日起 14 天内予以确认,监理人无正当理由不确认时,自变更工程价款报告送达之日起 14 天后视为变更工程价款报告已被确认。

因此,在变更发生后,变动部分单价的确定,首先应当考虑采用合同中已有的、能够适用或者能够参照适用的分项单价,其原因在于合同中已经订立的价格(一般是通过招标投标)是较为公平合理的,所以应当尽量采用。由承包人提供新的变更价格,监理人如果能够确认,则按照这一价格执行。监理人如果不确认,则应当提出新的价格,由双方协商,按照协商一致的价格执行。如果无法协商一致,可以由工程造价管理机构调解,如果双方或者一方无法接受,则应当按照合同约定的争议解决方式进行处理。

三、FIDIC 合同条件下的工程变更

(一)工程变更

根据 FIDIC 施工合同条件规定,在颁发工程接收证书前的任何时间,工程师在业主授权范围内根据施工现场的实际情况,在认为有必要时通过发布变更指令或以要求承包商递交建议书的任何一种方式提出变更。

工程师在业主授权范围内根据施工现场的实际情况,在确属需要时有权发布变更指令。指令的内容应包括详细的变更内容、变更工程量、变更项目的施工技术要求和有关部门文件与图纸,以及变更处理的原则。

(二)工程变更的范围

(1)改变合同中任何工作的工程量。合同实施过程中出现实际工程量与招标文件提供的“工程量清单”不符,工程量按实际计量的结果,单价在双方合同专用条款内约定。为了便于合同管理,当事人双方应在专用条款内约定工程量变化较大时可以调整单价的百分比(视工程具体情况,可在 15% ~25% 范围内确定)。

(2)任何工作质量或其他特性的变更,如提高或降低质量标准。

(3)工程任何部分标高、位置和尺寸的改变。

(4)删减任何合同约定的工作内容。取消的工作应是不再需要的工作,不允许用变更指令的方式将承包范围内的工作变更给其他承包商实施。

(5)改变原定的施工顺序或时间安排。

(6)新增工程作单独合同处理。这种新增工程应是与合同工作范围性质一致的新增工作内容,而且不应以变更指令的形式要求承包人使用超过其目前正在使用或计划使用

的施工设备范围去完成新增工程。除非承包人同意此项工作按变更对待，一般应将新增工程作为一个单独的合同来处理。

（三）变更程序

（1）工程师将计划变更事项通知承包商，并要求承包商实施变更建议书。

（2）承包商应尽快予以答复。承包商依据工程师的指示递交实施变更的说明。其内容包括对将要实施的工作的进度计划以及说明、根据合同规定对进度计划和竣工时间作出必要修改的建议、对变更估价的建议、提出变更费用和工期顺延的要求。若承包商由于非自身原因无法执行此项变更，应立刻通知工程师。

（3）工程师作出是否变更的决定，应尽快通知承包商。

在此过程中应注意以下几点问题：

①承包商在等待答复期间，不应延误任何工作。

②工程师发出每一项实施变更的指令，应要求承包商记录支出的费用。

③承包商提出的变更建议书，只能作为工程师决定是否实施变更的参考。除工程师做出指示或批准以总价方式支付的情况外，每一项变更应依据计量工程量进行估价和支付。

（四）变更估价

工程师对每一项工作的估价应与合同双方协商并尽力达成一致。如果未能达成一致，工程师应按照合同规定在考虑实际情况后作出公正的决定。工程师应将每一项协议或决定向每一方发出通知，并附有具体的证明材料。

1. 变更估价的原则

（1）变更工作在工程量表中有同种工作内容的单价，以该单价计算变更工程费用。

（2）工程量表中虽列有同类工作的单价或价格，但对具体变更工作而言已不适用，则应在原单价或价格的基础上制定合理的新单价或价格。

（3）变更工作的内容在工程量表中没有同类工作的单价或价格，应按照与合同单价或价格相一致的原则确定新的单价或价格。

2. 可以调整合同工作单价的原则

具备以下条件时，允许对某一项工作的单价或价格加以调整：

（1）此项工作实际测量的工程量比工程量表或其他报表中规定的工程量的变动大于10%。

（2）工程量的变更与对该项工作规定的具体单价的乘积超过了接受的合同款额的0.01%。

（3）由此工程量的变更直接造成该项工作每单位工程量费用的变动超过1%。

3. 删减原定工作后对承包商的补偿

工程师发布删减工作的变更指令后承包商不再实施部分工作，合同价格中包括的直接费部分没有受到损失，但摊销在该部分的间接费、利润和税金则实际上不能合同回收。因此，承包商可以就其损失向工程师发出通知并提供具体的证明资料，工程师与合同双方协商后确定一笔补偿金额加入到合同价内。

第三节　工程索赔

一、工程索赔的概念、原因和分类

（一）工程索赔的概念

工程索赔是在工程承包合同履行中，当事人一方因另一方不履行或不完全履行合同所规定的义务，或出现了应当由对方承担的风险而遭受损失时，向另一方提出赔偿要求的行为。工程索赔是双向的，既包括承包人向发包人提出的索赔，也包括发包人向承包人提出的索赔。我国《建设工程施工合同示范文本》中通用条款中的索赔就是双向的。但在工程实践中，发包人索赔数量较小，而且处理方便，可以通过冲账、扣拨工程款、扣保证金等实现对承包人的索赔；而承包人对发包人的索赔则比较困难一些。通常情况下，索赔是指承包人（施工单位）在合同实施过程中，对非自身原因造成的损失而要求发包人给予补偿的一种权利要求。

工程索赔属于经济补偿行为，而不是惩罚。它有较广泛的含义，可以概括为以下三个方面：

（1）一方违约使另一方蒙受损失，受损方向对方提出赔偿损失的要求。

（2）发生应由发包人承担责任的特殊风险或遇到不利的自然灾害等情况，使承包人蒙受了较大损失而向发包人提出补偿损失要求。

（3）承包人本应当获得的正当利益，由于没能及时得到监理人的确认和发包人应给予的支付，而以正式函件向发包人索赔。

（二）工程索赔产生的原因

1. 当事人违约

当事人违约是指当事人没有按照合同约定履行自己的义务。当事人违约有发包人违约、承包人违约。

1）发包人违约

根据我国《建设工程施工合同（示范文本）》规定，发包人应按专用条款约定的内容完成以下工作：

（1）在合同约定的期限内办理土地征用、房屋拆迁、平整施工场地等工作，使施工场地具备施工条件。

（2）将施工所需水、电、电信线路从施工场地外部接至专用条款约定地点，并保证施工期间的需要。

（3）开通施工场地与城乡道路的通道以及施工场地内的主要交通干道，满足施工运输的需要，并保证施工期间的畅通。

（4）向承包人提供施工场地的工程地质和地下主要管网线路资料，对提供数据的真实性、准确性负责。

（5）办理施工所需各种证件、批件和对临时用地、停水、停电、占道等申请批准手续。

（6）将水准点与坐标控制点以书面形式交给承包人。

(7)组织有关单位和承包人进行图纸会审和设计交底。

(8)协调处理施工现场周围地下管线和邻近建筑物、构筑物、古树名木的保护，承担有关费用。

(9)合同约定的其他工作。发包人可以将部分工作委托承包人办理，双方在专用条款中约定，其费用由发包人承担。发包人未按合同约定完成各项义务，未按合同约定的时间和数额支付工程款导致施工无法进行，或发包人无正当理由不支付竣工结算价款等，发包人承担违约责任，赔偿因其违约给承包人造成的经济损失，顺延延误的工期。双方在合同专用条款内约定赔偿损失的计算方法或发包人支付违约金的数额或计算方法。

2)承包人违约

根据我国《建设工程施工合同(示范文本)》的规定，承包人应按专用条款约定的内容完成以下工作：

(1)根据发包人委托，在其设计资质等级和业务允许范围内，完成施工图设计或与工程配套的设计，经工程师确认后使用，发包人承担由此发生的费用。

(2)向工程师提供年、季、月度工程进度计划及相应进度统计报表。

(3)根据工程需要，提供和维修非夜间施工使用照明、围栏设施，并负责安全保卫。

(4)按专用条款约定的数量和要求，向发包人提供施工场地办公和生活的房屋及设施，发包人承担由此发生的费用。

(5)遵守政府有关主管部门对施工场地交通、施工噪声以及环境保护和安全生产等的管理规定，按规定办理手续，并以书面形式通知发包人，发包人承担由此发生的费用，因承包人责任造成的罚款除外。

(6)竣工工程未交付发包人之前，承包人按专用条款约定负责已完工程的保护工作，保护期间发生损坏，承包人自费予以修复，发包人要求承包人采取特殊措施保护的工程部位和相应的追加合同价款，双方应在专用条款内约定。

(7)按专用条款约定做好施工场地地下管线和邻近建筑物、构筑物、古树名木的保护工作。

(8)保证施工场地清洁，符合环境卫生管理的有关规定，交工前清理现场，达到专用条款约定的要求，承担因自身原因违反有关规定造成的损失和罚款。

(9)双方在专用条款中约定的其他工作。承包人未能履行各项义务、未能按合同约定的期限和规定的质量完成施工，或者由于不当的行为给发包人造成损失，承包人承担违约责任，赔偿因其违约给发包人造成的损失，双方在合同专用条款内约定赔偿损失的计算方法或承包人支付违约金的数额或计算方法。

2. 不可抗力事件或不利的物质条件

不可抗力事件是指当事人在订立合同时不能预见、对其发生和后果不能避免也不能克服的事件，包括自然事件和社会事件。自然事件主要是工程施工过程中不可避免并不能克服的自然灾害，包括地震、海啸、瘟疫、水灾等；社会事件包括国家政策、法律、法令的变更，战争、罢工等。不利的物质条件通常是指承包人在施工现场遇到的不可预见的自然物质条件、非自然物质条件、非自然的物质障碍和污染物，包括地下和水文条件。

3. 合同变更

合同变更表现为设计变更、追加或取消某些工作、施工方法变更、合同规定的其他变更等。

4. 合同缺陷

合同缺陷指合同文件规定不严谨或有矛盾，合同中有遗漏或错误。

合同文件应能相互解释，互为说明。当合同文件内容不一致时，除专用条款另有约定外，合同文件的优先解释顺序为：

(1)合同协议书；

(2)合同专用条款；

(3)中标通知书；

(4)投标书及其附件；

(5)合同通用条款；

(6)标准、规范及有关技术文件；

(7)图纸；

(8)工程量清单；

(9)工程报价单或预算书。

当合同文件内容含糊不清时，在不影响工程正常进行的情况下，由发承包双方协商解决，双方也可以提请工程师作出解释。双方协商不成或不同意工程师解释时，按争议约定处理。

由于合同文件缺陷导致承包人费用增加和工期延长，发包人给予补偿。

5. 工程师不当行为

(1)工程师发出的指令有误。

(2)工程师未按合同规定及时向承包人提供指令、批准、图纸或未履行其他义务。

(3)工程师对承包人的施工组织进行不合理干预，对施工造成影响。

从施工合同的角度看，工程师的不当行为给承包人造成的损失由业主承担。

6. 其他第三方原因

在施工合同履行中，需要有多方面的协助和协调，与工程有关的第三方的问题会给工程带来不利影响。

(三)工程索赔的分类

工程索赔依据不同的标准可以进行不同的分类。

1. 按索赔涉及当事人分类

每一项索赔工作都涉及两方面的当事人，即要求索赔者和被索赔者。由于每项索赔的提出者和对象不同，索赔形式也不同，常见的有承包商与业主之间的工程索赔、总承包商与分包商之间的工程索赔、承包人与供货商之间的工程索赔。

1)承包商与业主之间的工程索赔

这是承包施工中最普遍的索赔形式。在工程施工索赔中，最常见的是承包商向业主提出的工期索赔和费用索赔，有时业主也向承包人提出费用索赔的要求。

2)总承包商与分包商之间的工程索赔

总承包商是向业主承担全部合同责任的签约人,其中包括分包商向总承包商所承担的那部分合同责任。

总承包商和分包商按照他们之间所签订的分包合同,都有向对方提出索赔的权利,以维护自己的利益,获得额外开支的经济补偿。

分包商向总承包商提出的索赔要求,经过总承包商审核后,凡是属于业主方面责任范围内的事项,均由总承包商汇总加工后向业主提出;凡是属于总承包商责任范围内的事项,则由总承包商同分包商协商解决。有的分包合同规定:所有的属于分包合同范围内的索赔,只有当总承包商从业主方面取得索赔款后,才拨付给分包商。这是对总承包商的保护性条款,在签订分包合同时,应由签约双方具体商定。

3)承包人与供货商之间的工程索赔

承包商在中标以后,根据合同规定的机械设备和工期要求,向设备制造商或材料供应商询价订货,签订供货合同。

供货合同一般规定供货商提供设备的型号、数量、质量标准和供货时间等具体要求。如果供货商违反供货合同的规定,使承包商受到经济损失,承包商有权向供货商提出索赔;反之亦然。

承包商与供货商之间的索赔一般称为商务索赔,以区别于承包商与业主之间的施工索赔。无论是施工索赔还是商务索赔,都属于工程承包施工的索赔范围。

2.按索赔依据分类

按索赔的合同依据可将工程索赔分为合同规定的索赔和非合同规定的索赔。

1)合同规定的索赔

合同规定的索赔是指承包人所提出的索赔要求,其涉及的内容在合同文件中有文字规定的合同条款。现行的《建设工程施工合同(示范文本)》中就有具体规定。

2)非合同规定的索赔

此项索赔内容和权利虽然在工程合同条款中没有专门的文字叙述,但可以根据该合同某些条款的含义,推论出承包人有索赔权。这种索赔要求,同样具有法律效力,有权得到相应的经济补偿。

3.按索赔目的分类

按索赔目的可以将工程索赔分为工期索赔和费用索赔。

1)工期索赔

由于非承包人责任的原因而导致施工进程延误,要求批准顺延合同工期的索赔,称为工期索赔。工期索赔形式上是对权利的要求,以避免在原定合同竣工日不能完工时,被发包人追究拖期违约责任。一旦获得批准合同工期顺延后,承包人不仅免除承担拖期违约赔偿费的严重风险,而且可能因提前工期得到奖励,最终仍反映在经济收益上。

2)费用索赔

费用索赔的目的是要求经济补偿。当施工的客观条件改变导致承包人增加开支时,要求对超出计划成本的附加开支给予补偿,以挽回不应由承包人承担的经济损失。

4. 按索赔事件性质分类

按索赔事件性质可以将工程索赔分为工程变更索赔、工程延误索赔、合同被迫终止索赔、工程加速索赔、意外风险和不可预见因素索赔及其他索赔。

1）工程变更索赔

工程变更索赔是由于发包人或监理人指令增加或减小工程量或增加附加工程、修改设计、变更工程顺序等，造成工期延长和费用增加，承包人对此提出的索赔。

2）工程延误索赔

工程延误索赔是因发包人未按合同要求提供施工条件，如未及时交付设计图纸、施工现场、道路等，或因发包人指令工程暂停或不可抗力事件等造成工期拖延的，承包人对此提出的索赔。这是工程中常见的一类索赔。

3）合同被迫终止索赔

合同被迫终止索赔是由于发包人或承包人违约以及不可抗力事件等原因造成合同非正常终止，无责任的受害方因其蒙受经济损失而向对方提出的索赔。

4）工程加速索赔

工程加速索赔是由于发包人或监理人指令承包人加快施工进度，缩短工期，引起承包人的人、财、物的额外开支而提出的索赔。

5）意外风险和不可预见因素索赔

意外风险和不可预见因素索赔是在工程实施过程中，因人力不可抗拒的自然灾害、特殊风险以及一个有经验的承包人通常不能合理预见的不利施工条件或外界障碍（如地下水、地质断层、溶洞、地下障碍物等）引起的索赔。

6）其他索赔

其他索赔是由于货币贬值、汇率变化、物价上涨、政策法令变化等原因引起的索赔。

二、工程索赔的处理程序

（一）工程索赔程序

1. 我国现行的建设工程索赔处理程序

合同当事人一方向另一方提出索赔，应有正当的索赔理由和有效证据，并应符合合同的相关约定。发包人未能按合同约定履行自己的各项义务或发生错误以及应由发包人承担责任的其他情况，造成工期延误和（或）承包人不能及时得到合同价款及承包人的其他经济损失，承包人可以书面形式向发包人提出索赔。

1）工程索赔处理程序和要求

根据《计价规范》规定，承包人索赔按下列程序处理：

（1）承包人在合同约定的时间内向发包人递交费用索赔意向通知书。

（2）发包人指定专人收集与索赔有关的资料。

（3）承包人在合同约定的时间内向发包人递交费用索赔申请表。

（4）发包人指定专人初步审查费用索赔申请表，符合合同约定条件并持有正当的理由和有效证据时予以受理。

（5）发包人指定专人进行费用索赔核对，经造价工程师复核索赔金额后，与承包人协商确定并由发包人批准。

(6)发包人指定的专人应在合同约定的时间内签署费用索赔审批表,或发出要求承包人提交有关索赔的进一步详细资料的通知,待收到承包人提交的详细资料后,按第(4)、(5)步的程序进行。

2)承包人向发包人提出索赔的规定

承包人向发包人提出索赔应在索赔事件发生后,持证明索赔事件发生的有效证据和依据正当的索赔理由,按合同约定的时间向发包人提出索赔。发包人应按合同约定的时间对承包人提出的索赔进行答复和确认。当发承包双方在合同中对此未作出具体约定时,按以下规定办理:

(1)承包人应在确认引起索赔的事件发生后 28 天内向发包人发出索赔通知;否则,承包人无权获得追加付款,竣工时间不得延长。承包人应在现场或发包人认可的其他地点,保持证明索赔可能需要的记录。发包人收到承包人的索赔通知后,未承认发包人责任前,可检查记录保持情况,并可指示承包人保持进一步的同期记录。

(2)在承包人确认引起索赔的事件 42 天内,承包人应向发包人递交一份详细的索赔报告,包括索赔的依据、要求追加付款的全部资料。如果引起索赔的事件具有连续影响,承包人应按月递交进一步的中间索赔报告,说明累计索赔的金额。

(3)承包人应在索赔事件产生影响结束后 28 天内,递交一份最终索赔报告。

(4)发包人在收到索赔报告后 28 天内应作出回应,表示批准或不批准并附具体意见,还可以要求承包人提供进一步的资料,但仍要在上述期限内对索赔作出回应。发包人在收到最终索赔报告后的 28 天内,未向承包人作出答复,视为该项索赔报告已经认可。

3)发包人向承包人提出索赔的规定

发包人向承包人提出索赔时,同样应在索赔事件发生后,持证明索赔事件发生的有效证据和依据正当的索赔理由,按合同约定的时间向承包人提出索赔。当合同中对此未作出具体约定时,按以下规定办理:

(1)发包人应在确认引起索赔的事件发生后 28 天内向承包人发出索赔通知;否则,承包人免除该索赔的全部责任。

(2)承包人在收到发包人索赔报告后的 28 天内应作出回应,表示同意或不同意并附具体意见,若在收到索赔报告后的 28 天内,未向发包人作出答复,视为该项索赔报告已经认可。

2. FIDIC 合同条件规定的工程索赔程序

FIDIC 合同条件只对承包商的索赔作出了规定。

1)承包商发出索赔通知

如果承包商认为有权得到竣工时间的任何延长期和(或)任何追加付款,承包商应当向工程师发出通知,说明索赔的事件或情况。该通知应当尽快在承包商察觉或应当察觉事件或情况后 28 天内发出。如果承包商未能在 28 天期限内发出索赔通知,则竣工时间不得延长,承包商无权获得追加付款,而业主应免除有关该索赔的全部责任。

2)承包商递交详细的索赔报告

承包商在察觉或应当察觉事件或情况后 42 天内,或在承包商可能建议并经工程师认可的其他期限内,应当向工程师递交一份详细的索赔报告,包括索赔的依据、要求延长的时间和(或)追加付款的全部详细资料。

若引起工程索赔的事件或情况具有连续影响,则承包商应当每月递交一份中间索赔报告,说明累计索赔延误时间和金额,在工程索赔事件产生影响结束后28天内,递交一份最终索赔报告。

3)工程师答复

工程师在收到工程索赔报告或对过去索赔的任何进一步证明资料后42天内,或在工程师可能建议并经承包商认可的其他期限内作出回应,表示"批准"或"不批准"或"不批准并附具体意见"等处理意见。工程师应当商定或者确定应给予竣工时间的延长期及承包商有权得到的追加付款。

(二)工程索赔证据和索赔文件

1.索赔证据

任何索赔事件的确定,其前提条件是必须有正当的索赔理由。对正当索赔理由的说明必须有证据,因为索赔的进行主要是靠证据说话。没有证据或证据不足,索赔是难以成功的。这正如《建设工程施工合同(示范文本)》中所规定的,当合同一方向另一方提出索赔时,要有正当的索赔理由,且有索赔事件发生时的有效证据。

1)对索赔证据的要求

(1)真实性。索赔证据必须是在实施合同过程中确实存在和发生的,必须完全反映实际情况,能经得住推敲。

(2)全面性。所提供的证据应能说明事件的全过程。索赔报告中涉及的索赔理由、事件过程、影响、索赔值等都应有相应证据,不能零乱和支离破碎。

(3)关联性。索赔的证据应当能够互相说明,相互具有关联性,不能互相矛盾。

(4)及时性。索赔依据的取得及提出应当及时,符合合同约定。

(5)具有法律证明效力。索赔依据必须是书面文件,有关记录、协议、纪要必须是双方签署的;工程中重大事件、特殊情况的记录、统计必须由合同约定的监理人签字认可。

2)索赔证据的种类

(1)招标文件、施工合同文件及附件、经发包人认可的施工组织设计、工程图纸技术规范等。

(2)工程各项会议纪要。

(3)施工进度计划和具体的施工进度安排。

(4)施工现场的有关文件,如施工记录、施工备忘录、施工日记等。

(5)工程各项有关的设计交底记录、变更图纸、变更施工指令等。

(6)工程各项往来信件、指令、信函、通知、答复等。

(7)工程中电、水、道路开通和封闭的记录与证明。

(8)工程停水、停电和干扰事件影响的日期及恢复施工的日期。

(9)工程现场气候记录,如有关天气的温度、风力、雨雪等。

(10)工程有关施工部位的照片及录像等。

(11)建筑材料的采购、订货、运输、进场、验收、使用等方面的凭据。

(12)工程预付款、进度款拨付的数额及日期记录。

(13)工程检查验收报告和各种技术鉴定报告。

(14)国家和省级或行业建设主管部门有关影响工程造价、工期的文件、规定等。

2. 索赔文件

索赔文件是承包商向业主索赔的正式书面材料，也是业主审议承包商索赔请求的主要依据。索赔文件通常包括索赔通知、索赔报告、附件。

1)索赔通知(索赔信)

工程索赔信是一封承包人致业主的简短的信函。它主要说明索赔事件、索赔理由等。

2)索赔报告

索赔报告是工程索赔材料的正文，包括报告的标题、事实与理由、损失计算与要求赔偿金额及工期。

索赔报告的具体内容随该索赔事件的性质和特点而有所不同，一般来说，完整的索赔报告应包括以下四个部分。

(1)总论部分。

总论部分一般包括序言、索赔事项概述、具体索赔要求、索赔报告编写及审核人员名单。

文中首先应概要地论述索赔事件的发生日期与过程，施工单位为该索赔事件所付出的努力和附加开支，施工单位的具体索赔要求。在总论部分最后，附上索赔报告编写组主要人员及审核人员的名单，注明有关人员的职称、职务及施工经验，以表示该索赔报告的严肃性和权威性。总论部分的阐述要简明扼要，说明问题。

(2)根据部分。

本部分主要是说明自己具有的索赔权利，这是索赔能否成立的关键。根据部分的内容主要来自该工程项目的合同文件，并参照有关法律规定。该部分中施工单位应引用合同中的具体条款，说明自己理应获得经济补偿或工期延长。

一般来说，根据部分应包括索赔事件的发生情况、已递交索赔意向书的情况、索赔事件的处理过程、索赔要求的合同根据、所附的证据资料。

在写法结构上，按照索赔事件发生、发展、处理和最终解决的过程编写，并明确全文引用有关的合同条款，使建设单位和监理工程师能历史地、逻辑地了解索赔事件的始末，并充分认识到该项索赔的合理性和合法性。

(3)计算部分。

索赔计算的目的是以具体的计算方法和计算过程说明自己应得经济补偿的款额或延长时间。如果说根据部分的任务是解决索赔能否成立，则计算部分的任务就是决定应得到多少索赔款额和工期。前者是定性的，后者是定量的。

在款额计算部分，施工单位必须阐明下列问题：索赔款的要求总额；各项索赔款的计算，如额外开支的人工费、材料费、管理费和损失利润；指明各项开支的计算依据及证据资料，施工单位应注意采用合适的计价方法，至于采用哪一种计价方法，应根据索赔事件特点及自己所掌握的证据资料等因素来确定。另外，应注意每项开支款的合理性，并指出相应的证据资料的名称及编号。切忌采用笼统的计价方法和不实的开支款额。

(4)证据部分。

证据部分包括该索赔事件所涉及的一切证据资料,以及对这些证据的说明,证据是索赔报告的重要组成部分,没有翔实可靠的证据,索赔是不能成功的。在引用证据时,要注意该证据的效力或可信程度。为此,对重要的证据资料最好附以文字证明或确认文件。例如,对一个重要的电话内容,仅附上自己的记录是不够的,最好附上经过双方签字确认的电话记录;或附上发给对方要求确认该电话记录的函件,即使对方未给复函,亦可说明责任在对方,因为对方未复函确认或修改,按惯例应理解为已默认。

3)附件

附件包括详细计算书及工程索赔报告中列举事件的证明文件和证据。

三、工程索赔的处理原则和计算

(一)工程索赔的处理原则

1.索赔必须以合同为依据

不论索赔事件缘自于何种原因,在索赔处理中,都必须在合同中找到相应的依据。工程师必须对合同条件、协议条款等有详细的了解,以合同为依据来评价处理合同双方的利益纠纷。在不同的合同条件下,其依据可能是不同的。如由于不可抗力导致的索赔,在我国《建设工程施工合同(示范文本)》的合同条款中,承包人机械设备损坏的损失,是由承包人承担的,不能向发包人提出索赔,但在FIDIC合同条件下,不可抗力事件一般都列为业主承担的风险,损失都应当由业主承担。如果到了具体的合同中,各个合同的协议条款不同,其依据的差别就更大。

合同文件包括合同协议、图纸、合同条件、工程量清单及双方有关工程的洽商、变更、来往函件等。

2.及时合理地处理索赔

索赔事件发生后,索赔的提出应当及时,索赔的处理也应当及时。索赔处理的不及时,对双方都会产生不利的影响,如承包人的索赔长期得不到合理解决,可能会影响承包人的资金周转,从而影响施工进度,给双方都带来不利。处理索赔还必须坚持合理性原则,既要维护业主利益,又要照顾承包方实际情况;既要考虑国家的有关规定,也应当考虑工程的实际情况。如由于业主的原因造成工程停工,承包方提出索赔,机械停工损失按机械台班计算、人工窝工按人工单价计算,显然是不合理的。机械停工由于不发生运行费用,应按折旧费补偿;对于人工窝工,承包方可以考虑将工人调到别的工作岗位,实际补偿时可以按工人由于更换工作地点及工种造成的工作效率的降低而发生的费用补偿。这样根据工程实际情况处理索赔对双方都比较有利。

3.加强主动控制,减少工程索赔

对于工程索赔应当加强主动控制,尽量减少索赔。这就要求在工程管理过程中,应尽量做好事前控制,减少索赔事件的发生。如对可能引起的工程索赔进行预测,尽量采取一些预防措施避免工程索赔发生。尽可能地降低工程投资,减少施工工期。

（二）工程索赔的计算

1. 可索赔的费用

可索赔的费用包括以下几种。

1）人工费

人工费包括完成增加工作内容的人工费、停工损失费和工作效率降低的损失费等累计。其中，增加工作内容的人工费应按照计日工计算，而停工损失费和工作效率降低的损失费按窝工费计算，窝工费的标准双方应在合同中约定。

2）设备费

设备费可采用机械台班费、机械折旧费、设备租赁费等几种形式。当工作内容增加引起设备费索赔时，设备费的标准按照机械台班费计算。因窝工引起的设备费索赔，当施工机械属于施工企业自有时，按照机械折旧费计算索赔费用；当施工机械是施工企业从外部租赁时，索赔费用的标准按照设备租赁费计算。

3）材料费

可索赔的材料费主要包括：

（1）由于索赔事项导致材料实际用量超过计划用量而增加的材料费。

（2）由于客观原因导致的材料价格大幅度上涨。

（3）由于非承包人原因致使材料运杂费、采购与保管费用的上涨。

（4）由于非承包人责任使工程延误导致的材料价格上涨。

（5）由于非承包人原因致使额外低值易耗品使用等。

在以下两种情况下，承包人可提出材料费的索赔：

（1）由于业主或工程师要求追加额外工作、变更工作性质、改变施工方法等，造成承包人的材料耗用量增加，包括使用数量的增加和材料品种或种类的改变。

（2）在工程变更或业主延误时，可能会造成承包人材料库存时间滞延、材料采购滞后或采用代用材料等，从而引起材料单位成本的增加。

4）管理费

此项费用包括现场管理费和公司管理费两部分。

现场管理费是某单个合同发生的用于现场管理的总费用，一般包括现场管理人员的费用、办公费、通信费、差旅费、固定资产使用费、工具用具使用费、保险费、工程排污费、供热供水及照明费等。它一般占工程总成本的5%～10%。索赔费用中的现场管理费是指承包人完成额外工程、索赔事项工作以及工期延长、延误期间的工地管理费。在确定分析索赔费用时，有时把现场管理费具体又分为可变部分和固定部分。所谓可变部分，是指在延期过程中可以调到其他工程部分（或其他工程项目）上去的那部分人员和设施；所谓固定部分，是指施工期间不易调动的那部分人员或设施。

5）利润

对于不同性质的索赔，取得利润索赔的成功率是不同的。在以下几种情况下，承包人一般可以提出利润索赔：

（1）因设计变更等引起的工程量增加。

（2）施工条件变化导致的索赔。

(3)施工范围变更导致的索赔。

(4)合同延期导致机会利润损失。

(5)由于业主的原因终止或放弃合同带来预期利润损失等。

6)延期付款利息

发包人未按约定时间付款的，应按银行同期贷款利率支付迟延付款利息。

7)保函手续费

工程延期时，保函手续费相应增加；反之，取消部分工程且发包人与承包人达成提前竣工协议时，承包人的保函金额相应折减，则计入合同价内的保函手续费也应扣减。

8)保险费

在不同的索赔事件中可以索赔的费用是不同的。

根据《中华人民共和国标准施工招标文件》中通用合同条款的规定，可以合理补偿承包人的条款见表6-1；在FIDIC合同条件中，可以合理补偿承包商的条款见表6-2。

表6-1 《中华人民共和国标准施工招标文件》中通用合同条款规定的可以合理补偿承包人索赔的条款

序号	条款号	主要内容	可补偿内容		
			工期	费用	利润
1	1.10.1	施工过程中发现文物、古迹以及其他遗迹、化石、钱币或物品	√	√	
2	4.11.2	承包人遇到不利物质条件	√	√	
3	5.2.4	发包人要求向承包人提前交付材料和工程设备		√	
4	5.2.6	发包人提供的材料和工程设备不符合合同要求	√	√	√
5	8.3	发包人提供的基准资料错误导致承包人的返工或造成工程损失	√	√	√
6	11.3	发包人的原因造成工期延误	√	√	√
7	11.4	异常恶劣的气候条件	√		
8	11.6	发包人要求承包人提前竣工		√	
9	12.2	发包人原因引起的暂停施工	√	√	√
10	12.4.2	发包人原因造成暂停施工后无法按时复工	√	√	√
11	13.1.3	发包人原因造成工程质量达不到合同约定验收标准	√	√	√
12	13.5.3	监理人对隐蔽工程重新检查，经检验证明工程质量符合合同要求	√	√	√
13	16.2	法律变化引起的价格调整		√	
14	18.4.2	发包人在全部工程竣工前，使用已接收的单位工程导致承包人费用增加	√	√	√
15	18.6.2	发包人原因导致试运行失败		√	√
16	19.2	发包人原因导致的工程缺陷和损失		√	√
17	21.3.1	不可抗力	√		

表 6-2 FIDIC 合同条件下部分可以合理补偿承包商索赔的条款

序号	条款号	主要内容	可补偿内容		
			工期	费用	利润
1	1.9	延误发放图纸	√	√	√
2	2.1	延误移交施工现场	√	√	√
3	4.7	承包商依据工程师提供的错误数据导致放线错误	√	√	√
4	4.12	不可预见的外界条件	√	√	
5	4.24	施工中遇到文物和古迹	√	√	
6	7.4	非承包商原因检验导致施工的延误	√	√	√
7	8.4(a)	变更导致竣工时间的延长	√		
8	8.4(c)	异常不利的气候条件	√		
9	8.4(d)	由于传染病或其他政府行为导致工期的延误	√		
10	8.4(e)	业主或其他承包商的干扰	√		
11	8.5	由公共当局引起的延误	√		
12	10.2	业主提前占用工程		√	√
13	10.3	对竣工检验的干扰	√	√	√
14	13.7	后续法规引起的调整	√	√	
15	18.1	业主办理的保险未能从保险公司获得补偿部分		√	
16	19.4	不可抗力事件造成的损害	√	√	

2. 费用索赔的计算

费用索赔的计算方法有实际费用法、总费用法、修正总费用法等。

1) 实际费用法

实际费用法是按照索赔事件所引起损失的费用项目分别分析计算索赔值，然后将各费用的索赔值汇总，即可得到总索赔费用值。这种方法以承包商为某项索赔工作所支付的实际开支为依据，但仅限于由于索赔事项引起的、超过原计划的费用，故也称额外成本法。这种方法是工程索赔计算中最常用的一种方法。在应用过程中，要注意的是不要遗漏费用项目。

【例 6-1】 某建设项目施工合同约定，施工现场主导施工机械一台，由施工企业租得，台班单价为 325 元/台班，租赁费为 150 元/台班，人工工资为 50 元/工日，窝工补贴为 15 元/工日，利润按人工费的 35% 计算。在计划执行中，出现了下列事件：

(1) 因发包人不能及时供应材料使工程停工 3 天，人员窝工 30 个工日。

(2) 因机械发生故障检修使工程停工 2 天，人员窝工 10 个工日。

(3) 因发包人要求设计变更使工期延误 3 天，人员窝工 10 个工日。

(4) 因公网停电使工期延误 1 天，人员窝工 60 个工日。

为此，施工企业可向业主索赔多少费用？

分析：

(1) 发包人不能及时供应材料是发包人违约，承包人可以得到工期、费用和利润补偿。

(2) 机械故障是承包人自身的原因造成的，不予补偿。

(3)发包人要求设计变更可以得到相应工期、费用和利润补偿。

(4)公网停电是发包人应承担的风险,可以补偿承包人工期、费用和利润。

解:

各事件处理的费用索赔计算如下:

(1)发包人不能及时供应材料是发包人违约,承包人可以得到的费用索赔:$(15\times30+150\times3)\times(1+35\%)=1\ 215$(元)。

(2)机械故障是承包人自身的原因造成的,可以得到的费用索赔:0。

(3)发包人要求设计变更,承包人可以得到的费用索赔:$(15\times10+150\times3)\times(1+35\%)=810$(元)。

(4)因公网停电,承包人可以得到的费用索赔:$(15\times60+150\times1)\times(1+35\%)=1\ 417.5$(元)。

总索赔费用:$1\ 215+0+810+1\ 417.5=3\ 442.5$(元)。

2)总费用法

当发生多次索赔事件以后,重新计算该工程的实际总费用,再用这个实际总费用减去投标报价时估算的总费用,即

$$索赔金额 = 实际总费用 - 投标报价总费用 \tag{6-1}$$

由于施工过程中会受到许多因素影响,既有业主原因,也有来自施工方自身的原因,采用这种方法,可能在实际总费用中包括承包方的原因而增加的费用,所以这种方法只有在难以按实际费用法计算索赔费用时才使用。

3)修正总费用法

修正总费用法是对总费用法的改进,在总费用计算的原则上,除去一些不合理的因素,对总费用法进行相应的修改和调整,使其更合理。

$$索赔金额 = 调整后实际总金额 - 投标报价总费用 \tag{6-2}$$

3. 工期索赔的计算

工期索赔的计算主要有网络分析法和比例分析法两种。

1)网络分析法

网络分析法是利用进度计划的网络图,分析其关键线路,进而计算索赔事件对工期影响的一种方法。网络分析法是一种科学、合理的分析方法,适用于许多索赔事件的计算。

运用网络分析法计算工期索赔时,要特别注意索赔事件成立所造成的工期延误是否发生在关键线路上。如果延误的工作为关键工作,则总延误的时间为批准顺延的工期;如果延误的工作为非关键工作,当该工作由于延误超过时差限制而成为关键工作时,可以批准延误时间与时差的差值;如果该工作延误后仍为非关键工作,则不存在工期索赔问题。

【例6-2】 已知网络计划如图6-2所示。

计算网络图,总工期30天,关键工作为A、C、D、F。

解:

若由于业主原因造成工作C延误2天,由于C为关键工作,对总工期将造成延误2天,故向业主索赔工期2天。

若由于业主原因造成工作B延误2天,承包人是否可以向业主提出2天的工期索赔

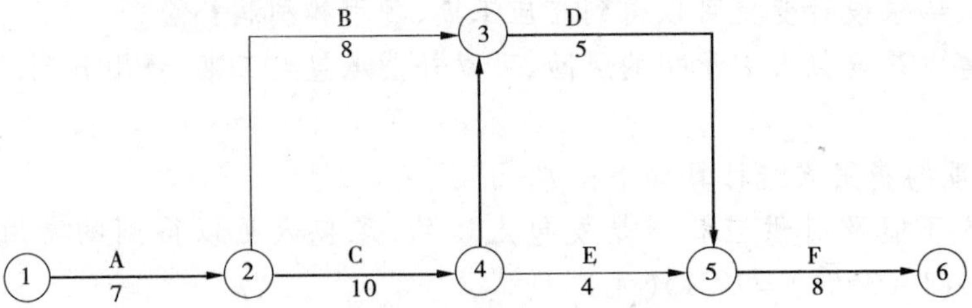

图 6-2　某工程网络图

呢？工作 B 总时差为 2 天，有 2 天的机动时间，由于业主原因造成的 2 天延误对总工期不会有影响，实际上，将 2 天的延误代入原网络图，即 B 工作变为 10 天，计算结果工期仍为 30 天。

若由于业主原因造成工作 B 延误 3 天，由于 B 本身有 2 天的机动时间，对总工期造成的延误为 3 - 2 = 1(天)，故向业主索赔 1 天，或将工作 B 延误的 3 天代入网络图中，即 B 为 8 + 3 = 11(天)，计算可以发现网络图关键线路发生了变化，工作 B 由非关键工作变成了关键工作，总工期为 31 天，索赔 31 - 30 = 1(天)。

一般来讲，根据网络进度计划计算工期延误时，在工程完成后一次性解决工期延长问题，通常做法是在原进度计划的工作持续时间的基础上，加上由于非承包人原因造成的工作延误的时间，代入网络图，计算得出延误后的总工期，减去原计划的工期，进而得到可批准的索赔工期。

2) 比例分析法

在实际工程中，干扰时间常常影响某些单项工程、单位工程或分部分项工程工期，要分析它们对总工期的影响，可以采用简单的比例计算。

$$\text{工期索赔值} = \frac{\text{额外增加的工程量的价格}}{\text{原合同价格}} \times \text{原合同总工期} \tag{6-3}$$

【例 6-3】 某工程原合同规定分两阶段进行施工，土建工程 20 个月，安装工程 12 个月。假定以一定量的劳动力需要量为相对单位，则合同规定的土建工程量可折算为 300 个相对单位，安装工程量可折算为 60 个相对单位，合同规定，在工程量增减 10% 的范围内，作为承包商的工期风险，不能要求工期补偿。在工程施工过程中，土建工程量和安装工程量都有较大幅度的增加。实际土建工程量增加到 450 个相对单位，实际安装工程量增加到 120 个相对单位。试分析承包商可以提出的工期索赔值。

解：

承包商提出的工期索赔有：

不索赔的土建工程量的上限为：300 × 1.1 = 330(个)相对单位。

不索赔的安装工程量的上限为：60 × 1.1 = 66(个)相对单位。

由于工程量的增加而造成工期延长：

土建工程量工期延长：20 × [(450/330) - 1] = 7.27(个)月。

安装工程量工期延长：12 × [(120/66) - 1] = 9.82(个)月。

总工期索赔值为：7.27 + 9.82 = 17.09(个)月。

3）工期索赔中应注意的问题

(1)划清施工进度拖延的责任。由于承包人的原因造成施工进度滞后，属于不可原谅的延期；只有承包人不应承担任何责任的延误，才是可原谅的延期。有时工程延期的原因中可能包含双方责任，此时监理人应详细分析，分清责任比例，只有可原谅延期部分才能批准顺延合同工期。可原谅延期又可细分为可原谅并给予补偿费用的延期和可原谅但不给予补偿费用的延期。后者是指非承包人责任的影响并未导致施工成本的额外支出，大多属于发包人应承担风险责任事件的影响，如异常恶劣的气候条件影响的停工等。

(2)被延误的工作应是处于施工进度计划关键线路上的施工内容。只有位于关键线路上工作内容的滞后，才会影响到竣工日期。但有时也应注意，既要看被延误的工作是否在批准进度计划的关键线路上，又要详细分析这一延误对后续工作的可能影响。因为若对非关键路线工作的影响时间较长，超过了该工作可用于自由支配的时间，也会导致进度计划中非关键线路转化为关键路线，其滞后将影响总工期的拖延。此时，应充分考虑该工作的自由时间，给予相应的工期顺延，并要求承包人修改施工进度计划。

4）共同延误的处理

在实际施工过程中，工期拖延很少是只由一方造成的，往往是两种及以上原因同时发生（或相互作用）而形成的，故称之为共同延误。在这种情况下，要依据以下原则具体分析哪一种情况延误是有效的：

(1)首先判断造成拖延工期的哪一种原因是最先发生的，即确定初始延误者，它应对工程拖期负责。在初始延误发生作用期间，其他并发的延误者不承担拖期责任。

(2)如果初始延误者是发包人原因，则在发包人原因造成的延误期内，承包人既可以得到工期延长，又可以得到费用补偿。

(3)如果初始延误者是客观原因，则在客观因素发生影响的延误期内，承包人可以得到工期延长，但很难得到费用补偿。

(4)如果初始延误者是承包人原因，则在承包人原因造成的延误期内，承包人既不能得到工期延长，也不能得到费用补偿。

【例6-4】 某施工单位与某建设单位签订施工合同，合同工期38天。合同中约定，工期每提前（或拖后）1天奖（罚）5 000元，承包人得到工程师同意的施工网络计划如图6-3所示。

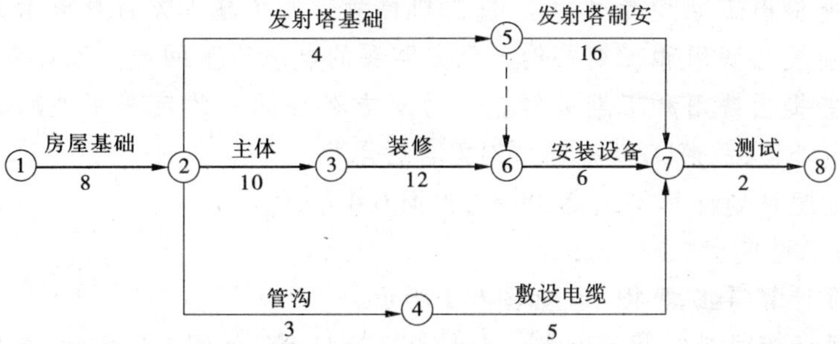

图6-3 某工程施工网络图

实际施工中发生了如下事件：

事件1：在房屋基槽开挖后，发现局部有软弱下卧层，按发包人（以下称甲方）代表指示，承包人（以下称乙方）配合地质复查，配合用工10个工日。地质复查后，根据经甲方代表批准的地基处理方案增加工程费用6万元，因地基复查和处理使房屋基础施工延期3天，人工窝工15个工日。

事件2：在发射塔基础施工时，因发射塔坐落位置的设计尺寸不当，甲方代表要求修改设计，拆除已施工的基础，重新定位施工。由此造成工程费用增加2万元，发射塔基础施工延期2天。

事件3：在房屋主体施工中，因施工机械故障，造成工人窝工8个工日，房屋主体施工延长2天。

事件4：在敷设电缆时，因乙方购买的电缆质量不合格，甲方代表令乙方重新购买合格电缆，由此造成敷设电缆施工延期4天，材料损失费1.2万元。

事件5：鉴于该工程工期较紧，乙方在房屋室外装修过程中采取了加快施工技术措施，使室外装修施工缩短3天，该项技术措施费为0.9万元。

其余各项工作持续时间和费用与原计划相符。

假设工程所在地人工单价50元/工日，应由甲方给予补偿的窝工人工补偿单价为20元/工日，间接费、利润等均不予补偿。

问题：

(1)在上述事件中，乙方可以就哪些事件向甲方提出工期索赔和费用索赔？

(2)该工程实际工期为多少？

(3)该工程中，乙方可得到的合理索赔费用为多少？

解：

(1)各事件结果分析如下：

事件1：可以提出工期索赔和费用索赔。因为地质条件的变化属于有经验的承包人无法合理预见的，该工作位于关键线路上。

事件2：可提出费用补偿要求，不能提出工期补偿。因为设计变更属于甲方应承担的责任，甲方应给予经济补偿，但该工序为非关键工序且延误时间2天未超过总时差8天，故没有工期补偿。

事件3：不能提出工期和费用补偿，施工机械故障属于施工方自身应承担的责任。

事件4：不能提出费用和工期补偿。乙方购买的电缆质量问题是乙方自己的责任。

事件5：不能提出费用和工期补偿。因为双方在合同中约定采用奖励方法解决乙方加速施工的费用补偿，故赶工措施费由乙方自行承担。

按原网络进度计划计算得工期38天，如图6-4所示。

(2)实际施工进度。

按实际情况计算得工期40天，如图6-5所示。

由于业主原因而导致的进度计划，经计算工期41天，如图6-6所示，与原合同工期相比应延长3天。即实际合同工期应为41天，而实际工期是40天，与合同工期相比提前了1天，按照合同给予奖励。

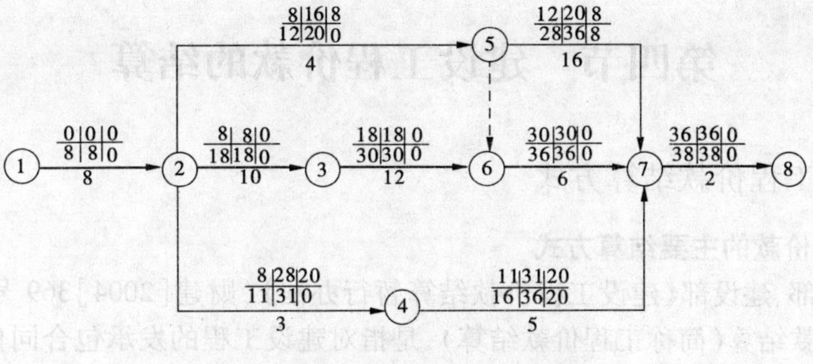

图 6-4　网络计划分析(初始)

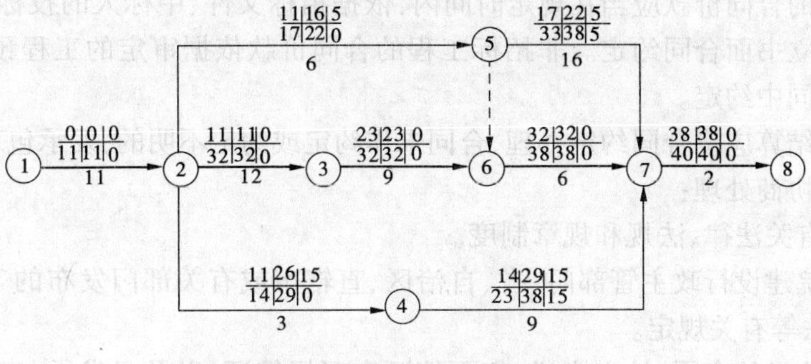

图 6-5　网络计划分析(执行)

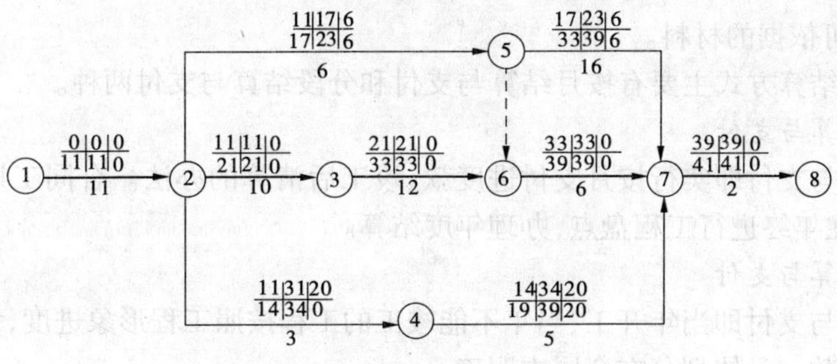

图 6-6　网络计划分析(确认)

(3)乙方可以得到的费用索赔计算如下:

事件1:

增加人工费:10 ×50 =500(元)

窝工费:15 ×20 =300(元)

增加工程费用:60 000 元

事件2:

增加工程费:20 000 元

提前工期奖励:1 ×5 000 =5 000(元)

合计索赔费用:500 +300 +60 000 +20 000 +5 000 =85 800(元)

第四节 建设工程价款的结算

一、建设工程价款结算方式

（一）工程价款的主要结算方式

根据财政部、建设部《建设工程价款结算暂行办法》（财建[2004]369 号）的规定，所谓建设工程价款结算（简称工程价款结算），是指对建设工程的发承包合同价款进行约定和依据合同约定进行工程预付款、工程进度款、工程竣工价款结算的活动。

招标工程的合同价款应当在规定时间内，依据招标文件、中标人的投标文件，由发包人与承包人订立书面合同约定。非招标工程的合同价款依据审定的工程预（概）算书由发承包人在合同中约定。

工程价款结算应按合同约定办理，合同未作约定或约定不明的，发承包双方应依照下列规定与文件协商处理：

（1）国家有关法律、法规和规章制度。

（2）国务院建设行政主管部门、省、自治区、直辖市或有关部门发布的工程造价计价标准、计价办法等有关规定。

（3）建设项目的合同、补充协议、变更签证和现场签证，以及经发承包双方认可的其他有效文件。

（4）其他可依据的材料。

工程价款结算方式主要有按月结算与支付和分段结算与支付两种。

1. 按月结算与支付

按月结算与支付即实行按月支付进度款、竣工后清算的办法。合同工期在两个年度以上的工程，在年终进行工程盘点，办理年度结算。

2. 分段结算与支付

分段结算与支付即当年开工、当年不能竣工的工程按照工程形象进度，划分不同阶段支付工程进度款。具体划分在合同中明确。

除上述两种结算方式外，双方还可以在合同中约定其他结算方式。

工程竣工结算分为单位工程竣工结算、单项工程竣工结算和建设项目竣工总结算。

（二）工程合同价款的主要内容

根据《建设项目工程结算编审规程》（CECA/GC 3—2007）中的有关规定，工程价款结算主要包括竣工结算、分阶段结算、专业分包结算和合同中止结算。

（1）竣工结算。建设项目完工并经验收合格后，对所完成的建设项目进行的全面的工程结算。

（2）分阶段结算。在签订的施工承发包合同中，按工程特征划分为不同阶段实施和结算。

（3）专业分包结算。在签订的施工承发包合同或由发包人直接签订的分包工程合同中，按工程专业特征分类实施分包和结算。

(4)合同中止结算。工程实施过程中合同中止,对施工承发包合同中已完成且经验收合格的工程内容,经发包人、总包人或有关机构点交后,由承包人按原合同价格或合同约定的定价条款,参照有关计价规定编制合同中止价格,提交发包人或总包人审核签认的工程价格。它是表达该工程中止后已完成工程内容的造价和价款结算依据的工程经济文件。

二、工程合同价款的约定

(一)工程合同价款约定的要求

实行招标的工程合同价款应在中标通知书发出之日起30天内,由发承包双方依据招标文件和中标人的投标文件在书面合同中约定。合同约定不得违背招标投标文件中关于工期、造价、质量等方面的实质性内容。招标文件与中标人投标文件不一致的地方,以投标文件为准。

不实行招标的工程合同价款,在发承包双方认可的工程价款基础上,由发承包双方在合同中约定。

合同价款在合同中约定后,任何一方不得擅自改变。实行工程量清单计价的工程宜采用单价合同。

(二)工程合同价款约定的内容

合同中没有约定或约定不明的,由双方协商确定;协商不能达成一致的按《计价规范》执行。发承包双方应在合同条款中对下列事项进行约定:

(1)预付工程款的数额、支付时间及抵扣方式。

(2)工程计量与支付工程进度款的方式、数额及时间。

(3)工程价款的调整因素、方法、程序、支付及时间。

(4)索赔与现场签证的程序、金额确认与支付时间。

(5)发生工程价款争议的解决方法及时间。

(6)承担风险的内容、范围以及超出约定内容、范围的调整办法。

(7)工程竣工价款结算编制与核对、支付及时间。

(8)工程质量保证(保修)金的数额、预扣方式及时间。

(9)与履行合同、支付价款有关的其他事项等。

(三)工程合同价款确定的方式

工程合同价款在协议书内约定后,任何一方不得擅自改变。根据《建设工程施工合同(示范文本)》中规定,下列三种确定合同价款的方式,发承包双方可在专用条款内约定采用其中一种:

(1)固定价格合同。双方在专用条款内约定合同价款包含的风险范围和风险费用的计算方法,在约定的风险范围内合同价款不再调整。风险范围以外的合同价款调整方法应当在专用条款内约定。

(2)可调价格合同。合同价款可根据双方的约定而调整,双方在专用条款内约定合同价款调整方法。

(3)成本加酬金合同。合同价款包括成本和酬金两部分,双方在专用条款内约定成本构成和酬金的计算方法。

三、工程计量与价款支付

(一)工程预付款

施工企业承包工程一般实行包工包料,这就需要一定数量的备料周转金。在工程承包合同条款中,一般要明文规定在开工前发包人拨付给承包人一定限额的工程预付款。

工程预付款用于承包人为合同工程施工购置材料、工程设备、施工设备、修建临时设施以及组织施工队伍进场等。预付款的额度和预付办法在专用合同条款中约定。预付款必须专用于本项合同工程。除专用合同条款另有约定外,承包人应在收到预付款的同时向发包人提交预付款保函,预付款保函的担保金额应与预付款金额相同。保函的担保金额可根据预付款扣回的金额相应递减。

1. 工程预付款的支付时间

工程预付款的支付时间和数额应当在合同专用条款中约定。根据财政部、建设部《关于印发〈建设工程价款结算暂行办法〉的通知》的规定,在具备施工条件的前提下,发包人应在双方签订合同后的一个月内或不迟于约定的开工日期前的7天内预付工程款,发包人不按约定预付,承包人应在预付时间到期后10天内向发包人发出要求预付的通知,发包人收到通知后仍不按要求预付,承包人可在发出通知14天后停止施工,发包人应从约定应付之日起向承包人支付应付款的利息(利率按同期银行贷款利率计),并承担违约责任。

工程预付款仅用于承包人支付施工开始时与本工程有关的动员费用。若承包人滥用此款,发包人有权立即收回。

2. 工程预付款的数额

影响工程预付款数额大小的因素很多,主要有工程类型、合同工期、承包方式、供应体制、主要材料占工程造价比重等。例如,钢结构工程的主要材料所占比重就比较大,其工程预付款数额应相应提高;而材料由承包人自行采购的工程预付款数额比由发包人提供材料的要高,工期短的比工期长的工程预付款数额要高。

按照《建设工程价款结算暂行办法》的规定,包工包料工程的预付款按合同约定拨付,原则上预付比例不低于合同金额的10%且不高于合同金额的30%;对于重大工程项目,按年度工程计划逐年预付。计价执行《计价规范》的工程,实体性消耗和非实体性消耗部分应在合同中分别约定预付款比例。

一般建筑工程不应超过当年建筑工作量(包括水、电、暖)的30%,安装工程按年安装工作量的10%计算,材料占比重较大的安装工程按年计划产值的15%左右拨付。对于包工不包料的工程项目,可以不付工程预付款。

3. 备料款的扣回

按照《计价规范》的规定,发包人支付给承包人的工程预付款,按照合同约定在工程进度中抵扣。工程预付款属于预支的性质,工程实施后,随着工程所需材料储备的逐步减少,应以抵充工程款的方式陆续扣回,即在承包人应得的工程进度款中扣回,抵扣方法必须在合同中约定。扣回的时间称为起扣点,起扣点的计算方法有按公式计算和按发承包双方在合同中的约定计算两种。

1)按公式计算

这种方法原则上是以未施工工程所需的主要材料及构件的价值相当于工程预付款时起扣。从每次结算的工程价款中按材料比重抵扣工程价款,竣工前全部扣清。

$$\text{未施工工程材料款} = \text{工程预付款} \tag{6-4}$$

$$\begin{aligned}\text{未施工工程材料款} &= \text{未施工工程价值} \times \text{主材比重}\\ &= (\text{合同总价} - \text{已完工程价值}) \times \text{主材比重}\end{aligned} \tag{6-5}$$

$$\text{工程预付款} = (\text{合同总价} - \text{已完工程价值}) \times \text{主材比重} \tag{6-6}$$

$$\text{起扣点}(\text{已完工程价值}) = \text{合同总价} - \frac{\text{工程预付款}}{\text{主材比重}} \tag{6-7}$$

【例6-5】 某工程合同价总额200万元,工程预付款24万元,主要材料、构件所占比重60%,则起扣点为

$$\text{起扣点} = 200 - \frac{24}{60\%} = 160(\text{万元})$$

2)按发承包双方在合同中的约定计算

在承包人完成金额累计达到合同总价一定比例(双方合同约定)后,由发包人从每次应付给承包人的工程款中扣回工程预付款,在合同规定的完工期前将预付款扣回。

例如,发承包双方在合同中约定预付工程款为合同价的12%,自承包人所获得工程进度支付款累计达到合同价的15%的当月开始起扣。

按照建设部《建设工程施工合同(示范文本)》规定,在承包人完成金额累计达到合同总价的10%后,发包人从每次应付给承包人的工程款中扣回工程预付款,发包人至少在合同规定的完工期前三个月将工程预付款的总金额按逐次分摊的办法扣回。

在颁发工程接收证书前,由于不可抗力或其他原因解除合同时,尚未扣清的预付款余额应作为承包人的到期应付款。

(二)工程进度款

承包人在施工过程中,根据合同所约定的结算方式,按月(或形象进度或控制界面)完成的工程数量计算各项费用,向发包人申请办理工程进度款的支付。发包人支付工程进度款,应按照合同约定计量和支付,支付周期同计量周期。

以按月支付为例,发包人在月中向承包人预支半月工程款,月末承包人根据实际完成工程量向发包人提供已完工程月报表和工程价款结算账单,经发包人和监理人确认,收取当月工程价款,并通过银行结算。

在工程进度款支付过程中,应按照以下程序进行。

1.承包人递交已完工程量报告

承包人在工程实施过程中,应按照合同约定,向发包人递交已完工程量报告。现行的《中华人民共和国标准施工招标文件》对已完工程量的计量作如下规定。

1)综合单价子目的计量

已标价工程量清单中的单价子目工程量为估算工程量,结算工程量是承包人实际完成的。工程计量时,若发现工程量清单中出现漏项、工程量计算偏差,以及工程变更引起工程量的增减,应按承包人在履行合同义务过程中实际完成的工程量计算,并按合同约定

的计量方法进行工程量的计量。

2)总价包干子目的计量

总价子目的计量和支付应以总价为基础,不因物价波动引起的价格调整的因素而进行调整。承包人实际完成的工程量是进行工程目标管理和控制进度支付的依据。承包人在合同约定的每个计量周期内,对已完成的工程进行计量,并向发包人提交进度付款申请单、专用合同条款约定的合同总价支付分解表所表示的阶段性或分项计量的支持性资料,以及所达到工程形象目标或分阶段需完成的工程量和有关计量资料。

2. 发包人核对已完工程量报告

发包人应在接到承包人提交的已完工程量报告后按合同约定进行核对。

(1)承包人应按专用条款约定的时间,向发包人提交已完工程量的报告。发包人接到报告后7天内按设计图纸核实已完工程量,并在计量前24 h通知承包人,承包人为计量提供便利条件并派人参加。承包人收到通知后不参加计量,计量结果有效,作为工程价款支付的依据。

(2)发包人收到承包人报告后7天内未进行计量,从第8天起,承包人报告中开列的工程量即视为被确认,作为工程价款支付的依据。发包人不按约定时间通知承包人,致使承包人未能参加计量,计量结果无效。

(3)对承包人超出设计图纸范围和由于承包人原因造成返工的工程量,发包人不予计量。例如,在地基工程施工中,当地基底面处理到施工图所规定的处理范围边缘时,承包人为了保证夯击质量,将夯击范围比施工图纸规定范围适当扩大,此扩大部分不予计量,因为这部分的施工是承包商为保证质量而采取的技术措施,费用由承包人自己承担。

(4)如果承包人不同意发包人核实的计量结果,承包人应在收到上述结果后7天内向发包人提出,申明承包人认为不正确的详细情况。发包人收到后,应在2天内重新核对有关工程量的计量,或予以确认,或将其修改。

3. 承包人递交进度款支付申请

已完工程量经复核确认后,承包人应在每个付款周期末,向发包人递交进度款支付申请,并附相应的证明文件。除合同另有约定外,进度款支付申请应包括下列内容:

(1)本周期已完成工程的价款。

(2)累计已完成的工程价款。

(3)累计已支付的工程价款。

(4)本周期已完成计日工金额。

(5)应增加和扣减的变更金额。

(6)应增加和扣减的索赔金额。

(7)应抵扣的工程预付款。

(8)应扣减的质量保证金。

(9)根据合同应增加和扣减的其他金额。

(10)本付款周期实际应支付的工程价款。

4. 发包人支付工程进度款

发包人应在合同约定时间内支付工程进度款。若双方在合同中未有约定,根据现行的法规文件，按照以下内容执行：

(1)根据确定的工程计量结果，发包人在收到承包人递交的工程进度款支付申请及相应的证明文件后14天内，发包人应按不低于工程价款的60%且不高于工程价款的90%向承包人支付工程进度款。按约定时间发包人应扣回的预付款与工程进度款同期结算抵扣。

(2)发包人超过约定的支付时间不支付工程进度款，承包人应及时向发包人发出要求付款的通知，发包人收到承包人通知后仍不能按要求付款，可与承包人协商签订延期付款协议，经承包人同意后可延期支付，协议应明确延期支付的时间和从工程计量结果确认后第15天起计算应付款的利息（利率按同期银行贷款利率计）。

(3)发包人不按合同约定支付工程款，双方又未达成延期付款协议，导致施工无法进行，承包人可停止施工，由发包人承担违约责任。

(4)符合规定范围合同价款的调整，工程变更调整的合同价款及其他条款中约定的追加合同价款应与工程款同期支付。

(三)质量保证金

建设工程质量保证金（保修金）（简称保证金）是指发包人与承包人在建设工程承包合同中约定，从应付的工程款中预留，用以保证承包人在缺陷责任期内对建设工程出现的缺陷进行维修的资金。

发包人应当在招标文件中明确保证金预留、返还等内容，并与承包人在合同条款中对涉及保证金的下列事项进行约定：

(1)保证金预留、返还方式。

(2)保证金预留比例、期限。

(3)保证金是否计付利息，若计付利息，约定利息的计算方式。

(4)缺陷责任期的期限及计算方式。

(5)保证金预留、返还及工程维修质量、费用等争议的处理程序。

(6)缺陷责任期内出现缺陷的索赔方式。

1.保证金的预留

保证金预留有以下两种方法：

(1)当工程进度款拨付累计额达到该建筑安装工程造价的一定比例时，停止支付。预留造价部分作为保证金。

(2)保证金的预留也可以从发包人向承包人第一次支付的工程进度款开始，在每次承包人应得到的工程款中扣留合同中约定金额作为保证金，直至保证金总额达到合同中约定的限额。

全部或者部分使用政府投资的建设项目，按工程价款结算总额5%左右的比例预留保证金。社会投资项目采用预留保证金方式的，预留保证金的比例可参照执行。

2.保证金的返还

缺陷责任期内，承包人认真履行合同约定的责任，到期后，承包人向发包人申请返还保证金。发包人在接到承包人返还保证金申请后，应于14天内会同承包人按照合同约定的内容进行核实。若无异议，发包人应当在核实后14天内将保证金返还给承包人，逾期支付的，从逾期之日起，按照同期银行贷款利率计付利息，并承担违约责任。发包人在接到承包人返还保证金申请后14天内不予答复，经催告后14天内仍不予答复，视同认可承包人的返还保证金申请。

（四）工程价款的调整

1. 工程价款调整的基准日期

招标工程以投标截止日前28天为基准日，非招标工程以合同签订前28天为基准日，其后国家的法律、法规、规章和政策发生变化影响工程造价的，应按省级或行业建设主管部门或其授权的工程造价管理机构发布的规定调整合同价款。

2. 工程合同价款中综合单价与措施项目费的调整

（1）若施工中出现施工图纸（含设计变更）与工程量清单项目特征描述不符的，发承包双方应按新的项目特征确定相应工程量清单的综合单价。

（2）由于分部分项工程量清单漏项或非承包人原因的工程变更，造成增加新的工程量清单项目，其对应的综合单价按下列方法确定：

①合同中已有适用的综合单价，按合同中已有的综合单价确定；

②合同中有类似的综合单价，参照类似的综合单价确定；

③合同中没有适用或类似的综合单价，由承包人提出综合单价，经发包人确认后执行。

（3）由于非承包人原因引起的工程量增减，该项工程量变化在合同约定幅度以内的，应执行原有的综合单价；该项工程量变化在合同约定幅度以外的，其综合单价及措施费应予以调整。合同未作约定的，可参照以下原则办理：

①当工程量清单项目工程量的变化幅度在10%以内时，其综合单价不作调整，执行原有综合单价；

②当工程量清单项目工程量的变化幅度在10%以外，且其影响分部分项工程费超过0.1%时，其综合单价以及对应的措施费均应作调整，调整的方法是由承包人对增加的工程量或减少后剩余的工程量提出新的综合单价和措施项目费，经发包人确认后调整。

（4）由于分部分项工程量清单漏项或非承包人原因的工程变更，引起措施项目发生变化，造成施工组织设计或施工方案变更，原措施费中已有的措施项目，按原有措施费的组价方法调整；原措施费中没有的措施项目，由承包人根据措施项目变更情况，提出适当的措施费变更，经发包人确认后调整。

3. 市场价格波动引起的价格调整

当施工期内市场价格波动超出一定幅度时，应按合同约定调整工程价款；合同没有约定或约定不明确的，应按省级或行业建设主管部门或其授权的工程造价管理机构的规定调整。

物价波动引起的价格调整，除专用合同条款另有约定外，因物价波动引起的价格调整按照《中华人民共和国标准施工招标文件》第16.1款约定处理如下。

1）采用价格指数调整价格差额

这种方法适用于使用的材料品种较少，但每种材料使用量较大的公路、水利工程。人工、材料和设备等价格波动影响合同价格时，根据投标函附录中的价格指数和权重表约定的数据，按以下公式计算差额并调整合同价格。

价格调整公式为

$$\Delta P = P_0\left[A + \left(B_1\frac{F_{t1}}{F_{01}} + B_2\frac{F_{t2}}{F_{02}} + B_3\frac{F_{t3}}{F_{03}} + \cdots + B_n\frac{F_{tn}}{F_{0n}}\right) - 1\right] \quad (6\text{-}8)$$

式中 ΔP——需调整的价格差额；

P_0——根据合同条款进度付款证书、竣工付款证书和最终结清证书等的约定，承包人应得到的已完成工程量的金额，此项金额应不包括价格调整、不计质量保证金的扣留和支付、不计预付款的支付和扣回，合同条款约定的变更及其他金额已按现行价格计价的，也不计在内；

A——定值权重，即不调部分的权重；

$B_1, B_2, B_3, \cdots, B_n$——各可调因子的变值权重（即可调部分的权重），为各可调因子在投标函投标总报价中所占的比例；

$F_{t1}, F_{t2}, F_{t3}, \cdots, F_{tn}$——各可调因子的现行价格指数，指根据合同条款进度付款证书、竣工付款证书和最终结清证书等的约定，相关周期最后一天的前42天的各可调因子的价格指数；

$F_{01}, F_{02}, F_{03}, \cdots, F_{0n}$——各可调因子的基本价格指数，指基准日期的各可调因子的价格指数。

以上价格调整公式中的各可调因子、定值和变值权重，以及基本价格指数及其来源在投标函附录价格指数和权重表中约定。价格指数应首先采用有关部门提供的价格指数，缺乏上述价格指数时，可采用有关部门提供的价格代替。

在运用价格调整公式进行工程价格调整时，注意以下参数的选取：

(1)暂时确定调整差额。在计算调整差额时得不到现行价格指数的，可暂用上一次价格指数计算，并在以后的付款中再按实际价格指数进行调整。

(2)权重的调整。按合同条款变更的范围和内容约定的变更导致原定合同中的权重不合理时，由监理人与承包人和发包人协商后进行调整。

(3)承包人工期延误后的价格调整。由于承包人原因未在约定的工期内竣工的，则对原约定竣工日期后继续施工的工程，在使用价格调整公式时，应采用原约定竣工日期与实际竣工日期的两个价格指数中较低的一个作为现行价格指数。

【例6-6】 某水利工程项目，合同总价为200万元，该工程由三部分组成，其中土方工程费为20万元，砌体工程费为80万元，钢筋混凝土工程费为100万元。本工程人工费和材料费占工程价款的85%，在人工和材料费中，各项组成费用的比例见表6-3。

表6-3 各项组成费用的比例 (%)

费用名称		土方	砌体	钢筋混凝土
人工费		50	38	36
材料费	钢材		5	25
	水泥		10	18
	中砂		5	12
	燃料	24		4
	工具	26		
	块石		42	
	木材			5

该合同投标报价为2008年2月，在2008年12月，承包人完成的工程量价款为50万元。2008年2月及12月的工资物价指数如表6-4所示。

表6-4　工资物价指数

费用名称		代号	2008年2月指数	代号	2008年12月指数
人工费		F_{01}	100	F_{t1}	121
材料费	钢材	F_{02}	146	F_{t2}	173
	水泥	F_{03}	147	F_{t3}	165
	中砂	F_{04}	129	F_{t4}	142
	燃料	F_{05}	152	F_{t5}	181
	工具	F_{06}	144	F_{t6}	172
	块石	F_{07}	149	F_{t7}	177
	木材	F_{08}	148	F_{t8}	168

试计算2008年12月需调整的价格差额。

解：

(1)三个组成部分的工程费占工程总价的比例为：

土方工程　$\frac{20}{200}\times100\%=10\%$

砌体工程　$\frac{80}{200}\times100\%=40\%$

钢筋混凝土工程　$\frac{100}{200}\times100\%=50\%$

(2)参加调值的各项费用占工程总价的比例为：

人工费　$(50\%\times10\%+38\%\times40\%+36\%\times50\%)\times85\%=32.5\%$

钢材　$(5\%\times40\%+25\%\times50\%)\times85\%=12.3\%$

水泥　$(10\%\times40\%+18\%\times50\%)\times85\%=11.1\%$

中砂　$(5\%\times40\%+12\%\times50\%)\times85\%=6.8\%$

燃料　$(24\%\times10\%+4\%\times50\%)\times85\%=3.7\%$

工具　$26\%\times10\%\times85\%=2.2\%$

块石　$42\%\times40\%\times85\%=14.3\%$

木材　$5\%\times50\%\times85\%=2.1\%$

(3)不可调值费用占工程价款的比例为15%。2008年12月需调整的价格差额为

$$\Delta P=50\times\left[0.15+\left(0.325\times\frac{121}{100}+0.123\times\frac{173}{146}+0.111\times\frac{165}{147}+0.068\times\frac{142}{129}+0.037\times\frac{181}{152}+0.022\times\frac{172}{144}+0.143\times\frac{177}{149}+0.021\times\frac{168}{148}\right)-1\right]$$

$$=7.62(\text{万元})$$

2)采用造价信息调整价格差额

施工期内，因人工、材料、设备和机械台班价格波动影响合同价格时，人工、机械使用

费按照国家或省、自治区、直辖市建设行政管理部门及行业建设管理部门或其授权的工程造价管理机构发布的人工成本信息、机械台班单价或机械使用费系数进行调整。需要进行价格调整的材料，其单价和采购数应由监理人复核，监理人确认需调整的材料单价及数量，作为调整工程合同价格差额的依据。

这种方法适用于使用的材料品种较多，相对而言每种材料使用量较小的建筑工程。

【例6-7】 某建筑公司承建一教工住宅楼，工程合同价款为500万元，2002年6月签订合同并开工，2004年8月竣工，2002年6月的造价指数为100.12，2004年8月的造价指数为100.2，则调整后合同价为

$$\frac{100.2}{100.12} \times 500 = 500.40(\text{万元})$$

价差调整值为

$$500.40 - 500 = 0.40(\text{万元})$$

4. 法律变化引起的价格调整

在基准日后，因法律变化导致承包人在合同履行中所需要的工程费用发生除合同条款中物价波动引起的价格调整约定以外的增减时，监理人应根据法律及国家或省、自治区、直辖市有关部门的规定，商定或确定需调整的合同价款。

5. 不可抗力事件引起的价款调整

因不可抗力事件导致的费用，发承包双方应按以下原则分别承担并调整工程价款。

(1)工程本身的损害、因工程损害导致第三方人员伤亡和财产损失以及运至施工现场用于施工的材料和待安装的设备的损害，由发包人承担。

(2)发包人、承包人人员伤亡由其所在单位负责，并承担相应费用。

(3)承包人的施工机械设备的损坏及停工损失，由承包人承担。

(4)停工期间，承包人应发包人要求留在施工现场的必要的管理人员及保卫人员的费用，由发包人承担。

(5)工程所需清理、修复费用，由发包人承担。

6. 工程价款调整的程序

工程价款调整报告应由受益方在合同约定时间内向合同的另一方提出，经对方确认后调整合同价款。

受益方未在合同约定时间内提出工程价款调整报告的，视为不涉及合同价款的调整。收到工程价款调整报告的一方应在合同约定时间内确认或提出协商意见，否则视为工程价款调整报告已经确认。

经发承包双方确定调整的工程价款，作为追加(减)合同价款与工程进度款同期支付。

(五)工程结算及工程竣工结算

1. 工程结算

工程结算是指建设项目、单项工程、单位工程或专业工程施工已完工、结束、中止，经发包人或有关机构验收合格且点交后，按照施工发承包合同的约定，由承包人在原合同价格基础上编制调整价格并提交发包人审核确认后的过程价格。它是表达该工程最终工程造价和结算工程价款依据的经济文件，包括工程竣工结算、分阶段结算、专业分包结算和合同中止结算。

1)工程竣工结算

工程竣工结算是指建设项目完工并经验收合格后,对所完成的建设项目进行的全面的工程结算。

2)分阶段结算

在签订的施工发承包合同中,按工程特征划分为不同阶段实施和结算。该阶段合同工作内容已完成,经发包人或有关机构中间验收合格后,由承包人在原合同分阶段的价格基础上编制调整价格并提交发包人审核签认工程价格。它是表达该工程不同阶段造价和工程价款结算依据的工程中间结算文件。

3)专业分包结算

在签订的施工发承包合同或由发包人直接签订的分包工程合同中,按工程专业特征分类实施分包和结算。分包合同工作内容已完成,经总包人、发包人或有关机构对专业内容验收合格后,按照合同的约定,由分包人在原合同价格基础上编制调整价格并提交总包人、发包人审核签认工程价格。它是表达该专业分包工程造价和工程价款结算依据的工程分包结算文件。

4)合同中止结算

工程实施过程中合同中止,对施工发承包合同中已完成且经验收合格的工程内容,经发包人、总包人或有关机构点交后,由承包人在原合同价格或合同约定的定价条款,参照有关计价规定编制合同中止价格,提交发包人或总包人审核签认工程价格。它是表达该工程合同中止后已完成工程内容的造价和工程价款结算依据的工程经济文件。

2. 工程竣工结算

建设项目完工并经验收合格后,发承包双方应在合同约定时间内办理工程竣工结算。工程竣工结算是指承包人按照合同规定的内容全部完成所承包的工程,经验收质量合格,并符合合同要求之后,向发包人进行的最终工程价款结算。

1)工程竣工结算方式

工程竣工结算分为单位工程竣工结算、单项工程竣工结算和建设项目竣工总结算。

2)工程竣工结算编审权限

单位工程竣工结算由承包人编制,发包人审查;实行总承包的工程,由具体承包人编制,在总包人审查的基础上,发包人审查。

单项工程竣工结算或建设项目竣工总结算由总(承)包人编制,发包人可直接进行审查,也可以委托具有相应资质的工程造价咨询机构进行审查。政府投资项目,由同级财政部门审查。单项工程竣工结算或建设项目竣工总结算经发承包双方签字盖章后有效。

承包人应在合同约定期限内完成项目竣工结算编制工作,未在规定期限内完成的并且提不出正当理由延期的,责任自负。

3. 工程竣工结算的编制

工程竣工结算由承包人或受其委托具有相应资质的工程造价咨询人编制。承包人应在合同约定时间内编制完成竣工结算书,并在提交竣工验收报告的同时递交给发包人。承包人未在合同约定时间内递交竣工结算书,经发包人催促后仍未提供或没有明确答复的,发包人可以根据已有资料办理结算。

1)工程竣工结算编制的依据

(1)国家有关法律、法规、规章制度和相关的司法解释。

(2)国务院建设行政主管部门以及各省、自治区、直辖市和有关部门发布的工程造价计价标准、计价办法、有关规定及相关解释。

(3)施工发承包合同、专业分包合同及补充合同,有关材料、设备采购合同。

(4)招标投标文件,包括招标答疑文件、投标承诺、中标报价书及其组成内容。

(5)工程竣工图或施工图、施工图会审记录,经批准的施工组织设计,以及设计变更、工程洽商和相关会议纪要。

(6)经批准的开、竣工报告或停工、复工报告。

(7)建设工程工程量清单计价规范或工程预算定额、费用定额及价格信息、调价规定等影响工程造价的相关资料。

(8)双方确认的工程量。

(9)双方确认追加(减)的工程价款。

(10)双方确认的索赔、现场签证事项及价款。

(11)结算编制委托合同。

(12)其他依据。

2)工程竣工结算编制要求

(1)工程竣工结算一般经过发包人或有关单位验收合格且点交后方可进行。

(2)工程竣工结算应以施工发承包合同为基础,按合同约定的工程价款调整方式对原合同价款进行调整。

(3)工程竣工结算应核查设计变更、工程洽商等工程资料的合法性、有效性、真实性和完整性。对有疑义的工程实体项目,应视现场条件和实际需要核查隐蔽工程。

(4)建设项目由多个单项工程或单位工程构成的,应按建设项目划分标准的规定,将各单项工程或单位工程竣工结算汇总,编制相应的工程结算书,并撰写编制说明。

(5)实行分阶段结算的工程,应将各阶段工程结算汇总,编制工程结算书,并撰写编制说明。

(6)实行专业分包结算的工程,应将各专业分包结算汇总在相应的单项工程或单位工程结算内,并撰写编制说明。

(7)工程竣工结算编制应采用书面形式,有电子文本要求的应一并报送与书面形式内容一致的电子版本。

(8)工程竣工结算应严格按工程结算编制程序进行编制,做到程序化、规范化,结算资料必须完整。

3)工程竣工结算编制程序

工程竣工结算应按准备、编制和定稿三个工作阶段进行,并实行编制人、校对人和审核人分别署名盖章确认的内部审核制度。

(1)竣工结算编制准备阶段。收集与工程竣工结算编制相关的原始资料;熟悉工程竣工结算资料内容,进行分类、归纳、整理;召集相关单位或部门的有关人员参加工程竣工结算预备会议,对竣工结算内容和竣工结算资料进行核对与充实完善;收集建设期内影响合同价格的法律和政策性文件。

(2)竣工结算编制阶段。根据竣工图、施工图及施工组织设计进行现场踏勘,对需要调整的工程项目进行观察、对照、必要的现场实测和计算,做好书面或影像记录;按既定的工程量计算规则计算需调整的分部分项、施工措施或其他项目工程量;按招标文件、施工发承包合同规定的计价原则和计价办法对分部分项、施工措施或其他项目进行计价;对于工程量清单或定额缺项以及采用新材料、新设备、新工艺的,应根据施工过程中的合理消耗和市场价格,编制综合单价或单位估价分析表;工程索赔应按合同约定的索赔处理原则、程序和计算方法,提出索赔费用,经发包人确认后作为结算依据;汇总计算工程费用,包括编制分部分项费、施工措施项目费、其他项目费、零星工作项目费或直接费、间接费、利润和税金等表格,初步确定工程结算价格;编写编制说明;计算主要技术经济指标;提交结算编制的初步成果文件待校对、审核。

(3)竣工结算编制定稿阶段。由竣工结算编制受托人单位的部门负责人对初步成果文件进行检查、校对;由竣工结算编制受托人单位的主管负责人审核批准;在合同约定的期限内,向委托人提交经编制人、校对人、审核人和受托人单位盖章确认的正式结算编制文件。

4)工程竣工结算编制方法

工程竣工结算的编制应区分施工发承包合同类型,采用相应的编制方法。

(1)采用总价合同的,应在合同价基础上对设计变更、工程洽商以及工程索赔等合同约定可以调整的内容进行调整。

(2)采用单价合同的,应计算或核定竣工图或施工图以内的各个分部分项工程量,依据合同约定的方式确定分部分项工程项目价格,并对设计变更、工程洽商、施工措施以及工程索赔等内容进行调整。

(3)采用成本加酬金合同的,应依据合同约定的方法计算各个分部分项工程以及设计变更、工程洽商、施工措施等内容的工程成本,并计算酬金及有关税费。

工程竣工结算中涉及工程单价调整时,应当遵循以下原则:合同中已有适用于变更工程、新增工程单价的,按已有的单价结算;合同中有类似变更工程、新增工程单价的,可以参照类似单价作为结算依据;合同中没有适用或类似变更工程、新增工程单价的,结算编制受托人可商洽承包人或发包人提出适当的价格,经对方确认后作为结算依据。

工程竣工结算编制中涉及的工程单价应按合同要求分别采用综合单价或工料单价。工程量清单计价的工程项目应采用综合单价,定额计价的工程项目可采用工料单价。

(1)综合单价。把分部分项工程单价综合成全费用单价,其内容包括直接费(直接工程费和措施费)、间接费、利润和税金,经综合计算后生成。各分项工程量乘以综合单价的合价汇总后,生成工程结算价。

(2)工料单价。把分部分项工程量乘以单价形成直接工程费,加上按规定标准计算的措施费,构成直接费。直接工程费由人工、材料、机械的消耗量及其相应价格确定。直接费汇总后另计算间接费、利润、税金,生成工程结算价。

5)工程竣工结算编制内容

(1)工程竣工结算采用工程量清单计价的应包括:工程项目的所有分部分项工程量,

以及实施工程项目采用的措施项目工程量；为完成所有工程量并按规定计算的人工费、材料费和设备费、机械费、间接费、利润和税金；分部分项和措施项目以外的其他项目所需计算的各项费用。

(2)工程竣工结算采用定额计价的应包括：套用定额的分部分项工程量、措施项目工程量和其他项目，以及为完成所有工程量和其他项目并按规定计算的人工费、材料费和设备费、机械费、间接费、利润和税金。

(3)工程竣工结算采用工程量清单或定额计价的还应包括：设计变更和工程变更费用，索赔费用，合同约定的其他费用。

按照《计价规范》规定，采用工程量清单计价模式的工程竣工结算编制的内容有：

(1)分部分项工程量费应依据双方确认的工程量、合同约定的综合单价计算，发生调整的，以发承包双方确认调整的综合单价计算。

(2)措施项目费应依据合同约定的项目和金额计算，发生调整的，以发承包双方确认调整的金额计算，其中安全文明施工费应按照国家或省级、行业建设主管部门的规定计价，不得作为竞争性费用。施工过程中，国家或省级、行业建设主管部门对安全文明施工费进行了调整的，措施项目费中的安全文明施工费应作相应调整。

(3)其他项目费用应按下列规定计算：

①计日工的费用应按发包人实际签证确认的数量和合同约定的相应单价计算。

②暂估价中的材料单价应按发承包双方最终确认价在综合单价中调整，专业工程暂估价应按中标价或发包人、承包人与分包人最终确认价计算。

当暂估价中的材料是招标采购的，其单价按中标价在综合单价中调整。当暂估价中的材料为非招标采购的，其单价按发承包双方最终确认的单价在综合单价中调整。

当暂估价中的专业工程是招标采购的，其金额按中标价计算。当暂估价中的专业工程为非招标采购的，其金额按发承包双方与分包人最终确认的金额计算。

③总承包服务费应依据合同约定金额计算，发承包双方依据合同约定对总承包服务费进行了调整，应按调整后的金额计算。

④索赔事件产生的费用在办理竣工结算时应在其他项目费中反映。索赔费用应依据发承包双方确认的索赔事项和金额计算。

⑤现场签证发生的费用在办理竣工结算时应在其他项目费中反映。现场签证费用应依据发承包双方签证资料确认的金额计算。

⑥暂列金额应减去工程价款调整与索赔、现场签证金额计算。若有余额，则余额归发包人；若出现差额，则由发包人补足并反映在相应的工程价款中。

(4)规费和税金应按国家或省级、行业建设主管部门的规定计算，不得作为竞争性费用。

6)工程竣工结算编制的成果文件

(1)工程竣工结算编制的成果文件内容有：

①工程竣工结算书封面，包括工程名称、编制单位和印章、日期等；

②签署页，包括工程名称、编制人、审核人、审定人姓名和执业(从业)印章、单位负责人印章(或签字)等；

③目录；

④工程竣工结算编制说明；

⑤工程竣工结算相关表；

⑥必要的附件。

(2)工程竣工结算相关表有：

①工程竣工结算汇总表；

②单项工程竣工结算汇总表；

③单位工程竣工结算汇总表；

④分部分项(措施、其他、零星)结算汇总表；

⑤必要的相关表格。

4.工程竣工结算的审查

工程竣工结算由发包人或受其委托具有相应资质的工程造价咨询人核对。发包人在收到承包人递交的竣工结算书后，应按合同约定时间核对。同一工程竣工结算核对完成，发承包双方签字确认后，禁止发包人又要求承包人与另一个或多个工程造价咨询人重复核对竣工结算。根据《建设工程价款结算暂行办法》(财建[2004]369号)规定，单项工程竣工后，承包人应在提交竣工验收报告的同时，向发包人递交竣工结算报告及完整的结算资料，发包人应按以下规定时限进行核对审查(见表6-5)并提出审查意见。

表6-5 工程竣工结算审查时限

工程竣工结算报告金额	审查时间
500万元以下	从接到竣工结算报告和完整的竣工结算资料之日起20天
500万~2 000万元	从接到竣工结算报告和完整的竣工结算资料之日起30天
2 000万~5 000万元	从接到竣工结算报告和完整的竣工结算资料之日起45天
5 000万元以上	从接到竣工结算报告和完整的竣工结算资料之日起60天

建设项目竣工总结算在最后一个单项工程竣工结算审查确认后15天内汇总，送发包人后30天内审查完成。

发包人或受其委托的工程造价咨询人收到承包人递交的竣工结算书后，在合同约定时间内，不核对竣工结算或未提出核对意见的，视为承包人递交的竣工结算书已经认可，发包人应向承包人支付工程结算价款。

承包人在接到发包人提出的核对意见后，在合同约定时间内，不确认也未提出异议的，视为发包人提出的核对意见已经认可，竣工结算办理完毕。

5.工程竣工结算的其他规定

发包人应对承包人递交的竣工结算书签收，拒不签收的，承包人可以不交付竣工工程。承包人未在合同约定时间内递交竣工结算书的，发包人要求交付竣工工程，承包人应当交付。

竣工结算办理完毕，发包人应将竣工结算书报送工程所在地工程造价管理机构备案。竣工结算书作为工程竣工验收备案、交付使用的必备文件。

竣工结算办理完毕，发包人应根据确认的竣工结算书在合同约定时间内向承包人支付工程竣工结算价款。发包人未在合同约定时间内向承包人支付工程结算价款的，承包人可催告发包人支付结算价款。达成延期支付协议的，发包人应按同期银行同类贷款利率支付拖欠工程价款的利息。未达成延期支付协议的，承包人可以与发包人协商将该工程折价，或申请人民法院将该工程依法拍卖，承包人就该工程折价或者拍卖的价款优先受偿。

(1)工程竣工验收报告经发包方认可后28天内，承包方向发包方递交竣工结算报告及完整的结算资料，双方按照协议书约定的合同价款及专用条款约定的合同价款调整内容，进行工程竣工结算。

(2)发包方收到承包方递交的竣工结算资料后28天内核实，给予确认或者提出修改意见。承包方收到竣工结算价款后14天内将竣工工程交付发包方。

(3)发包方收到竣工结算报告及结算资料后28天内无正当理由不支付工程竣工结算价款，从第29天起按承包方同期向银行贷款利率支付拖欠工程价款的利息，并承担违约责任。

(4)发包方收到竣工结算报告及结算资料后28天内不支付工程竣工结算价款，承包方可以催告发包方支付结算价款。发包方在收到竣工结算报告及结算资料56天内仍不支付的，承包方可以与发包方协议将该工程折价，也可以由承包方申请法院将该工程拍卖，承包方就该工程折价或拍卖的价款中优先受偿。

(5)工程竣工验收报告经发包人认可28天后，承包人未向发包人递交竣工结算报告及完整的结算资料，造成工程竣工结算不能正常进行或工程竣工结算价款不能及时支付，发包人要求交付工程的，承包人应当交付，发包人不要求交付工程的，承包人承担保管责任。

【例6-8】 某工程项目发包人与承包人签订了施工合同，合同中含有两个子项工程，估算工程量A项为2 300 m^3，B项为3 200 m^3，经协商合同价A项为180元/m^3，B项为160元/m^3，承包合同规定：

(1)开工前发包人应向承包人支付合同价20%的预付款。

(2)发包人自第一个月起，从承包人的工程款中，按5%的比例扣留保修金，当子项工程实际量超过估算工程量10%时，可进行调价，调整系数为0.9，根据市场情况规定价格调整系数平均按1.2计算，工程师签发月度付款最低金额为25万元，预付款在最后两个月扣除，每月扣50%。

承包商每月实际完成并经工程师签证确认的工程量如表6-6所示。

表6-6 承包商每月实际完成并经工程师签证确认的工程量 (单位：m^3)

月份	A	B
1	500	700
2	800	900
3	800	800
4	600	600

问题：

(1)该工程预付款数额为多少？

(2)该工程1~4月，每月工程价款是多少？工程师应签证的工程款是多少？实际签发的付款凭证金额又是多少？

解：

(1)预付款金额为

$$(2300\times 180+3\,200\times 160)\times 20\% = 18.52(\text{万元})$$

预付款在第3、4月扣回。

(2)第1月：

工程量价款为

$$500\times 180+700\times 160 = 20.2(\text{万元})$$

应签证的工程款为

$$20.2\times 1.2\times (1-5\%) = 23.028(\text{万元})$$

由于工程师签发的最低金额为25万元，故本月工程师不予签发付款凭证。

第2月：

工程量价款为

$$800\times 180+900\times 160 = 28.8(\text{万元})$$

应签证工程款为

$$28.8\times 1.2\times (1-5\%) = 32.832(\text{万元})$$

本月工程师签发的付款凭证为

$$32.832+23.028 = 55.86(\text{万元})$$

第3月：

工程量价款为

$$800\times 180+800\times 160 = 27.2(\text{万元})$$

应签证的工程款为

$$27.2\times 1.2\times (1-5\%)-18.52\times 50\% = 21.748(\text{万元})$$

由于工程师签发的最低金额为25万元，故本月工程师不予签发付款凭证。

第4月：

A项工程累计完成工程量2 700 m^3，比估算工程量2 300 m^3超出400 m^3，已超过估算工程量10%，超过部分的单价应进行调整。

超过估算工程量10%的工程量为

$$2\,700-2\,300\times (1+10\%) = 170(m^3)$$

其单价应调整为

$$180\times 0.9 = 162(\text{元}/m^3)$$

A项工程量价款为

$$(600-170)\times 180+170\times 162 = 10.494(\text{万元})$$

B项工程累计完成工程量3 000 m^3，未超过10%。

B项工程量价款为

$$600 \times 160 = 9.6(\text{万元})$$

本月工程价款为

$$9.6 + 10.494 = 20.094(\text{万元})$$

本月应签证工程价款为

$$20.094 \times 1.2 \times (1 - 5\%) - 18.52 \times 50\% = 13.647(\text{万元})$$

实际应签证工程价款为

$$13.647 + 21.748 = 35.395(\text{万元})$$

第五节　资金使用计划的编制和控制

一、施工阶段资金使用计划的作用与编制方法

(一)施工阶段资金使用计划的作用

建设工程周期长,规模大,造价高,施工阶段资金投入量又是最直接、最大、最集中且效果最明显的阶段。施工阶段资金使用计划的编制和控制在整个工程造价管理中处于重要而独特的地位,它对工程造价有着极其重要的影响,主要表现在以下几方面:

(1)通过编制资金使用计划,合理地确定工程造价施工阶段目标值,为工程造价控制提供依据,并为资金的筹集与协调打下基础。如果没有明确的造价控制目标,就无法把工程项目的实际支出额与目标值进行比较,也就不能找出偏差,分析原因,从而使造价控制措施缺乏针对性。

(2)通过编制资金使用计划,可以预测未来工程项目的资金使用和进度控制,消除不必要的资金浪费和进度失控,也能够避免在今后工程项目中由于缺乏依据而进行轻率判断所造成的损失,减少了盲日性,增加了自主性,使现有资金充分发挥作用。

(3)在建设项目的进行过程中,通过资金使用计划的严格执行,可以有效地控制工程造价上升,最大限度地节约投资,提高投资效益。

(二)资金使用计划的编制方法

1.按不同子项目编制资金使用计划

一个建设项目往往由多个单项工程组成,每个单项工程可能由多个单位工程组成,而单位工程又由若干个分部分项工程组成。

如一个学校建设项目,其组成情况如图 6-7 所示。

按项目划分对资金的使用进行合理分配时,首先必须对工程项目进行合理划分,划分的粗细程度根据具体实际需要而定,一般情况下,将投资目标分解到各单项工程和单位工程是比较容易办到的,结果也比较合理可靠。在投资计划分解到单项工程、单位工程的同时,还应分解到建筑工程费、安装工程费、设备购置费、工程建设其他费,这样有助于检查各项具体投资支出对象的落实情况。

2.按时间进度编制资金使用计划

建设项目的投资总是分阶段、分期支出的,资金应用是否合理与资金时间安排有密切

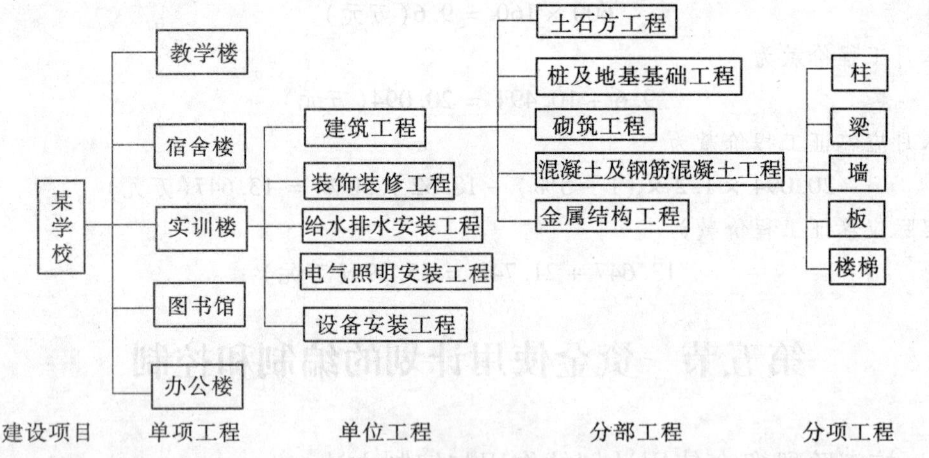

图 6-7　工程项目分解图

关系。为了编制资金使用计划，并据此筹措资金，尽可能减少资金占用和利息支付，有必要将总目标按使用时间分解，确定分目标值。

按时间进度编制的资金使用计划通常采用横道图、时标网络图、S 形曲线、香蕉图等形式。其对应数据的产生都来源于施工计划网络图中时间参数（工序最早开工时间、工序最早完工时间、工序最迟开工时间、工序最迟完工时间、关键工序、关键线路、计划总工期）的计算结果与对应阶段资金使用要求。

1）横道图

横道图是用不同的横道图标识已完工程计划投资、实际投资及拟完工程计划投资，横道图的长度与其数据成正比。横道图的优点是形象直观，但信息量少，一般用于管理的较高层次。

2）时标网络图

时标网络图是在确定施工计划网络图基础上，将施工进度与工期相结合而形成的网络图。

3）S 形曲线

S 形曲线即时间—投资累计曲线。利用确定的网络计划便可计算各项活动的最早及最迟开工时间，获得项目进度计划的横道图。在横道图的基础上便可编制按时间进度划分的投资支出预算，进而绘制时间—投资累计曲线（S 形曲线）。

时间—投资累计曲线绘制步骤如下：

（1）确定工程进度计划，编制进度计划的横道图如图 6-8 所示。

（2）根据每单位时间内完成的实物工程量或投入的人力、物力和财力，计算单位时间（月或旬）的投资，如表 6-7 所示。

（3）将各单位时间计划完成的投资额累计，得到计划累计完成的投资额，如表 6-8 所示。

分项工程	进度计划(月)											
	1	2	3	4	5	6	7	8	9	10	11	12
A	100	100	100	100	100	100	100					
B		100	100	100	100	100	100	100				
C			100	100	100	100	100	100	100	100		
D				200	200	200	200	200	200			
E					100	100	100	100	100	100	100	
F						200	200	200	200	200	200	200

图 6-8　某工程进度计划横道图　(单位:万元)

表 6-7　单位时间的投资

月份	1	2	3	4	5	6	7	8	9	10	11	12
投资(万元)	100	200	300	500	600	800	800	700	600	400	300	200

表 6-8　计划累计完成的投资　(单位:万元)

月份	投资	投资累计	月份	投资	投资累计
1	100	100	7	800	3 300
2	200	300	8	700	4 000
3	300	600	9	600	4 600
4	500	1 100	10	400	5 000
5	600	1 700	11	300	5 300
6	800	2 500	12	200	5 500

(4)绘制 S 形曲线如图 6-9 所示。

4)香蕉图

每一条 S 形曲线对应于某一特定的工程进度计划。进度计划的非关键线路中存在许多有时差的工序或工作,因而 S 形曲线必然包括在由全部活动都按最早开工时间开始和全部活动都按最迟时间开始的曲线所组成的香蕉图内,如图 6-10 所示。建设单位可根据编制的投资支出预算来合理安排资金,同时建设单位也可以根据筹措的建设资金来调整 S 形曲线,即通过调整非关键线路上工序项目的开工时间,力争将实际的投资支出控制在预算的范围内。

香蕉图绘制方法同 S 形曲线,不同之处在于分别绘制按最早开工时间和最迟开工时间的曲线,两条曲线形成类似香蕉的曲线图。

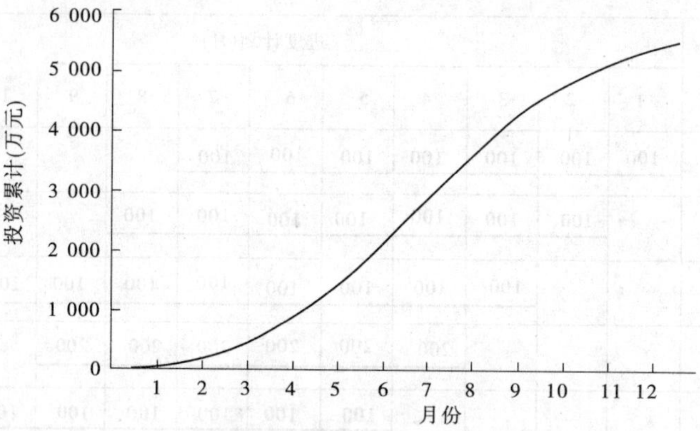

图 6-9　S 形曲线图

S 形曲线必然包括在香蕉图曲线内。

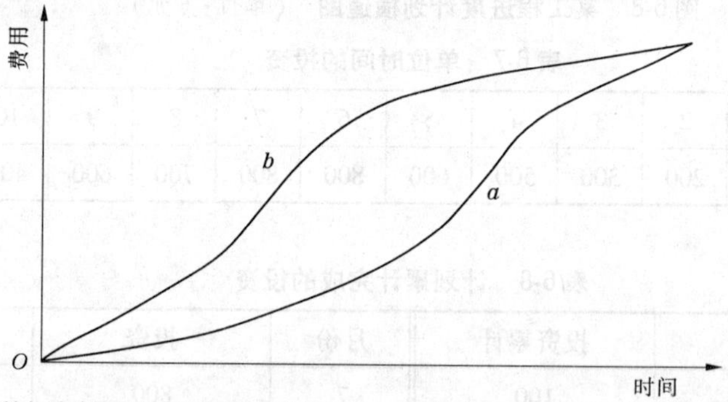

a—所有活动按最迟开始时间开始的曲线；*b*—所有活动按最早开始时间开始的曲线

图 6-10　投资计划的香蕉图

一般而言,所有活动都按最迟时间开始,对节约建设资金贷款利息是有利的,但同时也降低了项目按期竣工的保证率,因此必须合理地确定投资支出预算,达到既节约投资支出,又控制项目工期的目的。

二、施工阶段投资偏差分析

在项目实施过程中,由于众多随机因素和风险因素的影响,往往导致实际投资与计划投资、实际工程进度与计划工程进度的差异,将这两种差异分别称为投资偏差和进度偏差。投资偏差和进度偏差是施工阶段工程造价计算与控制的对象之一。

(一)实际投资与计划投资

由于时间—投资累计曲线中既包含了投资计划,也包含了进度计划,因此有关实际投资与计划投资的变量包括了拟完工程计划投资、已完工程实际投资和已完工程计划投资。

1. 拟完工程计划投资

拟完工程计划投资就是指根据进度计划安排,在某一确定时间内所应完成的工程内容的计划投资。其可以表示为在某一确定时间内,拟完工程量与单位工程量计划单价的乘积,即

拟完工程计划投资 = 拟完工程量 × 单位工程量计划单价 (6-9)

2. 已完工程实际投资

已完工程实际投资就是根据实际进度完成状况在某一确定时间内已经完成的工程内容的实际投资。其可以表示为在某一确定时间内,已完工程实际工程量与单位工程量实际单价的乘积,即

已完工程实际投资 = 已完工程实际工程量 × 单位工程量实际单价 (6-10)

在进行有关偏差分析时,为简化起见,通常进行如下假设:拟完工程计划投资中的拟完工程量与已完工程实际投资中的实际工程量在总额上是相等的,两者之间的差异只在于完成的时间进度不同。

3. 已完工程计划投资

从上述拟完工程计划投资与已完工程实际投资计算式可以看出,两者之间既存在投资偏差,又存在进度偏差,已完工程计划投资正是为了更好地辨析这两种偏差而引入的变量,是指根据实际进度完成状况,在某一确定时间内已经完成的工程所对应的计划投资额。其可以表示为在某一确定时间内,已完工程实际工程量与单位工程量计划单价的乘积,即

已完工程计划投资 = 已完工程实际工程量 × 单位工程量计划单价 (6-11)

(二)投资偏差与进度偏差

1. 投资偏差

投资偏差是指投资计划值与投资实际值之间存在的差异,当计算投资偏差时,应剔除进度原因对投资额产生的影响,因此其计算式为

投资偏差 = 已完工程实际投资 - 已完工程计划投资
= 已完工程实际工程量 ×(单位工程量实际单价 - 单位工程量计划单价) (6-12)

投资偏差为止值时,表示投资增加;投资偏差为负值时,表示投资节约。

2. 进度偏差

进度偏差是指进度计划值与进度实际值之间存在的差异,当计算进度偏差时,应剔除单价原因产生的影响,因此其计算式为

进度偏差 = 已完工程实际时间 - 已完工程计划时间 (6-13)

为了与投资偏差联系起来,进度偏差也可表示为

进度偏差 = 拟完工程计划投资 - 已完工程计划投资
=(拟完工程量 - 已完工程实际工程量)× 单位工程量计划单价 (6-14)

式中:拟完工程计划投资是指按原进度计划工作内容的计划投资。

进度偏差为正值时,表示工期拖延;进度偏差为负值时,表示工期提前。

通俗地讲,拟完工程计划投资是指计划进度下的计划投资,已完工程计划投资是指实际进度下的计划投资,已完工程实际投资是指实际进度下的实际投资。

【例6-9】 某工程施工工作计划完成工作量200 m^3,计划进度20 m^3/天,计划投资10元/m^3,到第四天实际完成90 m^3,实际投资1 000元。则该工程第四天的投资偏差与进度

偏差各为多少?

解:

到第四天,实际完成工作量 90 m^3,计划完成 $20 \times 4 = 80(m^3)$,则

$$拟完工程计划投资 = 80 \times 10 = 800(元)$$

$$已完工程计划投资 = 90 \times 10 = 900(元)$$

而已完工程实际投资是 1 000 元,则

$$投资偏差 = 1\,000 - 900 = 100(元)$$

$$进度偏差 = 800 - 900 = -100(元)$$

投资偏差为正值,表示投资增加 100 元;进度偏差为负值,表示工期提前 100 元。

3. 投资偏差的其他概念

1)局部偏差与累计偏差

局部偏差有两层含义:一是相对于整体项目的投资而言,指各单项工程、单位工程和分部分项工程的偏差;二是相对于项目实施的时间而言,指每一控制周期所发生的投资偏差。累计偏差则是指在项目已经实施的时间内累计发生的偏差。局部偏差的工程内容及其原因一般都比较明确,分析结果也就比较可靠;而累计偏差涉及的工程内容较多、范围较大,且原因也较复杂,因而累计偏差分析必须以局部偏差分析的结果为基础进行综合分析,其结果更能显示规律性,对投资控制在较大范围内具有指导作用。

2)绝对偏差与相对偏差

绝对偏差是指投资计划与实际值比较所得的差额。相对偏差则是指投资偏差的相对数或比例数,通常是用绝对偏差与投资计划值的比值来表示的,即

$$相对偏差 = \frac{绝对偏差}{投资计划值} = \frac{投资实际值 - 投资计划值}{投资计划值} \tag{6-15}$$

绝对偏差与相对偏差的数值均可正可负,且两者符号相同,正值表示投资增加,负值表示投资节约。在进行投资偏差分析时,对绝对偏差和相对偏差都要进行计算。绝对偏差的结果比较直观,其作用主要是了解项目投资偏差的绝对数额,指导调整资金支出计划与资金筹措计划。由于项目规模、性质、内容不同,其投资总额会有很大差异,因此绝对偏差就显得有一定的局限性。而相对偏差就能比较客观地反映投资偏差的严重程度或合理程度,从对投资控制工作的要求来看,相对偏差比绝对偏差更有意义,应当予以更高的重视。

(三)常用的偏差分析方法

常用的偏差分析方法有横道图分析法、时标网络图法、表格法和曲线法。

1. 横道图分析法

用横道图进行投资偏差分析,是用不同的横道标识拟完工程计划投资、已完工程实际投资和已完工程计划投资,在实际工程中有时需要根据拟完工程计划投资和已完工程实际投资确定已完工程计划投资后,再确定投资偏差与进度偏差。

根据拟完工程计划投资和已完工程实际投资,确定已完工程计划投资的方法是:

(1)已完工程计划投资和已完工程实际投资的横道位置相同;

(2)已完工程计划投资与拟完工程计划投资的各子项工程的投资总值相同。

【例6-10】 某计划进度与实际进度横道图如图6-11所示,图中粗实线表示计划进度(上方的数据表示每周计划投资),粗虚线表示实际进度(上方的数据表示每周实际投资),假定各分项工程每周计划完成的工程量相等。

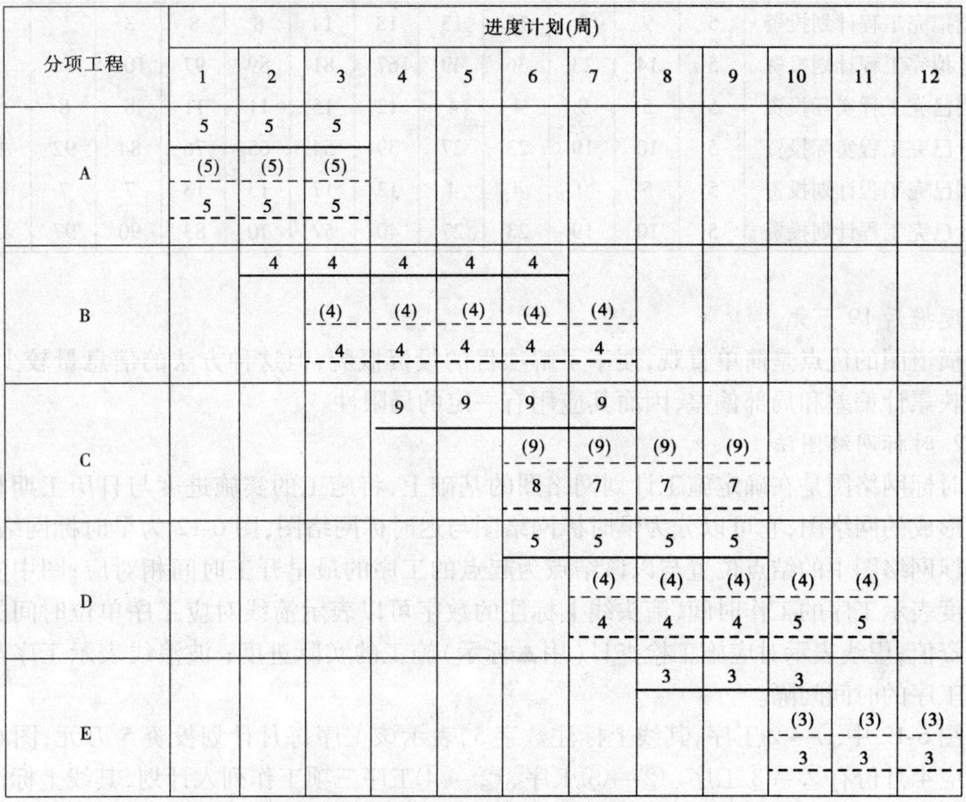

图6-11 某工程计划进度与实际进度横道图 (单位:万元)

解:

由横道图知拟完工程计划投资和已完工程实际投资,首先求已完工程计划投资。已完工程计划投资的进度应与已完工程实际投资一致,在图6-11中画出进度线的位置如细虚线所示,其投资总额应与计划投资总额相同。例如:D分项工程,进度线同已完的实际进度7~11周,拟完工程计划投资:4周×5万元/周=20(万元),已完工程计划投资为20万元÷5周=4(万元/周),如图6-11中细虚线所示,其余类推。

根据上述分析,将每周的拟完工程计划投资、已完工程计划投资、已完工程实际投资进行统计得到表6-9。

由表6-9可以求出每周的投资偏差和进度偏差

第8周末投资偏差=累计已完工程实际投资-累计已完工程计划投资

=65-70=-5(万元)

即投资节约5万元。

第8周末进度偏差=累计拟完工程计划投资-累计已完工程计划投资

=89-70=19(万元)

表 6-9　每周投资数据统计　（单位:万元）

项目	各周投资数据											
	1	2	3	4	5	6	7	8	9	10	11	12
每周拟完工程计划投资	5	9	9	13	13	18	14	8	8	3		
累计拟完工程计划投资	5	14	23	36	49	67	81	89	97	100		
每周已完工程实际投资	5	5	9	4	4	12	15	11	11	8	8	3
累计已完工程实际投资	5	10	19	23	27	39	54	65	76	84	92	95
每周已完工程计划投资	5	5	9	4	4	13	17	13	13	7	7	3
累计已完工程计划投资	5	10	19	23	27	40	57	70	83	90	97	100

即进度拖后 19 万元。

横道图的优点是简单直观,便于了解项目的投资概貌,但这种方法的信息量较少,主要反映累计偏差和局部偏差,因而其应用有一定的局限性。

2. 时标网络图法

时标网络图是在确定施工计划网络图的基础上,将施工的实施进度与日历工期相结合而形成的网络图,它可以分为早时标网络图与迟时标网络图,图 6-12 为早时标网络图。早时标网络图中的结点位置与以该结点为起点的工序的最早开工时间相对应;图中实线的长度表示工序的工作时间,箭头线上标注的数字可以表示箭线对应工序单位时间的计划投资值;虚线表示对应施工检查日(用▲标示)施工的实际进度; 波浪线表示工序与其紧后工序的时间间隔。

图 6-12 中①→②工序,其线上标注数字 5,表示该工序每月计划投资 5 万元;图 6-12 中对应 4 月份有②→③工序、②→⑤工序、②→④工序三项工作列入计划,其线上标注数字分别为 3、4、3,由此可确定 4 月份拟完工程计划投资为 3 + 4 + 3 = 10(万元)。表 6-10 内对应第(1)行数字为拟完工程计划投资的逐月累计值,例如 4 月份为 5 + 5 + 10 + 10 = 30(万元);第(2)行数字为已完工程实际投资的逐月累计值,是表示工程进度实际变化所

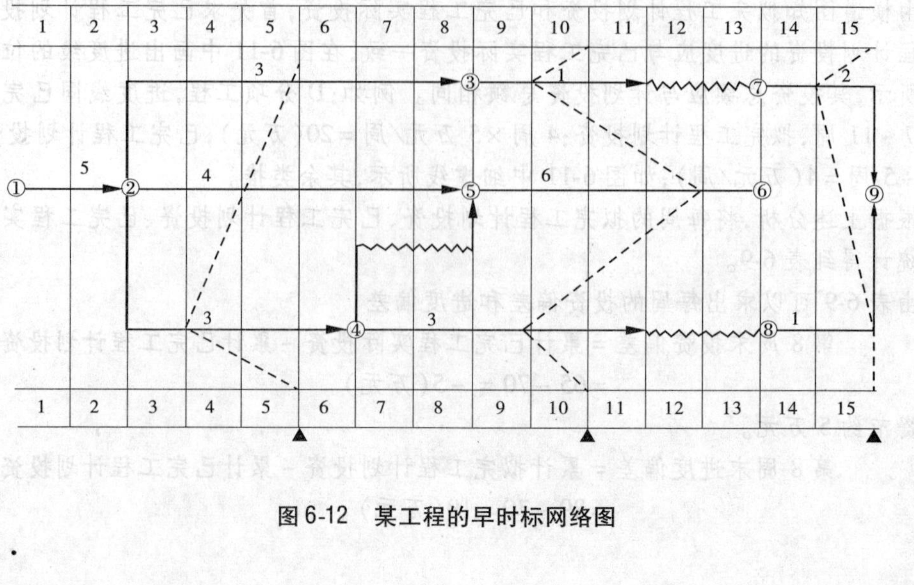

图 6-12　某工程的早时标网络图

对应的实际投资值。

表 6-10　每月投资额数据统计

月份	1	2	3	4	5	6	7	8	9	10	11	12	13	14	15
(1)	5	10	20	30	40	50	60	70	80	90	100	106	112	115	118
(2)	5	15	25	35	45	53	61	69	77	85	94	103	112	116	120

根据时标网络图可以得到每一时间段的拟完工程计划投资；已完工程实际投资可以根据实际工作完成情况测得；在时标网络图上，考虑实际进度前锋线并经过计算，就可以得到每一时间段的已完工程计划投资。实际进度前锋线表示整个项目目前实际完成的工作量情况，将某一确定时点下时标网络图中各个工序的实际进度点相连就可以得到实际前锋线。

【例 6-11】　某工程的时标网络图如图 6-12 所示，工程进展到第 5、10、15 个月月底时，分别检查了工程进度，相应绘制了三条前锋线，见图 6-12 中的粗虚线。分析第 5、10 个月月末的投资偏差、进度偏差，并根据第 5、10 个月的实际进度前锋线分析工程进度情况。

解：

图 6-12 中第 5、10 个月月末用▲标示的粗虚线即为实际进度前锋线，其与各工序的交点即为各工序的实际完成进度。

第 5 个月月末：

已完工程计划投资 $=2\times5+3\times3+4\times2+3=30$（万元）

投资偏差 = 已完工程实际投资 − 已完工程计划投资

$=45-30=15$（万元）

投资增加 15 万元。

进度偏差 = 拟完工程计划投资 − 已完工程计划投资

$=40-30=10$（万元）

进度拖延 10 万元。

第 10 个月月末：

已完工程计划投资 $=5\times2+3\times6+4\times6+3\times4+1+6\times4+3\times3=98$（万元）

投资偏差 = 已完工程实际投资 − 已完工程计划投资

$=85-98=-13$（万元）

投资节约 13 万元。

进度偏差 = 拟完工程计划投资 − 已完工程计划投资

$=90-98=-8$（万元）

进度提前 8 万元。

时标网络图法具有简单、直观的特点，主要用来反映累计偏差和局部偏差，但实际进度前锋线的绘制有时会遇到一定的困难。

3. 表格法

表格法如表 6-11 所示。

表6-11　利用表格法进行偏差分析

项目编码	(1)	011	012	013
项目名称	(2)	土方工程	打桩工程	基础工程
单位	(3)	m^3	m	m^3
计划单价	(4)	5	6	8
拟完工程量	(5)	10	11	10
拟完工程计划投资	(6)=(4)×(5)	50	66	80
已完工程量	(7)	12	16.67	7.5
已完工程计划投资	(8)=(4)×(7)	60	100.02	60
实际单价	(9)	5.83	4.8	10.67
其他款项	(10)			
已完工程实际投资	(11)=(7)×(9)+(10)	70	80	80
投资绝对偏差	(12)=(11)-(8)	10	-20.02	20
投资相对偏差	(13)=(12)÷(8)	0.167	-0.2	0.33
进度绝对偏差	(14)=(6)-(8)	-10	-34.02	20
进度相对偏差	(15)=(14)÷(6)	-0.2	-0.52	0.25

4. 曲线法

曲线法是用投资时间曲线(S形曲线)进行分析的一种方法。用此法进行偏差分析时，通常有三条投资曲线，即已完工程实际投资曲线、已完工程计划投资曲线和拟完工程计划投资曲线。如图6-13所示，已完工程实际投资与已完工程计划投资两条曲线之间的竖向距离表示投资偏差，拟完工程计划投资与已完工程计划投资曲线之间的水平距离表示进度偏差。图6-13中反映的结果是累计偏差，而且主要是绝对偏差。

用曲线法进行偏差分析，具有形象、直观的优点，但不能直接用于定量分析，如果能与表格法结合起来，则会取得较好的效果。

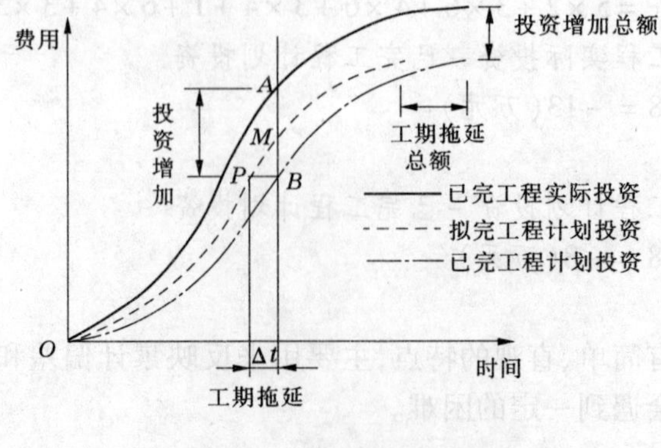

图6-13　曲线法偏差分析

三、偏差形成原因分析

(一)引起偏差的原因

(1)客观原因。包括人工费涨价、材料费涨价、自然条件变化、地基因素、交通条件的变化、国家政策法规变化等。

(2)业主原因。投资规划不当,组织计划不落实、建设手续不健全。因业主原因变更工程、业主未及时付款、协调不佳等。

(3)设计原因。设计错误或缺陷、设计变更、设计标准变更、图纸提供不及时等。

(4)施工原因。施工组织设计不合理、质量事故、进度安排不当等。

客观原因是无法避免的,施工原因造成的损失由施工单位负责,纠偏的主要对象是由于业主和设计原因造成的投资偏差。

(二)偏差类型

为了便于分析,往往还需要对偏差类型作出划分。任何偏差都会表现出某种特点,其结果对造价控制工作的影响也各不相同,因此在数量分析的基础上,可将偏差划分为四种类型,如图 6-14 所示。

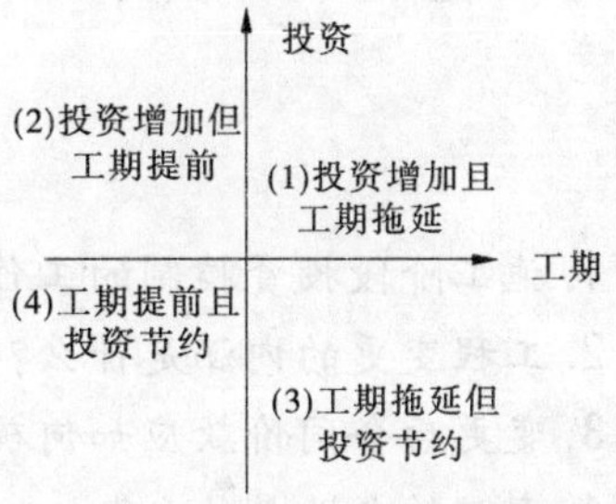

图 6-14　偏差类型示意图

(1)投资增加且工期拖延。这种类型是纠正偏差的主要对象,必须引起高度重视。

(2)投资增加但工期提前。这种情况下要适当考虑工期提前带来的效益。如果增加的资金值超过增加的效益,还要采取纠偏措施;若这种收益与增加的投资大致相当甚至高于投资增加额,则未必需要采取纠偏措施。

(3)工期拖延但投资节约。这种情况下是否采取纠偏措施要根据实际需要。

(4)工期提前且投资节约。这种情况是最理想的,不需要采取任何纠偏措施。

(三)纠偏措施

分析了偏差原因,造价控制工作并没有结束,造价控制工作的最终目的在于采取切实可行的措施,进行主动控制和动态控制,尽可能地实现既定的投资目标。在施工管理方面,合同管理、施工成本管理、施工进度管理、施工质量管理是几个重要环节,在纠正施工阶段资金使用偏差的过程中,要按照经济性原则、全面性与全过程原则、责权利相结合原则、政策性原则、开源节流相结合原则,在项目经理的负责下,在费用控制预测的基础上,各类人员共同配合,通过科学、合理、可行的措施,实现由分项工程、分部工程、单位工程、整体项目纠正资金使用偏差,进而实现工程造价控制的目标。通常把纠偏措施分为组织措施、经济措施、技术措施和合同措施。

1. 组织措施

组织措施是指从投资控制的组织管理方面采取的措施。例如,落实投资控制的组织机构和人员,明确各级投资控制人员的任务、职能分工、权利和责任,改善投资控制工作流程等。组织措施是其他措施的前提和保障。

2. 经济措施

经济措施不能只理解为审核工程量及相应支付价款,应从全局出发来考虑,如检查投资目标分解的合理性、资金使用计划的保障性、施工进度计划的协调性。另外,通过偏差分析和未完工程预测可以发现潜在的问题,及时采取预防措施,从而取得造价控制的主动权。

3. 技术措施

从造价控制的要求来看,技术措施并不都是因为发生了技术问题才加以考虑的,也可能因为出现了较大的投资偏差而加以运用。不同的技术措施往往会有不同的经济效果。运用技术措施纠偏,对不同的技术方案进行技术经济分析后加以选择。

4. 合同措施

合同措施在纠偏方面主要指索赔管理。在施工过程中,索赔事件的发生是难免的,发生索赔事件后要认真审查索赔依据是否符合合同规定,索赔计算是否合理等。

思考题与习题

1. 施工阶段投资控制的工作流程是什么?
2. 工程变更的内涵是什么?
3. 变更后合同价款应如何确定?
4. 索赔的含义是什么?
5. 索赔成立的条件有哪些?
6. 索赔的种类和计算方法有哪些?
7. 投资偏差分析的方法有哪些?
8. 在工程建设过程中,变更经常发生,如在房地产项目开发中,由于顾客的要求而改变设计。请你分析变更是否可以避免,如何采取有效措施使控制变更带来的价款增加?
9. 索赔对于发承包双方均具有重要的意义,请根据你所具有的索赔知识总结承包商向业主索赔与业主向承包商索赔的主要内容,并总结各种情况下双方的处理原则。
10. 投资偏差的主要原因有哪些?从建设单位的角度,应主要对哪些原因展开有效控制?
11. 某施工单位根据领取的某2 000 m^2 两层厂房工程项目招标文件和全套施工图纸,采用低投价策略编制了投标文件,并获得中标。该施工单位(乙方)于某年某月某日与建设单位(甲方)签订了该工程项目的固定价格施工合同。合同工期为8个月。甲方在乙方进入施工现场后,因资金紧缺,无法如期支付工程款,口头要求乙方暂停施工一个月,乙方亦口头答应。工程按合同规定期限验收时,甲方发现工程质量有问题,要求返工,两个月后,返工完毕。结算时甲方认为乙方迟延交付工程,应按合同约定偿付逾期违约金,乙方认为临时停工是甲方要求的,乙方为抢工期,加快施工进度才出现了质量问题,因此迟延交付的责任不在乙方。甲方则认为临时停工和不顺延工期是当时乙方答应的,乙方应履行承诺,承担违约责任。

问题:

(1)该工程采用固定价格合同是否合适?

(2)该施工合同的变更形式是否妥当?此合同争议依据合同法律规范应如何处理?

12. 某工程项目分为三个单项工程,经有关部门批准采用公开招标形式确定了三个中标单位并签订合同。A、B、C 三个单项工程在合同条款中作如下规定:

(1)A 工程在施工图设计没有完成前,业主通过招标选择了一家总承包单位承包该工程的施工任务。由于设计工作尚未完成,承包范围内待实施的工程虽性质明确,但工程量还难以确定,双方商定拟采用总价合同形式签订施工合同,以减少双方的风险。合同条款中规定:

①乙方按业主代表批准的施工组织设计(或施工方案)组织施工,乙方不应承担因此引起的工期延误和费用增加的责任。

②甲方向乙方提供施工场地的工程地质和地下管网线路资料,供乙方参考使用。

③乙方不能将工程转包,但允许分包,也允许分包单位将分包的工程再次分包给其他施工单位。

(2)B 工程合同额为 9 000 万元,总工期为 30 个月,工程分两期进行验收,第一期为 18 个月,第二期为 12 个月。在工程施工过程中,出现了下列情况:

①工程开工后,从第三个月开始连续四个月业主未支付给承包商应付的工程进度款。为此,承包商向业主发出要求付款通知,并提出对拖延支付的工程进度款应计入利息的要求,其数额从监理人计量签字后第 11 天起计息。业主方以该四个月未付工程款作为偿还预付款而予以抵消为由,拒绝支付。为此,承包商以业主违反合同中关于预付款扣还的规定,以及拖欠工程款导致无法继续施工,并要求业主承担违约责任。

②工程进行到第十个月时,由于种种原因,该工程被指令停工下马,因此业主向承包商提出暂时中止执行合同实施的通知。为此,承包商要求业主承担单方面中止合同给承包商造成的经济损失赔偿责任。

③复工后在工程后期,工地遭遇当地百年以来最大的台风,工程被迫暂停施工,部分已完工程受损,现场场地遭到破坏,最终使工期拖延了两个月。为此,业主要求承包商承担工期拖延所造成的经济损失责任和赶工责任。

(3)C 工程在施工招标文件中,按工期定额计算,工期为 550 天,但在施工合同中,开工日期为 1997 年 12 月 15 日,竣工日期为 1999 年 7 月 20 日,日历天数为 581 天。

问题:

(1)A 单项工程合同中业主与施工单位选择总价合同形式是否妥当?合同条款中有哪些不妥之处?

(2)B 项工程合同执行过程中出现的问题应如何处理?

(3)C 项工程合同的合同工期应为多少天?

(4)合同价款变更的原则与程序包括哪些内容?合同争议如何解决?

13. 某工程的分项工程网络计划如图 6-15 所示,要求工期 29 天。施工中各工作的持续时间发生变化,具体变化及原因见表 6-12,问承包商可提出工期索赔多少天?

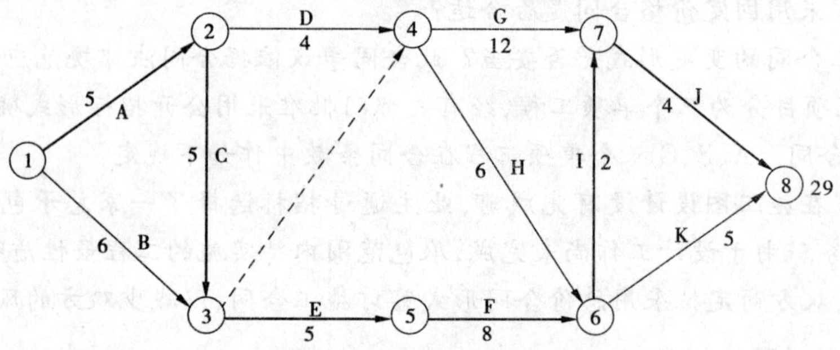

图 6-15　某工程网络图

表 6-12　工作持续时间及原因

（单位：天）

工作	持续时间延长原因			持续时间延长值
	业主原因	不可抗力	承包商原因	
A	1	1	1	3
B	2	1	0	3
C	0	1	0	1
D	1	0	0	1
E	1	0	2	3
F	0	1	0	1
G	2	4	0	6
H	0	0	2	2
I	0	0	1	1
J	1	0	0	1
K	2	1	1	4

14. 广州市某土建工程，合同规定结算款 300 万元，合同原始报价日期为 2005 年 7 月，工程于 2006 年 9 月建成交付使用，工程人工费、材料费构成比例及有关造价指数如表 6-13 所示，计算需要调整的价格差额。

表 6-13　工程人工费、材料费构成比例及有关造价指数

项目	人工费	钢材	水泥	集料	砌块	砂	木材	不调整值费用
比例(%)	45	11	11	5	6	3	4	15
2005 年 7 月指数	100	100.8	102.0	93.6	100.2	95.4	93.4	—
2006 年 9 月指数	110.1	98.0	112.9	95.9	98.9	91.1	117.9	—

第七章　建设项目竣工阶段的工程造价控制

【学习目标】

1. 熟悉竣工验收的一般规定,掌握编制竣工决算的方法。

2. 掌握建设工程保修阶段的费用处理方法。

【能力要求】

1. 具有组织建设工程竣工验收的能力。

2. 具有编制建设工程竣工决算的能力。

3. 具有处理建设工程保修阶段费用的能力。

第一节　竣工验收与竣工决算

一、竣工验收

(一)建设项目竣工验收概述

1. 建设项目竣工验收的概念

建设项目竣工验收是指由发包人、承包人和项目验收委员会,以项目批准的设计任务书和设计文件,以及国家或有关部门颁布的施工验收规范和质量验收标准为依据,按照一定的程序和手续,在项目建成并试生产合格后(工业生产性项目),对工程项目的总体进行检验员认证、综合评价和鉴定的活动。按照我国建设程序的规定,竣工验收是建设工程的最后阶段,是建设项目施工阶段和保修阶段的中间过程,是全面检验建设项目是否符合设计要求和工程质量检验标准的重要环节,是审查投资使用是否合理的重要环节,是投资成果转入生产或使用的标志。只有经过竣工验收,建设项目才能实现由承包人管理向发包人管理的过渡,它标志着建设投资成果投入生产或使用,对促进建设项目及时投产或交付使用、发挥投资效果、总结建设经验有着重要的作用。

工业生产项目,须经过生产(投料试车)合格,形成生产能力,能正常生产出产品后,才能进行验收。非工业生产项目,应能正常使用,才能进行验收。

建设项目竣工验收,按被验收的对象划分,可分为单位工程验收、单项工程验收及工程整体验收。通常所说的建设项目竣工验收,指的是动用验收,是指发包人在建设项目按批准的设计文件所规定的内容全部建成后,向使用单位交工的过程。其验收程序是:整个建设项目按设计要求全部建成后,经过第一阶段的交工验收,符合设计要求,并具备竣工图、竣工结算、竣工决算等必要的文件资料后,由建设项目主管部门或发包人,按照国家有关部门关于《建设项目竣工验收办法》的规定,及时向负责验收的单位提出竣工验收申请报告,按现行验收组织规定,接受由银行、物资、环保、劳动、统计、消防及其他有关部门组成的验收委员会或验收组的验收,办理固定资产移交手续。验收委员会或验收组负责建设的各个环节,听取有关单位的工作报告,审阅工程技术档案资料,并实地查验建筑工程和设备安装情况,对工程设计、施工和设备质量等方面提出全面的评价。

2. 建设项目竣工验收的作用

(1)全面考核建设成果,检查设计、工程质量是否符合要求,确保建设项目按设计要求的各项技术经济指标正常使用。

(2)通过竣工验收办理固定资产使用手续,可以总结工程建设经验,为提高建设项目的经济效益和管理水平提供重要依据。

(3)建设项目竣工验收是项目施工阶段的最后一个程序,是建设成果转入生产使用的标志,是审查投资使用是否合理的重要环节。

(4)建设项目建成投产交付使用后,能否取得良好的宏观效益,需要经过国家权威管理部门按照技术规范、技术标准组织验收确认。通过建设项目验收,国家可以全面考核项目的建设成果,检验建设项目决策、设计、设备制造和管理水平,以及总结建设经验。因此,竣工验收是建设项目转入投产使用的必要环节。

3. 建设项目竣工验收的任务

建设项目通过竣工验收后,由承包人移交发包人使用,并办理各种移交手续,这时标志着建设项目全部结束,即建设资金转化为使用价值。建设项目竣工验收的主要任务有:

(1)发包人、勘察和设计单位、监理人、承包人分别对建设项目的决策和论证、勘察和设计以及施工的全过程进行最后的评价,对各自在建设项目进展过程中的经验和教训进行客观的评价,以保证建设项目按设计要求的各项技术经济指标正常使用。

(2)办理建设项目的验收和移交手续,并办理建设项目竣工结算和竣工决算,以及建设项目档案资料的移交和保修手续等,总结建设经验,提高建设项目的经济效益和管理水平。

(3)承包人通过竣工验收应采取措施将该项目的收尾工作和包括市场需求、"三废"治理、交通运输等问题在内的遗留问题尽快处理好,确保建设项目尽快地发挥效益。

(二)建设项目竣工验收的范围、条件和依据

1. 建设项目竣工验收的范围

国家颁布的建设法规规定,凡新建、扩建、改建的基本建设项目和技术改造项目(所有列入固定资产投资计划的建设项目或单项工程),已按国家批准的规定的内容建成,符合验收标准的,必须同时组织验收,办理固定资产移交手续,即工业投资项目经负荷试车考核,能够正常使用的,不论是属于哪种建设性质,都应及时组织验收,办理固定资产移交手续。有的工期较长、建设设备装置较多的大型工程,为了及时发挥其经济效益,对其能够独立生产的单项工程,也可以根据建成时间的先后顺序,分期分批地组织竣工验收;对能生产中间产品的一些单项工程,不能提前投料试车,可按生产要求与生产最终产品的工程同步建成竣工后,再进行全部验收。此外,对于某些特殊情况,工程施工虽未全部按设计要求完成,也应进行验收。这些特殊情况主要有:

(1)因少数非主要设备或某些特殊材料短期内不能解决,虽然工程内容尚未全部完成,但已可以投产或使用的工程项目。

(2)规定要求的内容已完成，但因外部条件的制约，如流动资金不足、生产所需原材料不能满足等，而使已建工程不能投入使用的项目。

(3)有些建设项目或单项工程，形成部分生产能力，但近期内不能按原设计规模续建。应从实际情况出发，经主管部门批准后，可缩小规模对已完成的工程和设备组织竣工验收，移交固定资产。

(4)国外引进设备项目，按照合同规定完成负荷调试、设备考核合格后，进行竣工验收。

2. 建设项目竣工验收的条件

《建设工程质量管理条例》(国务院令第279号)规定，建设工程竣工验收应当具备以下条件：

(1)完成建设工程设计和合同约定的各项内容，并满足使用要求，具体包括：

①民用建筑工程完工后，承包人按照施工及验收规范和质量检验标准进行自检，不合格品已自行返修或整改，达到验收标准。水、电、暖、设备、智能化、电梯经过试验，符合使用要求。

②生产性工程、辅助设施及生活设施，按合同约定全部施工完毕，室内工程和室外工程全部完成，建筑物、构筑物周围2 m以内的场地平整完成，障碍物已清除，给水排水、动力、照明、通信畅通，达到竣工条件。

③工业项目的各种管理设备、电气、空调、仪表、通信等专业施工内容已全部安装结束，已做完清洁、试压、油漆、保温等，经试运转考核各项指标已达到设计能力并全部符合工业设备安装施工及验收规范和质量标准的要求。

④其他专业工程按照合同的规定和施工图规定的工程内容全部施工完毕，已达到相关专业技术标准，质量验收合格，达到了交工的条件。

(2)有完整的技术档案和施工管理资料。

(3)有工程使用的主要建筑材料、建筑构配件和设备的进场试验报告。

(4)有勘察、设计、施工、工程监理等单位分别签署的质量合格文件。

(5)发包人已按合同约定支付工程款。

(6)有承包人签署的工程质量保修书。

(7)在建设行政主管部门及工程质量监督部门等有关部门的历次抽查中，责令整改的问题全部整改完毕。

(8)工程项目前期审批手续齐全，主体工程、辅助工程和公用设施已按批准的设计文件要求建成。

(9)国外引进项目或设备应按合同要求完成负荷调试考核，并达到规定的各项技术经济指标。

(10)建设项目基本符合竣工验收标准，但有部分零星工程和少数尾工未按设计规定的内容全部建成，而且不影响正常生产和使用，也应组织竣工验收。对剩余工程应按设计留足投资。

3. 建设项目竣工验收的依据

(1)国家、省、自治区、直辖市和行业行政主管部门颁布的法律、法规，现行的施工技术验收标准及技术规范、质量标准等有关规定。

(2)审批部门批准的可行性研究报告、初步设计、实施方案、施工图纸和设备技术说明书。

(3)施工图设计文件及设计变更洽商记录。

(4)国家颁布的各项标准和现行的施工验收规范。

(5)工程承包合同文件。

(6)技术设备说明书。

(7)建筑安装工程统计规定及主管部门关于工程竣工的规定。

从国外引进的新技术和成套设备的项目,以及中外合资建设项目,要按照签订的合同和进口国提供的设计文件等资料进行验收。

利用世界银行等国际金融机构贷款的建设项目,应按世界银行规定,按时编制"项目完成报告"。

(三)建设项目竣工验收的标准

1. 工业建设项目竣工验收标准

(1)生产性项目和辅助性公用设施,已按设计要求完成,能满足生产使用要求。

(2)主要工艺设备、动力设备均已安装配套,经无负荷联动试车和有负荷联动试车合格,并已形成生产能力,能够生产出设计文件所规定的产品。

(3)必要的生产设施,已按设计要求建成。

(4)生产准备工作能适应投产的需要,其中包括生产指挥系统的建立,经过培训的生产人员能够上岗操作,生产所需的原材料、燃料和备品备件的储备,经验收检查能够满足连续生产要求。

(5)环境保护设施、劳动安全卫生设施、消防设施已按设计要求与主体工程同时建成使用。

(6)生产性投资项目如工业项目的土建工程、安装工程、人防工程、管道工程、通信工程等工程的施工和竣工验收,必须按照国家批准的中华人民共和国国家标准《××工程施工及验收规范》和主管部门批准的中华人民共和国行业标准《××工程施工及验收规范》执行。

①土建工程验收标准。凡生产性工程、辅助公用设施及生活设施按照设计图纸、技术说明书、验收规范进行验收,工程质量符合各项要求,在工程内容上按规定全部施工完毕,即对生产性工程要求室内全部做完,室外明沟勒脚、踏步斜道全部做完,内外粉刷完毕;建筑物、构筑物周围 2 m 以内场地平整完成、障碍物清除,道路及下水道畅通。对生产设施和职工住宅除上述要求外,还要求水通、电通、道路通。

②安装工程验收标准。按照设计要求的施工项目内容、技术质量要求及验收规范的规定,各道工序全部保质保量施工完毕,即工艺、燃料、热力等各种管道已做好清洗、试压、吹扫、油漆、保温等工作,各项设备、电气、空调、通信等工程项目全部安装结束,经过单机、联动无负荷投料试车,全部符合安装技术的质量要求,具备形成设计能力的条件。

③人防工程验收标准。凡有人防工程或结合建设的人防工程的竣工验收必须符合人防工程的有关规定,并且要求按工程等级安装好防护密闭门,室外通道在人防密闭门外的

部位增设防护门进、排风等孔口。目前没有设备的，做好基础和预埋件，具备有设备即能安装的条件以后，应做到内部粉饰完毕，内部照明设备安装完毕并可通电，工程无漏水，回填土结束，通道畅通等。

④大型管道工程验收标准。大型管道工程（包括铸铁管和钢管）按照设计内容、设计要求、施工规格、验收规范全部（或分段）按质量敷设施工完毕和竣工，必须符合规定，达到合格要求，管道内部垃圾要清除，输油管道、自来水管道还要经过清洗和消毒，输气管道还要经过通气换气。在施工前，对管道材质用防腐层（内壁及外壁）要根据规定标准进行验收，钢管要注意焊接质量，并加以评定和验收。对设计中选定的闸阀产品质量要慎重检验。地下管道施工后，对覆土要求分层夯实，确保道路质量。

(7)更新改造项目和大修理项目，可以参照国家标准或有关标准，根据工程性质，结合当时当地的实际情况，由业主与承包人共同商定提出适用的竣工验收的具体标准。

2. 民用建设项目竣工验收标准

(1)建设项目各单位工程和单项工程均已符合项目竣工验收标准。

(2)建设项目配套工程和附属工程均已施工完毕，达到设计规定的相应质量要求，并具备正常使用条件。

（四）建设项目竣工验收的方式与程序

1. 建设项目竣工验收的方式

建设项目竣工验收的方式可分为单位工程竣工验收、单项工程竣工验收、全部工程竣工验收三种方式。

1)单位工程竣工验收

单位工程竣工验收是承包人以单位工程或某专业工程为对象，独立签订建设工程施工合同，达到竣工条件后，承包人可单独进行交工，发包人根据竣工验收的依据和标准，按施工合同约定的内容组织竣工验收。该阶段工作由监理人组织，发包人和承包人派人参加验收工作，单位工程验收资料是最终验收的依据。按照现行建设工程项目划分标准，单位工程是单项工程的组成部分，有独立的施工图纸，承包商施工完毕，征得发包人同意，或原施工合同已有约定的，可进行分阶段验收。这种验收方式在一些较大型的、群体式的、技术较复杂的建设工程中比较普遍。我国加入世界贸易组织后，建设工程领域利用外资或合作搞建设的会越来越多，采用国际惯例的做法也会日益增多。分段验收或中间验收的做法也符合国际惯例，它可以有效地控制分部分项工程和单位工程的质量，保证建设工程项目系统目标的实现。我国近几年来也借鉴了国际上的一些经验和做法，修订了施工合同示范文本，增加了中间交工的条款。

2)单项工程竣工验收

单项工程竣工验收（又称交工验收）是在一个总体建设项目中，一个单项工程已完成设计图纸规定的工程内容，能满足生产要求或具备使用条件，承包人向监理人提交“工程竣工报告”和“工程竣工报验单”，经确认后向发包人发出“交付竣工验收通知书”，说明工程完工情况、竣工验收准备情况、设备无负荷单机试车情况，具体约定单项工程竣工验收的有关工作。该阶段工作由发包人组织，会同承包人、监理人、设计单位和使用单位等有关部门完成。对于投标竞争承包的单项工程施工项目，则根据施工合同的约定，仍由承包人向发包人发出交工通知书请求组织验收。竣工验收前，承包人要按照国家规定，整理好全部竣工资料并完成现场竣工验收的准备工作，明确提出交工要求，发包人应按约定的程序及时组织正式验收。对于工业设备安装工程的竣工验收，则要根据设备技术规范说明书和单机试车方案，逐级进行设备的试运行。验收合格后应签署设备安装工程的竣工验收报告。

3）全部工程竣工验收

全部工程竣工验收是建设项目已按设计规定全部建成、达到竣工验收条件，由发包人组织设计、施工、监理等单位和档案部门进行全部工程的竣工验收。全部工程的竣工验收一般是在单位工程、单项工程竣工验收的基础上进行的。对已经交付竣工验收并已办理了移交手续的单位工程（中间交工）或单项工程，原则上不再重复办理验收手续，但应将单位工程或单项工程竣工验收报告作为全部工程竣工验收的附件加以说明。

对一个建设项目的全部工程竣工验收而言，大量的竣工验收基础工作已在单位工程和单项工程竣工验收中进行。所以，实际上，全部工程竣工验收的组织工作，大多由发包人负责，承包人主要是为竣工验收创造必要的条件。

全部工程竣工验收的主要任务是：负责审查建设工程各个环节的验收情况，听取各有关单位（设计、施工、监理等）的工作报告，审阅工程竣工档案资料的情况，对工程进行实地查验并对设计、施工、监理等方面的工作和工程质量、试车情况等作出综合全面评价。承包人作为建设工程的承包（施工）主体，应全过程参加有关的工程竣工验收。

2. 建设项目竣工验收的程序

建设项目全部建成，经过各单项工程的验收符合设计的要求，并具备竣工图表、竣工决算、工程总结等必要文件资料，由建设项目主管部门或发包人向负责验收的单位提出竣工验收申请报告，按程序验收。工程验收报告应经项目经理和承包人有关负责人审核签字。竣工验收的一般程序如下。

1）承包人申请交工验收

承包人在完成了合同工程或按合同约定可分部移交工程的，可申请交工验收，交工验收一般为单项工程，但在某些特殊情况下也可以是单位工程的施工内容，如特殊基础处理工程、发电站单机机组完成后的移交等。承包人施工的工程达到竣工条件后，应先进行预检验，对不符合要求的部位和项目，确定修补措施和标准，修补有缺陷的工程部位；对于设备安装工程，要与发包人和监理人共同进行无负荷的单机和联动试车。承包人在完成了上述工作和准备好竣工资料后，即可向发包人提交“工程竣工报验单”。

2）监理人现场初步验收

监理人收到“工程竣工报验单”后，应由总监理工程师组成验收组，对竣工的工程项目的竣工资料和各专业工程的质量进行初验，在初验中发现的质量问题，要及时书面通知承包人，令其修理甚至返工。经整改合格后监理工程师签署“工程竣工报验单”，并向发包人提出质量评估报告，直至现场初步验收工程结束。

3）单项工程验收

单项工程验收又称交工验收，即验收合格后发包人方可投入使用。由发包人组织的交工验收，由监理人、设计单位、承包人、工程质量监督部门等参加，主要依据国家颁布的有关技术规范和施工承包合同，对以下几方面进行检查或检验：

(1)检查、核实竣工项目准备移交给发包人的所有技术资料的完整性、准确性。

(2)按照设计文件和合同，检查已完工程是否有漏项。

(3)检查工程质量、隐蔽工程验收资料，关键部位的施工记录等，考察施工质量是否达到合同要求。

(4)检查试车记录及试车中所发现的问题是否得到改正。

(5)在交工验收中发现需要返工、修补的工程，明确规定完成期限。

(6)涉及的其他有关问题。

验收合格后，发包人和承包人共同签署“交工验收证书”，然后由发包人将有关技术资料和试车记录、试车报告及交工验收报告一并上报主管部门，经批准后该部分工程即可投入使用。验收合格的单项工程，在全部工程验收时，原则上不再办理验收手续。

4)全部工程竣工验收

全部施工过程完成后，由国家主管部门组织的竣工验收，又称动用验收。发包人参与全部竣工验收，全部工程竣工验收分为验收准备、预验收和正式验收三个阶段。

(1)验收准备。

发包人、承包人和其他有关单位均应进行验收准备，验收准备的主要工作内容有：

①收集、整理各类技术资料，分类装订成册。

②核实建筑安装工程的完成情况，列出已交工工程和未完工工程一览表，包括单位工程名称、工程量、预算估价以及预计完成时间等内容。

③提交财务决算分析。

④检查工程质量，查明须返工或补修的工程并提出具体的时间安排，预申报工程质量等级的评定，做好相关材料的准备工作。

⑤整理汇总项目档案资料，绘制工程竣工图。

⑥登载固定资产，编制固定资产构成分析表。

⑦落实生产准备各项工作，提出试车检查的情况报告，总结试车考评情况。

⑧编写竣工结算分析报告和竣工验收报告。

(2)预验收。

①核实竣工验收准备工作内容，确认竣工项目所有档案资料的完整性和准确性。

②检查项目建设标准、评定质量，对竣工验收准备过程中有争议的问题和有隐患及遗留问题提出处理意见。

③检查财务账表是否齐全并验证数据的真实性。

④检查试车情况和生产准备情况。

⑤编写竣工预验收报告和移交生产准备情况报告，在竣工预验收报告中应说明项目的概况，对验收过程进行阐述，对工程质量作出总体评价。

(3)正式验收。

建设项目的正式竣工验收是由国家、地方政府、建设项目投资商或开发商以及有关单位领导和专家参加的最终整体验收。大中型和限额以上的建设项目的正式验收由国家投资主管部门或其委托项目主管部门或地方政府组织验收。一般由竣工验收委员会(或验收小组)主任(或组长)主持,具体工作可由总监理工程师组织实施。国家重点工程的大型建设项目,由国家有关部委邀请有关方面参加,组成工程验收委员会进行验收。小型和限额以下的建设项目由项目主管部门组织。发包人、监理人、承包人、设计单位和使用单位共同参加验收工作。

①发包人、勘察设计单位分别汇报工程合同履约情况以及在工程建设各环节执行法律、法规与工程建设强制性标准的情况。

②听取承包人汇报建设项目的施工情况、自验情况和竣工情况。

③听取监理人汇报建设项目监理内容和监理情况以及对项目竣工的意见。

④组织竣工验收小组全体人员进行现场检查,了解项目现状、查验项目质量,及时发现存在和遗留的问题。

⑤审查竣工项目移交生产使用的各种档案资料。

⑥评审项目质量,对主要工程部位的施工质量进行复验、鉴定,对工程设计的先进性、合理性和经济性进行复验和鉴定,按设计要求和建筑安装工程施工的验收规范及质量标准进行质量评定验收。在确认工程符合竣工标准和合同条款规定后,签发竣工验收合格证书。

⑦审查试车规程,检查投产试车情况,核定收尾工程项目,对遗留问题提出处理意见。

⑧签署竣工验收鉴定书,对整个项目作出总的验收鉴定。竣工验收鉴定书是表示建设项目已经竣工,并交付使用的重要文件,是全部固定资产交付使用和建设项目正式动用的依据。建设项目竣工验收鉴定书的格式如表 7-1 所示。

表 7-1　建设项目竣工验收鉴定书

工程名称	
工程地点	
工程范围	
建筑面积	
工程造价	
开工日期	年　月　日
竣工日期	年　月　日
日历工作天	
实际工作天	
验收意见	
发包人验收人	

整个建设项目进行竣工验收后,发包人应及时办理固定资产交付使用手续。在进行竣工验收时,已验收过的单项工程可以不再办理验收手续,但应将单项工程交工验收证书作为最终验收的附件而加以说明。发包人在竣工验收过程中,若发现工程不符合竣工条件,应责令承包人进行返修,并重新组织竣工验收,直到通过验收。

二、竣工决算

(一)建设项目竣工决算概述

1. 建设项目竣工决算的概念

竣工决算是以实物数量和货币指标为计量单位,综合反映竣工项目从筹建开始到项目竣工交付使用的全部建设费用、投资效果和财务情况的总结性文件,是竣工验收报告的重要组成部分。竣工决算是正确核定新增固定资产价值、考核分析投资效果、建立健全经济责任制的依据,是反映建设项目实际造价和投资效果的文件。通过竣工决算,既能够正确反映建设工程的实际造价和投资效果,又可以通过竣工决算与概算、预算的对比分析,考核投资控制的工作效果,为工程建设提供重要的技术经济方面的基础资料,提高未来工程建设的投资效益。

2. 建设项目竣工决算的作用

(1)建设项目竣工决算是综合全面地反映竣工项目建设成果及财务情况的总结性文件,它采用货币指标、实物数量、建设工期和各种技术经济指标,综合、全面地反映建设项目自开始建设至竣工的全部建设成果和财务状况。

(2)建设项目竣工决算是办理交付使用资产的依据,也是竣工验收报告的重要组成部分。建设单位与使用单位在办理交付资产的验收交接手续时,通过竣工决算反映了交付使用资产的全部价值,包括固定资产、流动资产、无形资产和其他资产的价值。及时编制竣工决算可以正确核定固定资产价值并及时办理交付使用,可缩短工程建设周期,节约建设项目投资,准确考核和分析投资效果。

(3)建设项目竣工决算是分析和检查设计概算的执行情况、考核建设项目管理水平和投资效果的依据。竣工决算反映了竣工项目计划、实际的建设规模、建设工期以及设计和实际的生产能力,反映了概算总投资和实际的建设成本,同时还反映了所达到的主要技术经济指标。通过对这些指标计划数、概算数与实际数进行对比分析,不仅可以全面掌握建设项目计划和概算执行情况,而且可以考核建设项目投资效果,为今后制定建设项目计划、降低建设成本、提高投资效果提供必要的参考资料。

(二)竣工决算的内容和编制

财政部2008年9月公布的《关于进一步加强中央基本建设项目竣工财务决算工作的通知》(财办建[2008]91号)指出,财政部将按规定对中央级大中型项目、国家确定的重点小型项目竣工财务决算的审批实行"先审核、后审批"的办法,即对需先审核、后审批的项目,先委托财政投资评审机构或经财政部认可的有资质的中介机构对项目单位编制的竣工财务决算进行审核,再按规定批复项目竣工财务决算。

通知指出,项目建设单位应在项目竣工后三个月内完成竣工财务决算的编制工作,并报主管部门审核。主管部门收到竣工财务决算报告后,对于按规定由主管部门审批的项目,应及时审核批复,并报财政部备案;对于按规定报财政部审批的项目,一般应在收到决算报告后一个月内完成审核工作,并将经其审核后的决算报告报财政部审批。以前年度已竣工尚未编报竣工财务决算的基建项目,主管部门应督促项目建设单位抓紧编报。

另外,主管部门应对项目建设单位报送的项目竣工财务决算认真审核,严格把关。审核的重点内容有:项目是否按规定程序和权限进行立项、可行性研究和初步设计报批工作,项目建设超标准、超规模、超概算投资等问题审核,项目竣工财务决算金额的正确性审核,项目竣工财务决算资料的完整性审核,项目建成过程中存在的主要问题的整改情况审核等。

1. 竣工决算的内容

建设项目竣工决算应包括从筹建到竣工投产全过程的全部实际费用,即包括建筑工程费、安装工程费、设备及工器具购置费用及预备费等费用。按照财政部、国家发展和改革委员会与住房和城乡建设部的有关文件规定,竣工决算由竣工财务决算说明书、竣工财务决算报表、工程竣工图和工程竣工造价对比分析四部分组成。其中,竣工财务决算说明书和竣工财务决算报表两部分又称建设项目竣工财务决算,是竣工决算的核心内容。

1)竣工财务决算说明书

竣工财务决算说明书主要反映竣工工程建设成果和经验,是对竣工决算报表进行分析和补充说明的文件,是全面考核分析工程投资与造价的书面总结,是竣工决算报告的重要组成部分,其内容主要包括:

(1)建设项目概况,对工程总的评价。一般从进度、质量、安全和造价方面进行分析说明。进度方面主要说明开工时间和竣工时间,对照合理工期和要求工期分析是提前还是延期;质量方面主要根据竣工验收委员会或有关质量监督部门的验收评定等级、合格率和优良品率;安全方面主要根据劳动工资和施工部门的记录,对有无设备和人身事故进行说明;造价方面主要对照概算造价,说明节约或超支的情况,用金额和百分率进行分析说明。

(2)资金来源及运用等财务分析。主要包括工程价款结算、会计账务的处理、财产物资情况及债权债务的清偿情况。

(3)基本建设收入、投资包干结余、竣工结余资金的上交分配情况。通过对基本建设投资包干情况的分析,说明投资包干数、实际支用数和节约数、投资包干结余的有机构成和包干结余的分配情况。

(4)各项经济技术指标的分析。概算执行情况分析,根据实际投资完成额与概算进行对比分析;新增生产能力的效益分析,说明支付使用财产占总投资的比例、占支付使用财产的比例,不增加固定资产的造价占投资总额的比例,分析有机构成和成果。

(5)工程建设的经验及项目管理和财务管理工作以及竣工财务决算中有待解决的问题。

(6)需要说明的其他事项。

2)竣工财务决算报表

建设项目竣工财务决算报表根据大中型建设项目和小型建设项目分别制定。根据财政部关于《基本建设财务管理若干规定》(财基字[1998]4号)的通知及《基本建设项目竣工财务决算报表》(财基字[1998]498号)和《基本建设项目竣工财务决算报表填表说明》的通知,大中型建设项目竣工决算报表包括建设项目竣工财务决算审批表、大中型建设项目概况表、大中型建设项目竣工财务决算表、大中型建设项目交付使用资产总表、建设项目交付使用资产明细表。小型建设项目竣工财务决算报表包括建设项目竣工财务决算审批表、竣工财务决算总表、建设项目交付使用资产明细表等。

(1)建设项目竣工财务决算审批表(见表7-2)。该表作为竣工决算上报有关部门审批时使用,其格式是按照中央级小型项目审批要求设计的,地方级项目可按审批要求作适当修改。

表 7-2　建设项目竣工财务决算审批表

<table>
<tr><td>建设项目法人(建设单位)</td><td></td><td>建设性质</td><td></td></tr>
<tr><td>建设项目名称</td><td></td><td>主管部门</td><td></td></tr>
<tr><td colspan="4">开户银行意见:</td></tr>
<tr><td colspan="4">专员办审批意见:</td></tr>
<tr><td colspan="4">主管部门或地方财政部门审批意见:</td></tr>
</table>

(2)大中型建设项目概况表(见表 7-3)。该表综合反映大中型项目的基本概况,内容包括该项目总投资、建设起止时间、新增生产能力、主要材料消耗、建成成本、完成主要工程量和主要技术经济指标,为全面考核和分析投资效果提供依据。

表 7-3　大中型建设项目概况表

<table>
<tr><td>建设单位
(单项工程)
名称</td><td colspan="2"></td><td>建设地址</td><td colspan="2"></td><td></td><td>项目</td><td>概算
(元)</td><td>实际
(元)</td><td>备注</td></tr>
<tr><td rowspan="2">主要设计单位</td><td colspan="2" rowspan="2"></td><td rowspan="2">主要施工企业</td><td colspan="2" rowspan="2"></td><td rowspan="8">基本建设支出</td><td>建筑安装工程投资</td><td></td><td></td><td></td></tr>
<tr><td>设备、工具、器具</td><td></td><td></td><td></td></tr>
<tr><td rowspan="2">占地面积</td><td>设计</td><td>实际</td><td>总投资(万元)</td><td>设计</td><td>实际</td><td>待摊投资</td><td></td><td></td><td></td></tr>
<tr><td></td><td></td><td></td><td></td><td></td><td>其中:建设单位管理费</td><td></td><td></td><td></td></tr>
<tr><td rowspan="2">新增生产能力</td><td colspan="3"></td><td>设计</td><td>实际</td><td>其他投资</td><td></td><td></td><td></td></tr>
<tr><td colspan="3"></td><td></td><td></td><td>待核销基建支出</td><td></td><td></td><td></td></tr>
<tr><td rowspan="2">建设起止时间</td><td>设计</td><td colspan="4">从　年　月开工至　年　月竣工</td><td>非经营性转出投资</td><td></td><td></td><td></td></tr>
<tr><td>实际</td><td colspan="4">从　年　月开工至　年　月竣工</td><td>合计</td><td></td><td></td><td></td></tr>
<tr><td>设计概算
批准文号</td><td colspan="10"></td></tr>
<tr><td rowspan="3">完成主要
工作量</td><td colspan="7">建设规模</td><td colspan="3">设备(台、套、t)</td></tr>
<tr><td colspan="4">设计</td><td colspan="3">实际</td><td colspan="2">设计</td><td>实际</td></tr>
<tr><td colspan="4"></td><td colspan="3"></td><td colspan="2"></td><td></td></tr>
<tr><td rowspan="2">收尾工程</td><td colspan="4">工程项目、内容</td><td colspan="3">已完成投资额</td><td colspan="2">尚需投资额</td><td>完成时间</td></tr>
<tr><td colspan="4"></td><td colspan="3"></td><td colspan="2"></td><td></td></tr>
</table>

(3)大中型建设项目竣工财务决算表(见表 7-4)。竣工财务决算表是竣工财务决算报表的一种,大中型建设项目竣工财务决算表是用来反映建设项目的全部资金来源和资金占用情况的,是考核和分析投资效果的依据。该表反映竣工的大中型建设项目从开工到竣工全部资金来源和资金运用的情况。它是考核和分析投资效果,落实结余资金,并作为报告上级核销基本建设支出和基本建设拨款的依据。在编制该表前,应先编制出项目竣工年度财务决算,根据编制出的竣工年度财务决算和历年财务决算编制项目的财务决算。此表采用平衡表形式,即资金来源合计等于资金支出合计。具体编制方法可参照相关教材及造价工程师的培训教材。

表7-4 大中型建设项目竣工财务决算表

资金来源	金额(元)	资金占用	金额(元)	补充资料
一、基建拨款		一、基本建设支出		
1. 预算拨款		1. 交付使用资产		
2. 基建基金拨款		2. 在建工程		1. 基建投资借款期末余额
其中:国债专项资金拨款		3. 待核销基建支出		
3. 专项建设基金拨款		4. 非经营性项目转出投资		
4. 进口设备转账拨款		二、应收生产单位投资借款		
5. 器材转账拨款		三、拨付所属投资借款		2. 应收生产单位投资借款期末数
6. 煤代油专用基金拨款		四、器材		
7. 自筹资金拨款		其中:待处理器材损失		
8. 其他拨款		五、货币资金		
二、项目资本金		六、预付及应收款		
1. 国家资本		七、有价证券		3. 基建结余资金
2. 法人资本		八、固定资产		
3. 个人资本		固定资产原价		
三、项目资本公积金		减:累计折旧		
四、基建借款		固定资产净值		
其中:国债转贷		固定资产清理		
五、上级拨入投资借款		待处理固定资产损失		
六、企业债券资金				
七、待冲基建支出				
八、应付款				
九、未交款				
1. 未缴税金				
2. 其他未交款				
十、上级拨入资金				
十一、留成收入				
合计		合计		

(4)大中型建设项目交付使用资产总表(见表7-5)。该表反映建设项目建成后新增固定资产、流动资产、无形资产和其他资产价值的情况和价值,作为财产交接、检查投资计划完成情况和分析投资效果的依据。小型项目不编制“交付使用资产总表”,直接编制

"交付使用资产明细表",大中型项目在编制"交付使用资产总表"的同时,还需编制"交付使用资产明细表"。

表7-5 大中型建设项目交付使用资产总表

序号	单项工程项目名称	总计	固定资产				流动资产	无形资产	其他资产
			合计	建安工程	设备	其他			

交付单位: 负责人: 接收单位: 负责人:

盖 章 年 月 日 盖 章 年 月 日

(5)建设项目交付使用资产明细表(见表7-6)。该表反映交付使用的固定资产、流动资产、无形资产和其他资产及其价值的明细情况,是办理资产交接和接收单位登记资产账目的依据,是使用单位建立资产明细账和登记新增资产价值的依据。大中型和小型建设项目均需编制此表。编制时应齐全完整、数字准确,各栏目价值应与会计账目中相应科目的数据保持一致。

表7-6 建设项目交付使用资产明细表

单项工程名称	建筑工程			设备、工具、器具、家具						流动资产		无形资产		其他资产	
	结构	面积(m^2)	价值(元)	名称	规格型号	单位	数量	价值(元)	设备安装(元)	名称	价值(元)	名称	价值(元)	名称	价值(元)

(6)小型建设项目竣工财务决算总表(见表7-7)。

3)建设工程竣工图

建设工程竣工图是真实地记录各种地上、地下建筑物和构筑物等情况的技术文件,是工程进行交工验收、维护、改建和扩建的依据,是国家的重要技术档案。全国各建设、设计、施工单位和各主管部门都要认真做好竣工图的编制工作。国家规定:各项新建、扩建、改建的基本建设工程,特别是基础、地下建筑、管线、结构、井巷、桥梁、隧道、港口、水坝以及设备安装等隐蔽部位,都要编制竣工图。为确保竣工图质量,必须在施工过程中(不能

表 7-7 小型建设项目竣工财务决算总表

建设项目名称		建设地址				资金来源		资金运用	
初步设计概算批准文号						项目	金额（元）	项目	金额（元）
占地面积	计划	实际	总投资（万元）	计划	实际	一、基建拨款 其中：预算拨款		一、交付使用资产	
						二、项目资本金		二、待核销基建支出	
						三、项目资本公积金		三、非经营性项目转出投资	
新增生产能力	能力（效益）名称	设计		实际		四、基建借款		四、应收生产单位投资借款	
						五、上级拨入借款			
建设起止时间	计划	从 年 月 日开工 至 年 月 日竣工				六、企业债券资金		五、拨付所属投资借款	
	实际	从 年 月 日开工 至 年 月 日竣工				七、待冲资金		六、器材	
基建支出	项目		概算（元）	实际（元）		八、应付款		七、货币资金	
	建筑安装工程							八、预付及应收款	
	设备、工具、器具					九、未付款 其中：未交基建收入 未交包干收入		九、有价证券	
	待摊投资 其中：建设单位管理费							十、原有固定资产	
	其他投资								
	待核销基建支出					十、上级拨入资金			
	非经营性项目转出投资					十一、留成收入			
						合计		合计	

在竣工后）及时作好隐蔽工程检查记录，整理好设计变更文件。编制竣工图的形式和深度，应根据不同情况区别对待，其具体要求包括：

（1）凡按图竣工没有变动的，由承包人（包括总包和分包承包人，下同）在原施工图上加盖“竣工图”标志后，即作为竣工图。

（2）凡在施工过程中，虽有一般性设计变更，但能将原施工图加以个性补充作为竣工图的，可不重新绘制，由承包人负责在原施工图（必须是新蓝图）上注明修改的部分，并附以设计变更通知单和施工说明，加盖“竣工图”标志后，作为竣工图。

（3）凡结构形式改变、施工工艺改变、平面布置改变、项目改变以及有其他重大改变，不宜再在原施工图上修改、补充的，应重新绘制改变后的竣工图。由原设计原因造成的，由设计单位负责重新绘制；由施工原因造成的，由承包人负责重新绘制；由其他原因造成的，由建设单位自行绘制或委托设计单位绘制。承包人负责在新图上加盖“竣工图”标志，并附以有关记录和说明，作为竣工图。

(4)为了满足竣工验收和竣工决算需要，还应绘制反映竣工工程全部内容的工程设计平面示意图。

(5)重大的改建、扩建工程项目涉及原有的工程项目变更时，应将相关项目的竣工图资料统一整理归档，并在原图案卷内增补必要的说明。

4)工程造价对比分析

对控制工程造价所采取的措施、效果及其动态的变化需要进行认真对比，总结经验教训。批准的概算是考核建设工程造价的依据。在分析时，可先对比整个项目的总概算，然后将建筑安装工程费用、设备及工器具购置费和其他工程费用逐一与竣工决算表中所提供的实际数据和相关资料及批准的概算、预算指标，实际的工程造价进行对比分析，以确定竣工项目总造价是节约还是超支，并在对比的基础上，总结先进经验，找出节约和超支的内容及原因，提出改进措施。在实际工作中，应主要分析以下内容：

(1)主要实物工程量。对于实物工程量出入比较大的情况，必须查明原因。

(2)主要材料消耗量，考核主要材料消耗量，要按照竣工决算表中所列明的三大材料实际超概算的消耗量，查明是在工程的哪个环节超出量最大，再进一步查明超耗的原因。

(3)考核建设单位管理费、措施费和间接费的取费标准。建设单位管理费、措施费和间接费的取费标准要按照国家和各地的有关规定，根据竣工决算报表中所列的建设单位管理费与概预算所列的建设单位管理费数额进行比较，依据规定查明多列或少列的费用项目，确定其节约超支的数额，并查明原因。

2.竣工决算的编制

1)竣工决算的编制依据

(1)经批准的可行性研究报告、投资估算书、初步设计或扩大初步设计、修正总概算及其批复文件。

(2)经批准的施工图设计及其施工图预算书。

(3)设计交底或图纸会审纪要。

(4)设计变更记录、施工记录或施工签证单及其他施工发生的费用记录。

(5)招标控制价、承包合同、工程结算等有关资料。

(6)历年基建计划、历年财务决算及批复文件。

(7)设备、材料调价文件和调价记录。

(8)有关财务核算制度、办法和其他有关资料。

2)竣工决算的编制要求

为了严格执行建设项目竣工验收制度，正确核定新增固定资产价值，考核分析投资效果，建立健全经济责任制，所有新建、扩建和改建等建设项目竣工后，都应及时、完整、正确地编制好竣工决算。建设单位要作好以下记录：

(1)按照规定组织竣工验收，保证竣工决算的及时性。竣工决算是对建设工程的全面考核。所有的建设项目(或单项工程)按照批准的设计文件所规定的内容建成后，具备了投产和使用条件的，都要及时组织验收。对于竣工验收中发现的问题，应及时查明原因，采取措施加以解决，以保证建设项目按时交付使用和及时编制竣工决算。

(2)积累、整理竣工项目资料,保证竣工决算的完整性。积累、整理竣工项目资料是编制竣工决算的基础工作,它关系到竣工决算的完整性和质量的好坏。因此,在建设过程进行系统整理,分类立卷,为编制竣工决算提供完整的数据资料,为投产后加强固定资产管理提供依据。在工程竣工时,建设单位应将各种基础资料与竣工决算一起移交给生产单位或使用单位。

(3)清理、核对各种账目,保证竣工决算的正确性。工程竣工后,建设单位要认真核实各种交付使用资产的建设成本;做好各种账账务、物资以及债权的清理结余工作,应偿还的及时偿还,该收回的应及时收回,对各种结余的材料、设备、施工机械工具等,要逐项清点核实,妥善保管,按照国家有关规定进行处理,不得任意侵占;对竣工后的结余资金,要按规定上交财政部门或上级主管部门。在完成上述工作,核实了各项数字的基础上,正确编制从年初到竣工月份的竣工年度财务决算,以便根据历年的财务决算和竣工年度财务决算进行整理汇总,编制建设项目决算。

按照规定竣工决算应在竣工项目办理验收交付手续后一个月内编好,并上报主管部门,有关财务成本部分,还应送经办行审查签证。主管部门和财政部门对报送的竣工决算审批后,建设单位即可办理决算调整和结束有关工作。

3)竣工决算的编制步骤

(1)收集、整理和分析有关依据资料。

(2)清理各项财务、债务和结余物资。

(3)核实工程变动情况。

(4)编制建设工程竣工决算说明。

(5)填写竣工决算报表。

(6)作好工程造价对比分析。

(7)清理、装订好竣工图。

(8)上报主管部门审查存档。

将上述编写的文字说明和填写的表格经核对无误,装订成册,即为建设工程竣工决算文件。将其上报主管部门审查,并把其中财务成本部分送交开户银行签证。竣工决算在上报主管部门的同时,抄送有关设计单位。大中型建设项目的竣工决算还应抄送财政部、中国建设银行总行及省、自治区、直辖市的财政局和中国建设银行分行各一份。中国建设工程竣工决算的文件,由建设单位负责组织人员编写,在竣工建设项目办理验收使用一个月内完成。

第二节 保修费用的处理

一、建设项目保修制度

(一)建设项目保修及其意义

1.保修的含义

《建设工程质量管理条例》(国务院令第279号)中规定,建设工程实行保修制度。建设工程承包人在向发包人提交工程竣工验收报告时,应当向发包人出具质量保修书。质量保修书应当明确建设工程的保修范围、保修期限和责任等。建设项目在保险期内和保修范围内发生的质量问题,承包人应履行保修义务,并对造成的损失承担赔偿责任。《中华人民共和国建筑法》规定:建筑工程实行质量保修制度。《中华人民共和国合同法》规定:建设工程的施工合同内容包括对工程质量保修的范围和保证期。

建设工程质量保修制度是国家所确定的重要法律制度。它是指建设工程在办理交工验收手续后,在规定的保修期限内(按合同有关保修期的规定),因勘察设计、施工、材料等原因造成的质量缺陷,应由责任单位负责保修。项目保修是项目竣工验收交付使用后,在一定期限内由承包人对发包人或用户进行回访,按照国家或行业现行的有关技术标准、设计文件以及合同中对质量的要求,对于工程缺陷的发生确实是由于承包人施工责任造成的建筑物使用功能不良或无法使用的问题,由承包人负责修理,直到达到正常使用的标准。保修回访制度属于建筑工程竣工后管理范畴。

2. 保修的意义

工程质量保修是一种售后服务方式,是《中华人民共和国建筑法》和《建设工程质量管理条例》(国务院令第 279 号)规定的承包人的质量责任,建设工程质量保修制度是国家所确定的重要法律制度,这对于完善建设工程保修制度,促进承包人加强质量管理、改进工程质量,保护用户及消费者合法权益能够起重要作用。

(二)保修的范围和最低保修期限

根据《中华人民共和国建筑法》、《建设工程质量管理条例》(国务院令第 279 号)、《建设工程质量保证金管理暂行办法》、关于印发《房屋建筑工程质量保修书》(示范文本)的通知(建建[2000]185 号)的有关规定:承包人在向业主提交工程竣工报告时,应向业主出具质量保修书。质量保修中应明确建设工程的保修范围、保修期限和保修责任等。建设工程在保修范围和保修期限内如果发生质量问题,承包人应当履行保修义务,并对相应造成的损失承担赔偿责任。

1. 保修的范围

在正常使用条件下,建筑工程的保修范围应包括地基基础工程、主体结构工程、屋面防水工程和其他土建工程,以及电气管线、上下水管线的安装工程,供热、供冷系统工程等项目。一般包括以下问题:

(1)屋面、地下室、外墙阳台、卫生间、厨房等处的渗水、漏水问题。

(2)各种通水管道(如自来水、热水、污水、雨水等)的漏水问题、各种气体管道的漏气问题、通气孔和烟道的堵塞问题。

(3)水泥地面有较大面积空鼓、裂缝或起砂问题。

(4)内墙抹灰有较大面积起泡、脱落或墙面浆活起碱脱皮问题,外墙粉刷自动脱落问题。

(5)暖气管线安装不妥,出现局部不热、管线接口处漏水等问题。

(6)影响工程使用的地基基础、主体结构等存在质量问题。

(7)其他由于施工不良而造成的无法使用或不能正常发挥使用功能的工程部位。

由于用户使用不当而造成建筑功能不良或损坏者,不属于保修范围。

2. 保修的期限

保修的期限应当按照保证建筑物合理寿命内正常使用，维护使用者合法权益的原则确定。具体的保修范围和最低保修期限由国务院规定。按照国务院《建设工程质量管理条例》(国务院令第279号)规定：

(1)基础设施工程、房屋建筑的地基基础工程和主体结构工程，为设计文件规定的该工程的合理使用年限。

(2)屋面防水工程及有防水要求的卫生间、房间和外墙面的防渗漏为5年。

(3)供热与供冷系统为2个采暖期和供冷期。

(4)电气管线、给水排水管道、设备安装和装修工程为2年。

(5)其他项目的保修期限由发承包双方在合同中规定。建设工程的保修期，自竣工验收合格之日算起。

(三)保修的经济责任

1. 保修的经济责任

(1)因承包人未按施工质量验收规范、设计文件要求和施工合同约定组织施工而造成的质量缺陷所产生的工程质量保修，应当由承包人负责修理并承担经济责任；由承包人采购的建筑材料、建筑构配件、设备等不符合质量要求，或承包人应进行而没有进行试验或检验，进入现场使用造成质量问题的，应由承包人负责修理并承担经济责任。

(2)由于勘察、设计方面的原因造成的质量缺陷，由勘察、设计单位负责并承担经济责任，由施工单位负责维修或处理。合同法规定，勘察、设计人员应当继续完成勘察、设计，减收或免收勘察、设计费并赔偿损失。当由承包人进行维修或处理时，费用数额应按合同约定，通过发包人向勘察、设计单位索赔，不足部分由发包人补偿。

(3)由于发包人供应的材料、构配件或设备不合格造成的质量缺陷，或发包人竣工验收后未经许可自选改建造成的质量问题，应由发包人或使用人自行承担经济责任；由发包人指定的分包人或不能肢解而肢解发包的工程，致使施工接口不好造成质量缺陷的，或发包人或使用人竣工验收后使用不当造成的损坏，应由发包人或使用人自行承担经济责任。承包人、发包人与设备、材料、构配件供应部门之间的经济责任，应按其设备、材料、构配件的采购合同处理。

(4)《房屋建筑工程质量保修办法》(建设部令第80号)规定，不可抗力造成的质量缺陷不属于规定的保修范围。所以，由于地震、洪水、台风等不可抗力原因造成的损坏，或非施工原因造成的事故，承包人不承担经济责任；当使用人需要责任以外的修理、维护服务时，承包人应提供相应的服务，但应签订协议，约定服务的内容和质量要求。所发生的费用应由使用人按协议约定的方式支付。

(5)有的项目经发包人和承包人协商，根据工程的合理使用年限，采用保修保险方式。这种方式不需扣保留金，保险费由发包人支付，承包人应按约定的保修承诺，履行其保修职责和义务。

建设工程在保修范围和保修期限内发生质量问题的，承包人应当履行保修义务，并对造成的损失承担赔偿责任。凡是由于用户使用不当造成建筑功能不良或损坏，不属于保修范围；凡属工业产品项目发生问题，也不属保修范围。以上两种情况应由发包人自行组织修理。

2.保修的操作方法(程序)

1)发送保修证书(房屋保修卡)

在工程竣工验收的同时(最迟不超过三天到一周),由承包人向发包人发送“建筑安装工程保修证书”。保修证书的主要内容包括:

(1)工程概况、房屋使用管理要求。

(2)保修范围和内容。

(3)保修时间。

(4)保修说明。

(5)保修情况记录。

(6)保修单位(即承包人)的名称、详细地址等。

2)填写“工程质量修理通知书”

在保修期内,工程项目出现质量总是影响使用,使用人应填写“工程质量修理通知书”告知承包人,注明质量问题及部位、维修联系方式,要求承包人指派人前往检查修理。修理通知书发出日期为约定起始日期,承包人应在7天内派出人员执行保修任务。

3)实施保修服务

承包人接到“工程质量修理通知书”后,必须尽快派人检查,并会同发包人共同作出鉴定,提出修理方案,明确经济责任,尽快组织人力、物力进行修理,履行工程质量保修的承诺。房屋建筑工程在保修期间出现质量缺陷,发包人或房屋建筑所有人应当向承包人发出保修通知,承包人接到保修通知后,应到现场检查情况,在保修书约定的时间内予以保修,发生涉及结构安全或者严重影响使用功能的紧急抢修事故,应当立即到达现场进行抢修。发生涉及结构安全的质量缺陷,发包人或者房屋建筑产权人应当立即向当地建设主管部门报告,采取安全防范措施;由原设计单位或者具有相应资质等级的设计单位提出保修方案;承包人实施保修,原工程质量监督机构负责监督。

4)验收

发生问题的部位或项目修理完毕后,要在保修证书的“保修记录”栏内作好记录,并经发包人验收签认,此时修理工作完毕。

二、保修费用的计算

(一)保修费用的含义

保修费用是指在保修期间和保修范围内所发生的维修、返工等各项费用支出。保修费用应按合同和有关规定合理确定和控制。保修费用一般可参照建筑安装工程造价的确定程序和方法进行计算,也可以按照建筑安装工程造价或承包工程合同价的一定比例计算(目前取5%)。一般工程竣工后,承包人保留工程款的5%作为保修费用,保留金的性质是一种现金保证金,目的是保证承包人在工程执行过程中恰当履行合同的约定。

(二)保修费用的处理

《中华人民共和国建筑法》规定,在保修费用的处理问题上,必须根据修理项目的性质、内容以及检查修理等多种因素的实际情况,区别保修责任。保修的经济责任,应当由有关责任方承担，由发包人和承包人共同商定经济处理办法。

《中华人民共和国建筑法》规定，建筑施工企业违反该法规定，不履行保修义务的，责令改正，可以处以罚款。在保修期间由于层顶、墙面渗漏、开裂等原因造成的质量缺陷，有关责任企业应当依据实际损失给予实物或价值补偿。由于勘察设计原因、监理原因或者建筑材料、建筑构配件和设备等原因造成的质量缺陷，根据民法规定，施工企业可以在保修和赔偿损失之后，向有关责任者追偿。因建设工程质量不合格而造成损害的，受损害人有权向责任者要求赔偿。因发包人或者勘察设计的原因、施工的原因、监理的原因产生的建设质量问题，造成他人损失的，以上单位应当承担相应的赔偿责任。受损害人可以向任何一方要求赔偿，也可以向以上各方提出共同赔偿要求。有关各方之间在赔偿后，可以在查明原因后向真正责任人追偿。

思考题与习题

1. 建设项目竣工验收的作用是什么？竣工验收的范围如何确定？
2. 简述竣工验收的三种方式的一般步骤。
3. 大中型建设项目竣工决算的内容有哪些？
4. 建设项目竣工决算如何编制？
5. 建设项目保修的意义是什么？
6. 建设项目保修的一般期限是什么？
7. 建设项目保修的费用如何处理？

第八章　国外工程造价控制与管理

【学习目标】

1. 了解 FIDIC 合同关于工程造价方面的有关规定。
2. 了解 NEC(新工程合同)关于工程造价方面的有关规定。
3. 掌握国际工程造价组成及管理控制的基本方法。

【能力要求】

具有分析并进行国际工程造价结算、索赔、风险分摊以及争端解决的能力。

20 世纪 70 年代以来,国际工程承包事业迅猛发展,项目业主常常采用比以前更为宽广的合同策略。随着国际建筑业的发展,发达国家的建筑工程造价管理已在科学化、规范化、程序化的轨道上运行,已形成了许多好的国际惯例。美、英、日等发达国家在工程造价管理上结合各自国家的实际情况,通过制定切实可行的办法,建立了比较科学、严谨、完善的管理制度,使工程造价从投标报价到中标后的实施,得到全过程的控制与管理。目前,国际上较为成熟和被普遍认可的有 FIDIC 合同项目管理和 NEC(New Engineering Contract,新工程合同)合同管理。

第一节　FIDIC 合同条件下工程造价的控制与管理

FIDIC(菲迪克)是一个国际性的非官方组织,用其法文名"Fédération Internationale Des Ingénieurs-Conseils"的前 5 个字母表示,于 1913 年由欧洲五国独立的咨询工程师协会在比利时根特成立。FIDIC 的宗旨是通过编制高水平的标准文件,召开研讨会,举办咨询业界的会议、培训,传播工程信息,根据成员需求提供交流信息,发行出版物,建立丰富的调停人、仲裁人和专家资源库,帮助发展中国家咨询业的发展,从而推动全球工程咨询行业的发展。FIDIC 合同的知识结构非常丰富,涉及工程管理的各个方面,图 8-1 所示为 FIDIC 合同的知识体系结构。目前,全球各地有近 80 个国家和地区成员加入,中国工程咨询协会于 1996 年被接纳为国际咨询工程师联合会(FIDIC)正式会员。

一、FIDIC 合同概述

(一)FIDIC 合同的具体应用

FIDIC 合同适用于房屋建筑工程和各种工程,包括工业与民用建筑工程、道桥工程、水利工程、港口工程等。在传统上,FIDIC 合同主要适用于国际工程施工,但经过适当修改后的 FIDIC 合同越来越多地适用于国内施工合同。FIDIC 合同适用于工程规模大、技术复杂、建设周期较长的建设工程项目,应用 FIDIC 合同是有条件的,这些条件包括:

(1)采用无限制招标选择承包商。

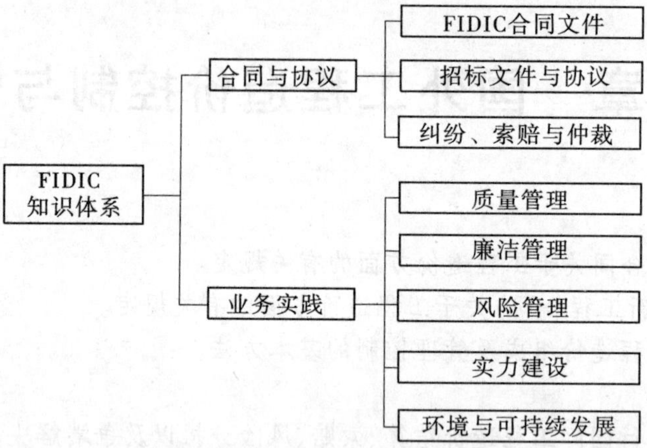

图 8-1　FIDIC 合同的知识体系结构

(2)合同履行中建立以工程师为核心的管理模式。

(3)施工承包合同采用单价合同。

这三个条件是实施 FIDIC 合同条件的前提,如果其中的条件不能全部得到实施保证,FIDIC 合同就会变形走样或被肢解,失去其真正的意义和作用效果。FIDIC 合同强调工程师的作用,提倡对工程师进行充分授权,让其独立公正地工作,规定工程师有权处理由于工程量变化引起的单价争议,以工程师为核心的管理模式,体现了线性组织结构的运行机制和组织论关于“命令源唯一性”的原则。

(二)FIDIC 合同的组成内容

FIDIC 合同分为两部分。第一部分,通用条款(标准条款);第二部分,专用条款(根据不同项目的工程性质、工程所在地区国家的具体条件,对个别通用条款作必要的删减、修改或补充的内容,包括调价计算方法等)。其中,通用条款包括以下内容:①一般规定;②雇主;③工程师;④承包商;⑤指定的分包商;⑥职员和劳工;⑦设备、材料和工艺;⑧开工、误期与停工;⑨竣工检验;⑩雇主的接收;⑪缺陷责任;⑫计量与计价;⑬变更与调整;⑭合同价格预付款;⑮雇主提出终止;⑯承包商提出停工与终止;⑰风险与责任;⑱保险;⑲不可抗力;⑳索赔、争端与仲裁。

通用条款规定了业主和承包商的职责、义务和权利以及监理工程师根据业主和承包商的合同执行对工程的监理任务时的职责和权限。

(三)FIDIC 合同条件下文件组成及解释的优先次序

在 FIDIC 合同条件下,形成的工程项目合同文件较多,构成合同的这些文件相互补充、说明,但有时合同文件之间会产生冲突或模棱两可的解释,出现这些情况时,应由工程师进行解释,其解释应按以下构成合同文件的先后次序进行:合同协议书,中标书,专用条件,通用条件,规范,图纸,资料表和构成合同文件组成部分的其他文件。

(四)FIDIC 合同条件下项目参与方

施工管理主要参与方包括合同的当事人、业主、工程师、承包商、指定分包商。现将他们的作用分述如下:

(1)业主。首先根据合同需求在合同条款中说明其要求,并邀请通过资格审查的承包商参与投标。业主必须向承包商提供工程场地,甚至要提供供水和供电设施。负责落实资金,并根据合同向承包商支付。遇到任何无法解决的合同纠纷,也主要决定是否与承包商谈判解决,还是提交仲裁。

(2)工程师。在 FIDIC 合同条件下,业主要委托一个独立的咨询工程师(监理工程师),即工程师来完成可行性研究、工程设计及建设监理等工作。在 1999 年新版 FIDIC 合同出台前,工程师被认为应该充分运用自己的独立专业判断,在与业主和承包商有关的合同问题上作出公正的决定,但在 1999 年新版 FIDIC 合同中,工程师被认为是代表业主行使权利,原来的独立行使权被削减。

①工程师的任务和权利。工程师应当履行合同中指派给他的任务。工程师的职员应当包括具有适当资格的工程师和能够承担这些任务的其他专业人员。工程师可以行使合同中规定的或者隐含的属于工程师的权利,如果要求工程师在行使这些权利前得到业主批准,应在合同专用条款中写明。

②工程师的委托。工程师可以向其他助手指派任务或委托权利。这些助手包括驻地工程师及被任命为检验和试验各项工程设备、材料的独立检查员。

③工程师的指示。工程师可在任何时间按照合同规定向承包商发出指示和实施工程修补缺陷需要的附加或修正图纸,承包商应当接受这些指示。

(3)承包商。按照招标文件的要求承担施工任务。在投标过程中,承包商要认真研究所有的地质土工信息,进行现场考察,检查进场条件以及当地劳动力和材料的供应情况。一旦中标,有责任采取一切需要采取的措施,按照合同规定完成工程的施工任务。

(4)指定分包商。是由业主或工程师指定、选定,完成某项特定的工作内容并与承包商签订分包合同的特殊分包商。业主有权将工程项目的部分施工任务或涉及提供材料、设备、服务等工作内容发包给指定的分包商完成。

二、FIDIC 合同下的国际工程造价的组成

(一)国际建筑安装工程造价费用组成

国外建筑安装工程费用一般是在建筑市场上通过招标投标方式确定的,工程费的高低受建筑产品供求关系影响较大,其组成如图 8-2 所示。

1. 直接费构成

(1)工资。包括工资、加班费、津贴、招雇解雇费用等。

(2)材料费。包括材料原价、运杂费、税金、进口材料关税、手续费及预涨费等。

(3)施工机械费。对于自有机械,其台时单价由应摊折旧费、维修费、能源及动力费、驾驭工人工资及工程机械设备险投保费、第三者责任险投保费等组成。当使用租赁施工机械时,其费用则包括租赁费、租赁机械的进出场费等。

2. 管理费

管理费包括现场管理费和公司管理费。管理费包括内容基本与我国施工管理费构成内容相似,不同的是多一项业务经费,业务经费包括广告宣传费、交际费、业务资料费、业务所需手续费、代理人费用和佣金、保险费和税金以及银行贷款利息等。许多国家,施工企业的业务及管理费往往是管理费中所占比例最大的一项,占全部管理费用的 30% ~

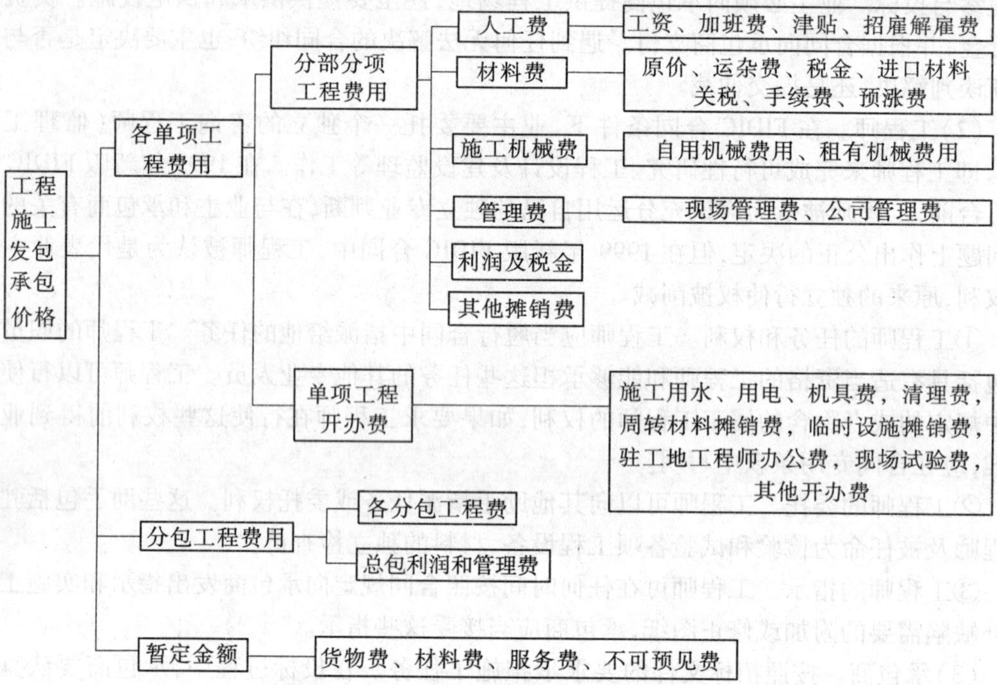

图 8-2 国际建筑安装工程造价费用组成

38%。

3. 开办费

开办费在国际工程中一般是在分部分项工程造价的前面按单项工程分别单独列出的。单项工程建筑安装工程量越大，开办费在工程价格中的比例就越小；反之开办费就越大。一般开办费占工程价格的 10% ~20%。开办费包括的内容因国家和工程的不同而有所差异。

4. 利润

在国际市场上，施工企业的利润一般为 10% ~15%，也有的管理费与利润合取，为直接费的 30% 左右。具体工程利润率要根据工程难易、现场条件、工期长短、竞争对手等的具体的市场情况而定。

5. 暂定金额

这是包括在合同中，以供工程的各阶段施工或提供货物、材料、设备及服务、不可预料事件的费用使用的一项金额，这项金额只有经过工程师的批准才能动用。

6. 分包工程费用

(1)各分包工程费。指分包工程直接费、管理费和利润。

(2)总包利润和管理费。指分包单位向总包单位缴纳的总包管理费、其他服务费和利润。

(二)费用的组成形式和分摊比例

1. 组成形式

国际工程造价各项组成费用在投标报价中有三种形式：组成分部分项工程单价、单独报价、按比例分摊单价。

(1)组成分部分项工程单价。人工费、材料费和机械费直接组成分部分项工程单价,工程总量乘以单价即可得出分部分项工程价格。

(2)单独报价。适用于不直接消耗在某个分部分项工程上,无法直接与分部分项工程对应,但是对完成工程建设是必不可少的费用。如开办费中的费用项目。

(3)按比例分摊单价。分摊进单价承包商总部管理费、利润、税金以及开办费中的项目经常以一定比例分摊进入工程单价中。

2. 分摊比例的确定

(1)固定比例。税金和政府收取的各项管理费的比例是工程所在地政府规定的费率,不能随意改动。

(2)浮动比率。总部管理费和利润的比例由承包商根据自身经营状况、工程具体情况及投标策略等自行确定。

(3)测算比例。开办费的比例需要详细测算,首先计算出需要分摊的项目金额,然后计算分摊金额与分部分项工程价格的比例。

(4)公式法。可参考以下公式分摊费用,即

$$A = a(1 + k_1)(1 + k_2)(1 + k_3) \tag{8-1}$$

式中 A——分摊后的分部分项工程单价;

a——分摊前的分部分项工程单价;

k_1—开办费项目的分摊比例;

k_2——总部管理费和利润的分摊比例;

k_3——税率或政府规定的管理费率。

(三)合同预付款

预付款是业主在施工前期支付给承包商的从未来工程款中提前支付的一笔款项。工程预付款的多少、有无预付款以及预付款额度和扣还方式等均在合同专用条款中约定。

1. 工程预付款

工程预付款是业主为解决承包商进行施工前期工作时资金短缺,从未来的工程款内提前支付的一笔款项。业主同意支付预付款时,须在专用条件内规定支付及扣款的事项。

2. 材料预付款

材料预付款是业主在承包商将某项工程合格实施完毕之前,提前支付给承包商的用于该项工程的材料的费用款项。为帮助承包商解决订购大宗主要材料设备的资金周转,业主可根据具体情况选择适当时间将预付款支付给承包商。

三、FIDIC 合同条件下有关工程量计量的规定

(一)工程量

投标报价中工程量清单上的工程量是在图纸和规范的基础上对该工程的估算工程量,它们不能作为承包商履行合同过程中应予完成的实际和确切的工程量。

承包商在实施合同中完成的实际工程量要通过测量来核实,以此作为结算工程价款的依据。由于 FIDIC 合同是固定单价合同,承包商报出的单价是不能随意变动的,因此工

程价款的支付额是单价与实际工程量的乘积之和。

(二)工程量的计算

为了付款,工程师应根据合同通过计量来核实和确定工程的价值。工程师计量时应通知承包商一方派人来参加,并提供工程师所需的一些详细资料。如果承包商一方未参加计算,则其应承认工程师的计量结果。

在对永久工程进行计量需要记录时,工程师应准备此类记录。承包商应按照要求对记录进行审查,并就此记录和工程师达成一致时双方共同签名。如果承包商不出席此类记录的审查和承认,则应认为这些记录是正确无误的。

如果承包商在审查后认为记录是不正确的,则必须在审查后 14 天内向工程师发出通知,说明上述记录中不正确的部分。工程师则应在接到这一通知后复查这些记录,或予以确认或予以修改。

(三)工程计量的方法

工程计量应事先在合同中作出约定;如果合同中没有约定,应测量永久工程各项内容的实际净数量,测量的方法按照工程量表或资料表中的规定。

四、FIDIC 合同条件下的工程价款的结算与支付

(一)工程价格

1. 合同价格

在合同中规定对实施、完成工程内容的全部价款,即经工程师签证确认承包商完成的所有工程量乘以合同单价(中标单价)得出的工程价款。

2. 合同价款的调整

工程结算金额与合同金额一般不等,主要原因有以下几点:

(1)合同条款规定业主承担最初预测工程量变更的风险。例如,土木工程涉及大量的隐蔽工程,所以工程量难以准确预测。FIDIC 合同对工程计量方法有明确的规定,并根据确定的计量方法列出了相应的工程量清单。例如,在开挖中,以基础净开挖量计量的,不计算工作空间或开挖面以外的工程量;如地基排降水一般都包括在开挖单价以内,如果排水时水量超过从现场地质数据图测出的合理流量,则可根据合同(不利自然条件)进行相应的索赔。因此,承包商在施工过程中须严格遵守施工程序及设计图纸,施工过程中一旦发生争议应在第一时间提供相应的证据。

(2)发生合同规定应由业主承担责任的事件。如工程变更、工程师指令失误、不可抗力等事件情况。

(3)由于承包商责任造成的质量责任、工期延误等,业主凭工程师的证明,从应付工程款中扣除承包商给业主带来的损失款额。

(二)工程结算的范围和条件

1. 工程结算的范围

FIDIC 合同条件所规定的工程结算的范围主要包括两部分:一部分费用是工程量清单中的费用,这部分费用是承包商在投标时,根据合同条件的有关规定提出的报价,并经业主认可的费用;另一部分费用是工程量清单以外的费用,这部分费用虽然在工程量清单

中没有规定，但是在合同条件中却有明确的规定，因此它也是工程结算的一部分。

2. 工程结算的条件

(1)质量合格是工程结算的必要条件。结算以工程质量为基础，计量必须以质量合格为前提。所以，并不是对承包商已完成工程全部支付，而只支付其中质量合格的部分，对于工程质量不合格的部分一律不予以支付。

(2)符合合同条件。一切结算均需要符合合同规定的要求，例如，承包预付款的支付款额要符合标书附件中规定的数量，支付的条件应符合合同条件的规定，即承包商提供履约保函和承包预付款保函之后才予以支付承包预付款。

(3)变更项目必须有工程师的变更通知。FIDIC 合同条件规定，没有工程师的指示，承包商不得作出任何变更。如果承包商没有收到指示就进行变更，则其不能就此变更的费用要求补偿。

(4)支付金额必须大于临时支付证书规定的最小限额。FIDIC 合同条件规定，如果在扣留金和其他金额之后的净额少于投标书附件中规定的临时支付证书的最小限额，工程师没有义务开具任何支付证书。不予支付的金额将按月结转，直到达到或超过最低限额时才予以支付。

(5)承包商的工作使工程师满意。为了确保工程师在工程管理中的核心地位，并通过经济手段约束承包商履行合同中规定的各项责任和义务，合同条件充分赋予了工程师有关支付方面的权利。对于承包商申请支付的项目，即使达到以上所述的支付条件，但承包商其他方面的工作未能使工程师满意，工程师可通过任何临时证书对其所签发的任何原有的证书进行任何修正或改正，也有权在任何临时证书中删去或减少该工作的价值。所以，承包商的工作使工程师满意，也是工程支付的重要条件。

(三)工程支付的项目与要求

1. 工程量清单项目与要求

工程量清单项目分为一般项目、暂定项目和计日工三种。

1)一般项目

一般项目是指工程量清单中除暂定金额和计日工以外的全部项目。这类项目的支付以经过工程师计量的工程数量为依据，乘以工程量清单列出的单价，其单价一般是不变的。这类项目的支付占了工程费用的绝大部分，工程师应给予足够的重视。但这类支付的程序比较简单，一般通过签发期中支付证书支付进度款。

2)暂定项目

暂定项目是指包括在合同内，供工程任何部分的施工或提供货物、材料、设备或服务，或提供不可预料事件之费用的一项金额。这项金额按照工程师的指示可能全部或部分使用，或根本不予动用。没有工程师的指示，承包商不能进行暂定金额项目的任何工作。

承包商按照工程师的指示完成的暂定金额项目的费用，若能按工程量表中开列的费率和价格估价，则按此估价；否则，承包商应向工程师出示与暂定金额开支有关的所有报价单、发票、凭证、账单或收据。工程师根据上述资料，按照合同的规定，确定支付金额。

3)计日工

使用计日工费用的计算一般采用下述方法：

(1)按合同中包括的计日工作表中所定项目和承包商在其投标书中所确定的费率和价格计算。

(2)对于清单中没有订价的项目,应该按实际发生的费用加上合同中规定的费用计算有关的费用。所以,承包商应向工程师提供可能需要的证实所付款额的收据或其他凭证,并且在订购材料之前向工程师提交订货报价单供其批准。

对这类按计日工作制实施的工程,承包商应在该工程持续进行过程中,每天向监理工程师提交从事该工作的所有工人的姓名、工种和工时的确切清单,一式两份;表明所有该项工程所用和所需材料、设备的种类和数量的报表,一式两份。

2.工程量清单以外项目与要求

1)动员预付款

动员预付款是业主借给承包商进驻场所地和工程施工准备用款。预付款额度的大小,是承包商在投标时,根据业主规定的额度范围(一般为合同价的5% ~10%)和承包商本身资金的情况,提出预付款的额度,并在标书附录中予以明确。

动员预付款的付款条件是:①业主和承包商签订合同协议书;②提供了履约押金或履约保函;③提供动员预付款保函。

在承包商完成上述三个条件的14天内,由工程师向业主提交动员预付款证书。业主收到工程师提交的支付动员预付款证书后在合同规定的时间内按规定的外币比例进行支付。动员预付款相当于业主给承包商的无息贷款。按照合同规定,当承包商的工程进度款累计金额超过合同价格的10% ~20%时开始扣回,至合同规定的竣工日期前3个月全部扣清。用这种方法扣回预付款,一般采用按月等额摊销的办法。如果某一个月支付证书的数额少于应扣数额,其差额可转入下一回扣回。扣回预付款的货币应与业主付款的货币相同。

2)材料设备预付款

材料设备预付款是指运至公司尚未用于工程的材料设备预付款。对承包商买进并运至公司的材料、设备,业主应支付无息预付款,预付款按材料设备的某一比例(通常为材料发票价的70% ~80%,设备发票价的50% ~60%)支付。在支付材料设备预付款时,承包商需提交材料、设备供应合同或订货合同的影印件,要注明所供应材料的性质和金额等主要情况,且材料已运至工地并经工程师认可其质量和储存方式。材料、设备预付款按合同中规定的条款从承包商应得的工程款中分批扣除。扣除次数和各次扣除金额随工程性质不同而异,一般要求在合同规定的完工日期前至少3个月扣清,最好是材料设备刚好用完,该材料设备的预付款即扣还完毕。

3)保留金

保留金是为了确保在施工阶段,或在缺陷责任期间,由于承包商未能履行合同义务,由业主(或工程师)指定他人完成由承包商承担的工作所发生的费用。FIDIC合同条件规定,保留金的款额为合同总价的5%,从第一次付款证书开始,按期中应支付工程款的10%扣留,直至累计扣留达到合同总额的5%。

4)工程变更的费用

工程变更也是工程支付中的一个重要项目。工程变更费用的支付依据是工程变更令和工程师对变更项目所确定的变更费用,支付时间和支付方式也列入期中支付证书予以支付。

5)索赔费用

索赔费用的支付依据是工程师批准的索赔审批书及其计算而得的款额,支付时间则随工程月进度款一并支付。

6)价格调整费用

价格调整费用包括施工过程中出现的劳务和材料费用的变更,后继的法规及其他政策的变化导致的费用变更等。

7)迟付款利息

按照合同规定,业主未能在合同规定的时间内向承包商付款,则承包商有权收取迟付款利息,合同规定业主应付款的时间是在收到工程师颁发的临时付款证书的28天内或最终证书的56天内支付。如果业主未能在规定的时间支付,则业主应在迟付款终止后的第一个月的付款证书中予以支付。

8)违约罚金

对承包商的违约罚金主要包括拖延工期的误期赔偿和未履行合同义务的罚金。这类费用可从承包商的保留金中扣除,也可以从支付给承包商的款项中扣除。

(四)工程价款结算程序

1.承包商提出付款申请

工程费用支付的一般程序是首先由承包商提出付款申请,填报一系列工程师指定格式的月报表,说明承包商认为这段期间其应得的有关款项,包括:①已实施的永久工程的价值;②工程量表中任何其他项目,包括承包商的设备、临时工程、计日工及类似项目;③主要材料及承包商在工地交付的准备为永久工程配套而尚未安装的设备发票价格的一定百分比;④价格调整;⑤按合同规定承包商有权得到的任何其他金额。承包商的付款申请将作为付款证书的附件,但它不是付款的依据,工程师有权对承包商的付款申请作出任何方面的修改。

2.工程师审核,编制期中付款证书

工程师对承包商提交的付款申请进行全面审核,修正或删除不合理的部分,计算付款净金额。计算付款净金额时,应扣除该月扣除的保留金、动员预付款、材料设备预付款、违约罚金等。若净金额小于合同规定的临时支付的最小限额,则工程师不得开具任何付款证书。

3.业主支付

业主收到工程师签发的付款证书后,按合同规定的时间支付给承包商。实践证明,通过对施工过程的各个工序设置一系列签认程序,未经工程师签认的财务报表无效,这样做充分发挥了经济杠杆的作用,控制了项目实施过程中的费用支出。

(五)FIDIC合同条件下的支付程序

1.工程进度款(也称为中期付款)

承包商应在每个月月末按工程师指定的格式向其提交一式六份的报表,详细地说明其认为自己到该月末有权得到的款额,同时提交证明文件(包括月进度报表),作为对工程进度款支付证书的申请。此报表中应包括：

(1)截至该月末已实施的工程及完成的估算合同价值(包括变更)。

(2)建筑工程量清单的任何其他款项,包括承包商的设备、临时工程、计日工等款项。

(3)由于法规变化和费用涨落应增加和扣除的金额。

(4)作为保留金扣减的金额。

(5)因预付款的支付和偿还还应增加和扣除的金额。

(6)根据合同规定,应付的作为永久工程的设备和材料的任何应增加和扣减的金额。

(7)根据合同或其他规定(包括对索赔的规定),应增加和扣减的金额。

(8)以前所有的支付证书中已经证明的扣减款额。

如果合同中包括支付表,规定了合同价格的分期付款数额,则截至该月末已实施的工程及完成的估算合同价值(包括变更)中所述估算合同价值即为支付表中对应的分期付款额,并且不拨付工程设备和材料运抵工地的预支款。如果实际进度落后于支付表中分期支付所依据的进度,则工程师可根据落后的情况决定修正分期支付款。

只有在业主收到并批准了承包商提交的履约保证之后,工程师才能为任何付款开具支付证书,付款才能得到支付。在收到承包商的报表和证明文件后的28天内,工程师应向业主签发期中支付证书,列出其认为应支付给承包商的金额,并提交详细证明材料。在颁发工程的接收证书之前,若该月应付的净金额(扣除保留金和其他应扣款之后)少于投标函附录中对支付证书的最低限额的规定,工程师可暂不开具支付证书,而将此金额累计至下月应付金额中;若工程师认为承包商的工作或提供的货物不完全符合合同要求,可以从应付款项中扣留用于修理或替换的费用,直至修理或替换完毕,如果其对某项工作的执行情况不满意,也有权在证书中删去或减少该项工作的价值,但不得因此而扣发期中支付证书。

监理工程师在签发每月支付证书时,有权对以前签发的证书进行修正。支付证书不代表工程师对工程的接受、批准、同意或满意。

2.竣工结算

在全部工程的移交证书颁发之后的84天内,承包商向工程师提交一份竣工财务报表和结算清单,并应附有按工程师批准的格式所编写的证明文件。竣工报表应包含以下内容：

(1)至工程移交证书中指明的竣工日,按照合同完成的全部工作的最终价值。

(2)承包商认为应支付给其的其他款项,如要求的索赔款,应退还的部分保留金等。

(3)承包商认为按照合同应付给其的补算数额。

工程师接到财务报表和结算清单的28天内,应对竣工图进行工程量详细核算,对其他支付要求进行核查,然后签署竣工结算的支付证书。业主依据工程师的签字予以支付。

3.最终结算

承包商在收到履约证书后56天内,应向工程师提交按照工程师批准的格式编制的最终报表草案并附证明文件,一式六份,该草案应该详细说明以下问题:①根据合同所完成的所有工作的价值;②承包商认为根据合同或其他规定应支付给其的任何其他的款项。

如果工程师不同意或无法核实该草案的任何部分,则承包商应根据工程师的合理要求提交补充的资料,并按照可能商定的意见对草案进行修改。随后,承包商应按已商定的意见编制最终报表并提交给工程师。当最终报表递交之后,承包商根据合同向业主索赔的权利就终止了。

1)结清证明

在提交最终报表时,承包商应给业主一份书面结清证明,进一步证实最终报表的总额,代表了由合同引起的或与合同有关的全部和最后确定应支付给承包商的所有金额,但结清证明只有当最终证书中的款项得到支付和业主退还履约保证书以后才能生效。

2)最终支付证书的颁发

工程师在接到最终报表及书面结清证明后28天内,应向业主发出一份最终付款证书,说明:①最终应支付的款项;②确认业主先前已付的所有金额以及业主有权得到的金额,业主还应支付给承包商或承包商还应支付给业主的余额。

(六)FIDIC合同条件下的支付证书

FIDIC合同条件下的支付证书共有以下五种:期中支付证书、初验证书、终验证书、最终支付证书、合同终止时的评估证书。

1.期中支付证书

按月向承包商支付已经完成工程量的支付证书,即根据工程师代表和承包商双方同意已经测得的工程量签发支付证书。业主必须在工程师收到承包商的付款请求后的56天内予以支付。如果支付被延迟,则承包商有权对未支付部分按合同约定的利率计算方式收取利息,若延迟时间超过合同规定的期限,承包商有权提出暂时停工。

2.初验证书

承包商按合同规定对已完成的工程或合同规定的部分工程提出申请后的28天内,若检验合格,工程师应对申请的整个工程或合同规定的部分工程出具初验证书。

3.终验证书

工程时应在缺陷责任期过后28天内,在对所有工程进行验收并确认所有缺陷责任证书中所列缺陷得到纠正的基础上,向承包商出具终验证书。对承包商而言,只有工程师出具终验证书后才能认为工程被业主正式接受。

4.最终支付证书

在出具终验证书后,工程师必须在合同规定的期限内向承包商出具最终支付证书。

5.合同终止时的评估证书

按合同规定,业主决定终止合同,工程师应在终止日对工程进行评估并出具评估证书。

五、FIDIC合同下条件的风险管理

1999年版的FIDIC合同第4.12款把风险定义为一切不可预见的物质条件,因此风险不再只是一个负面概念,在某些情况下,风险可能是积极的和正面的。例如,在施工现场的某一部分,地表以下土层的地质条件比地质资料中钻孔结果显示的要差,而同时在另一部分的地表以下土层的地质条件比地质资料中钻孔显示的要好。在前一种情况下,承包商有权要求加价,而在后一种情况下,业主有权要求降价。项目的可行性研究是在对影

响项目设计、施工和竣工的种种不确定因素作出假设和预测的基础上进行的，而所有这些都会由于实际情况的逐渐出现而对项目产生直接影响，从而构成了项目的风险。

（1）FIDIC合同的基础是让业主和承包商合理地分别承担风险，其基本原则如下：

①合同规定双方应承担相应的风险；

②一般认为，承包商在投标时已对那些能够在投标时预见的风险进行了定价；

③完成合同规定的工作是承包商的责任，但决定以何种方式去完成这些工作，应不受业主及工程师所左右（合同另有规定应通过业主批准的方式除外）；

④若出现意外情况，对哪些事件承包商能够自行处理，哪些事件必须由业主或工程师同意认可，合同必须作出清楚的界定，并明确规定由此引起的财务后果。

（2）FIDIC合同下典型的项目风险包括：①天气；②设计质量；③不明的地质条件；④业主的破产；⑤设备损失；⑥行业关系；⑦事故；⑧错误；⑨政治事件；⑩犯罪行为。

（3）项目风险控制包括三个阶段：风险识别、风险分析、风险应对。通过风险检验单对可能来源于物质、环境、商业、政治、法律、财务、运营、技术、资源供应等方面的项目风险进行罗列，然后对每一种风险出现的可能性和可能造成的后果进行判断、评估，对较严重的风险进行量化分析，最后对每一种风险采取不同的风险对应方式。风险对应方式一般包括：

①对发生的可能性不大或可能造成的后果影响很小的风险进行忽略；

②通过修改项目的一个或几个方面尽量排除一些风险；

③购买保险或使用分包商转移风险；

④考虑风险造成的费用及其他后果，承担风险并设法驾驭风险。

六、FIDIC合同条件下的工程变更与索赔

（一）FIDIC合同条件下的工程变更

1. FIDIC合同条件下工程变更的内容

根据FIDIC施工合同条件（1999年）的约定，在颁发工程接受证书前的任何时间，工程师可通过发布指示或要求承包人以提交建议书的方式，提出变更，承包人应遵守并执行每项变更，除非承包人立即向工程师发出通知，说明（除详细根据）承包人难以取得变更所需的货物。工程师接到此类通知后，应取消、确认或改变原指示。

每项变更可包括以下内容：

（1）对合同中任何工程量的改变。双方当事人在专用条款中约定工程量变化较大时予以调整单价的幅度。

（2）任何工作的质量或其他特性的变更。

（3）工程任何部分的标高、相对位置及尺寸的改变。

（4）删减任何合同约定的工作内容，但不允许用变更指令的方式将该项工作内容交给其他承包商实施。

（5）新增工程。指增加与合同工作范围性质一致的新工作内容。一般按单独合同来对待。

(6)实施工程的顺序或时间安排的改变。

2. 工程变更的程序

颁发工程证书前的任何时间,工程师可以通过发布变更指令或以要求承包商递交建议书的任何一种方式提出变更。

(1)指令变更。工程师在业主授权范围内根据施工现场的实际情况,在确属需要时有权发布变更指令。指令的内容包括详细的变更内容、变更工程量、变更项目的施工技术要求和有关部门文件图纸,以及变更处理的原则。

(2)要求承包商递交建议书后再确定的变更。其程序如下所述:

①工程师将计划变更事项通知承包商,并要求其递交实施变更的建议书。

②承包商应尽快予以答复。一种情况可能是通知工程师由于受到某些非自身原因的限制而无法执行此项变更;另一种情况是承包商依据工程师的指令递交实施此项变更的说明,内容包括:将要实施的工作的说明书以及该工作实施的进度计划;承包商依据合同规定对进度计划和竣工时间作出任何必要修改的建议,提出工期顺延要求;承包商对变更估价的建议,提出变更费用要求。

③工程师作出是否变更的决定,尽快通知承包商说明批准与否并提出意见。

(3)在这一过程中应注意的问题如下:

①承包商在等待答复期间,不应延误任何工作。

②工程师发出每一项实施变更的指令,应要求承包商记录支出额费用。

③承包商提出的变更建议书只作为工程师决定是否变更的参考。除工程师作出指示或批准以总价方式支付的情况外,每一项变更应依据计量工程量进行估价和支付。

3. 变更估价

1)变更估价的原则

承包人按照工程师的变更指令实施变更工作后,往往会涉及变更工程的估价问题。变更工程的费率或价格往往是双方协商时的焦点。计算变更工程应采用的费率或价格,可分为以下三种情况:

(1)变更工作在工程量表中有同种工作内容的单价,应以该费率计算变更工程费用;

(2)工程量表中虽然列有同类工作内容的单价或价格,但对具体变更工作而言已不适用,则应在原单价和价格的基础上制定合理的新单价和价格;

(3)变更工作的内容在工程量表中没有同类工作的费率和价格,应按照与合同单价水平相一致的原则,确定新的费率或价格。

2)可以调整合同工作单价的原则

具备以下条件时,允许对某一项工作规定的费率或单价加以调整:

(1)此项工作实际测量的工程量比工程量表或其他报表中规定的工程量的变动大于10%;

(2)工程量的变更与对该项工作规定的具体费率的乘积超过了接受的合同款额的0.01%;

(3)由此工程量的变更直接造成该项工作每单位工程量费用的变动超过1%。

3）删减原定工作后对承包商的补偿

工程师发布删减工作的变更指令后，承包商不再实施该部分工作，合同价格中包括的直接费部分没有受到损害，但摊销在该部分的间接费、利润和税金实际上不能合理回收。此时，承包商可以就其损失向工程师发出通知并提供具体的证明资料，工程师与合同双方协商后确定一笔补偿金额加入到合同价内。

（二）FIDIC 合同条件下的工程索赔

1.工程索赔的一般程序

（1）在索赔事件发生后，承包商应在索赔事件发生后的28天内向工程师递交索赔意向通知，并送业主一份副本，声明将对此索赔事件提出索赔。如果超过这个期限，工程师和业主有权拒绝承包商的索赔要求。

（2）从索赔事件发生之日起，承包商就应作好现场条件和施工情况的同期记录，最后提交索赔报告。承包商提交索赔意向通知后的28天内，或是在工程师可能的其他合理时间内，承包商递送正式的索赔报告。在该项索赔事件影响结束后的28天内，最终提交详细报告提出索赔资料和累计索赔额。

（3）工程师收到承包商提出的索赔通知后，对同期现场记录及索赔报告进行审查。当工程师校核了同期记录之后，为了使合同双方对索赔达成一致，工程师必须积极穿梭于业主和承包商之间，通过一次或多次的协商使业主和承包商就索赔处理达成一致性意见，并且索赔报告经业主批准后，工程师就可签发支付证书，根据 FIDIC 合同（1994年）第60条的规定：业主应在收到临时付款证书后的28天内向承包商支付，最终证书应在56天内支付。若未按规定时间付款，则应按投标书附录中规定的利率计算。

为有效处理索赔并尽量减轻对工程合同的负面影响，最关键的是无论是工程师代表还是承包商代表，在整个合同期间要保存如下全面详尽的记录：现场日记、进度资料及照片、人力和设备损耗、周报和月报、更新的施工计划、会议记录、现场指令、变更指令、图纸发布登记、财务卷宗、往来函电卷宗等，并就特别事件在合同规定的范围内向业主提交索赔意向、索赔报告及程序性文件。

2.国际工程承包合同索赔争端解决的方式及程序

工程索赔通常有以下两类：

（1）可以根据合同随时解决的。

（2）需要司法解释或经征求工程师意见后提交争端调解委员会或最终提交仲裁解决的。

在国际工程承包合同索赔出现争端时，FIDIC 合同条件形成了国际工程承包合同特有的争端评审委员会（即 DRB）方式和争端裁决委员会（即 DAB）方式。

DRB 方式和 DAB 方式是介于工程师处理争端和仲裁诉讼处理争端之间的一种解决争端的方式。其争端的解决程序并不影响工程师处理争端的程序，当任一方对工程师的决定不满意时，均可将争端事项提交 DRB 或 DAB，且在合同规定的时间内，任一方仍不满意 DRB 或 DAB 的建议，还可提交仲裁或提起诉讼；否则，DRB 或 DAB 的决定将是终局的，对双方均有约束力。运用 DRB 方式与 DAB 方式解决争端快捷省时，对项目的干扰小，所需费用低。DRB 方式与 DAB 方式的成员均是双方认可的技术专家，所作出的决定双方都应认可和接受，并得到执行。

（1）争端评审委员会方式是在国际工程承包实践中，逐步发展起来的一种新的解决争端的方式。DRB 方式的出现代替了工程师解决争端的作用，同时也克服了工程师自己解决争端的种种弊病。DRB 方式是一种介于工程师处理和仲裁或诉讼处理争端之间的解决争端的方式。这种在国际工程承包业中特有的解决争端的方式，本质上属于一种非诉讼的性质，即 ADR（Alternative Dispute Resolution）性质的解决争端方式。通常的争端评审委员由 3 名成员组成，由业主方与承包商各指定 1 名成员，再由该两名成员聘请第 3 名成员。若双方决定采用 DRB 方式，则应在合同正式开始改造之前组成争端评审委员会，并在合同签订之后开始工作。

（2）争端裁决委员会方式也是一种 ADR，即非诉讼性质的争端解决的方式。它是对 DRB 方式改进而形成的一种更合理、更完善的解决争端的方式。DAB 方式也是由 3 名成员组成的，先由业主和承包商各提名 1 位 DAB 委员，由对方批准后，合同双方再与这两人协商确定第 3 位委员作为主席，共同组成 DAB。DAB 委员的报酬由双方平均支付。

七、FIDIC 合同条件下的项目管理与费用管理

（一）项目管理

FIDIC 合同对于项目管理的各方面规定得非常详细、具体，包括了国际标准项目管理的所有方面，是可操作性非常强的一套项目管理系统。FIDIC 合同反映了当前建设项目业主对施工阶段进行管理的国际最高水平。各施工单位的主管施工生产的领导应使自己主管的施工处、企管办、计划处、财务处、物资处、设备处、安质处等职能处，尽快适应FIDIC 合同管理模式，配合业主（工程师）完成项目。

项目管理就是利用有关知识、经验和技术对项目全过程进行规划、组织、协调和控制。

我国项目业主单位一般都要建立项目管理班子，制定系统而周密的管理计划，对项目的范围、费用、时间、质量、资源、风险、环境、项目管理班子自身建设等多方面进行全方位的管理。而国际上业主单位将项目施工阶段的绝大部分日常管理职责交给了工程师（监理工程师或咨询工程师），理由有：

（1）拥有具有足够经验的项目管理人员；

（2）当业主与承包商发生分歧时，工程师可在业主与承包商之间公正行事；

（3）工程师一般都要参加可研、规划、工程设计等，主要是解决诸如详细设计、对技术因素的解释、测量工程量和工程估价以及相关索赔所有的争端问题。

一般建设项目的实施和监理工作由完成项目准备工作的同一家咨询公司承担。这样可保证合同文件在实施阶段得到正确的解释，且在项目实施过程中发现需要作出设计变更时能从根本上符合原来的规划。如核电站和大型工业生产项目，都是在合同签署后根据工程的进度需要，组织设计咨询公司编制施工图纸的。

（二）费用管理

FIDIC 合同对项目费用管理的条款主要有以下 17 个方面：

（1）买卖双方对项目现场勘察：业主应当在承包商递交投标书之前向其提交涉及本工程勘探中所取得的水文及地表以下的资料，但是承包商应自己负责解释上述资料。应

当认为承包商在递交投标书之前,已经对现场、现场周围的环境以及与之有关的现有手头资料进行了考察和研究,并在尽可能地考虑费用和时间因素之后认为下列各方面已经满足了自己的要求:①现有资料的形势和性质,包括地下情况;②水文和气候条件;③尾工程施工、竣工以及修补其中任何缺陷所需的工作和材料的范围与性质;④进出现场的手段以及承包商可能要求的驻扎条件;⑤已经取得了有关可能影响投标书的风险、不可预见事件和所有其他情况的上述全部资料;⑥投标书是根据上述业主提供的现有资料和承包商通过自己的考察和研究而获得的资料编制的。以上从表面上看都是关于现场的,但实质上是控制工作费用,而且是控制工程费用的最重要条款之一。首先,该款要求业主和担任设计任务的建筑师或工程师(可能就是施工阶段的工程师)在项目初级阶段收集了尽可能完整的资料,作为设计、估算费用、编制图纸和其他合同文件的依据。如果资料不完整,则设计、费用估算、图纸和其他合同文件就不会合理,其隐患在施工过程中必然要暴露出来,最终要导致工程费用的增加。另外,如果业主不进行必要的勘探,取得尽可能详尽的水文、地质和地下情况的资料,或虽然已经取得,却不向承包商提供,则承包商会有多种办法对付:第一,自己反复到现场来考察,甚至进行勘探,不管结果如何,其费用都将计入报价;第二,把不完整的数据资料作为一种不确定性因素,报价中列入数额很大的不可预见费,这种费用最终要由业主支付;第三,在施工过程中根据 FIDIC 合同的其他条款进行费用上和时间上的索赔,其结果仍然是业主受损害。当然,为了避免在提供资料上无限制地支出费用,并为了促使承包商在编制投标书时认真、仔细地考虑现场条件,业主在相应条款中对自己承担的责任作了限制,而将其余责任推给了承包商。健全的建筑市场奉行诚信原则,交易双方应把同交易有关的信息毫无保留地通知对方,这样做实际上对自己有利。防止承包商多要钱是控制费用,避免承包商亏损也是控制费用。

(2)承包商应提交的现金流量估算是控制工程费用的最重要条款之一。其规定:在收到中标通知书以后以及在规定的时间内,承包商应当每季度向工程师提交一份根据合同其有权得到所有付款的详细现金流量估算。业主有了这样的现金流量估算:一方面能根据工程的进展情况及时准备工程需要的资金,不影响施工进度;另一方面,业主不可能也不应该将工程所需要的全部资金一下子备齐,放在一边,专供本工程随时支出,对工程费用进行动态管理,可以大大降低工程所需资金的成本。

(3)对变更的估价。所有变更以及要求按照实际情况予以确定的合同价格的任何增加,应以合同中规定的费率和价格计算,若做不到这一点,则在工程师与业主和承包商适当协商之后,工程师和承包商商定一个合适的费率和价格,若双方意见不统一,工程师有权确定他认为合适的此类费率和价格。代表业主利益的工程师握有主动权和控制权。

(4)计日工费用。控制作用是有限的,基本上是承包商要多少,工程师就得批多少。计日工通常作为一项暂定金额列在工程量清单中,用于无法归于工程量清单的任何一项零星工作。FIDIC 合同设这样一条是为业主从大处考虑的。如果为取消计日工而把工程量清单和其他有关合同文件变得很精确后再招标,不但会错过市场机会,而且会导致贷款利息的增加。工程早日投入使用带来的效益将大大抵消计日工多付出的费用。

(5)对工作量、需测量工作的测量方法。FIDIC 合同是单价合同,在施工过程中业主按照承包商实际完成的工作量及其投标时报出的单价按月向承包商付款。测量实际完成的工作量就成了控制工作费用的关键。

(6)暂定金额。除用于计日工外,还用于不可预料事件、工程某些特殊部分需要使用的指定分包合同。FIDIC 合同把暂定金额使用的支配权完全交给了工程师。暂定金额的设置是 FIDIC 合同让业主控制工程费用的明智之举,如果不可预料事件使工程受到影响,而业主却没有额外的资金用以解决,造成工程停顿,不能竣工投产,其损失就更难以预料。因此,暂定金额制度是架设项目费用的战略性管理。但我们的一些业主在报有关部门批准项目时,尽量减少数额,远远少于实际需要,以求顺利过关,然而在获得批准和开工后,这样的项目常常因为资金不足而迟迟不能完工,不能及时形成生产力,给国家和人民造成极大的损失。

(7)每月的支付和支付时间。工程师在接到报表(由承包商提供的反映工程量、工程款、工程变更等方面的表格)28 天内向业主开出他认为上述报表中到期应支付给承包商的数额的支付证书及在接到支付证书后 28 天内由业主支付给承包商。在国际上,业主充分认识到流动资金对承包商顺利完成工程的重要性,因此 FIDIC 合同中严格规定了工程师签发支付证书和业主向承包商支付的时间。业主体谅承包商实际上还是为自己着想,为的是控制项目的总费用;而我们的有些业主,做法与国际惯例相反,经常拖欠工程款。

(8)图纸延误和延误的费用。

(9)样品费用、检验费用、未规定的检验费用、工程师对于未规定检验的决定。

(10)误期赔偿费和误期赔偿费的折减。

(11)对指定分包商的付款。

(12)对指定分包商付款的证明。

(13)月报表、每月的支付、保留金的支付。

(14)特殊风险对工程的损害。

(15)由特殊风险引起的费用增加。

(16)费用和法规的变化。

(17)货币和汇率。

第二节　NEC 条件下工程造价的控制与管理

一、合同简介

NEC(New Engineering Contract,新工程合同)条件是 ICE(the Institution of Civil Engineers,英国土木工程师学会)于 1993 年制定出版的适用于国际工程采购和承包领域的标准合同条件。它与传统的工程合同条件有明显的差异,其指导思想是:力图促使合同的参与方按现代项目管理的原理和实践,管理好其自身的工作,并鼓励良好的工程管理,以实现每一项目业主的目标——质量、成本、工期等。

传统施工合同的制定几乎都建立在业主与承包商相对立的商业目标基础上,合同的实施过程常常被利用为索赔机会并导致争端,承包商投标时研究的投标策略,在项目实施中进行合同研究等管理工作都为了寻找索赔的机会。而咨询工程师为了降低成本,获得业主的青睐,不得不在处理争端事件中利用自身的权利,维护业主的利益。承包商为了获取更多的利润,千方百计争取在争端中获胜,力争在争端中获得更多付款,所付出的努力大于其应尽力在施工中降低成本而获利所付出的努力。NEC 首先引入合同双方“合作合伙”(Partnering)的思路来管理工程项目,以减少或避免争端。合同双方虽有不同的商业目标,但可以通过共同预测及防范风险来实现项目目标,同时实现各自的商业目标。NEC 强调合同双方的合作,强调各自的管理工作,鼓励开展良好的管理实践以减少或避免争端,使合同参与各方均受益。业主可从项目达到预期目标而受益,承包商可从施工中节省成本并充分地在工程实践中运用他们的施工技术而获利。

我国从事涉外工程的承包人员对传统的 FIDIC 合同条件较为熟悉,而 NEC 作为满足业主、咨询工程师及承包商合作新形式的合同文本,已在一些国家不同类型的工程中得到使用,尤其是英联邦国家。学习和把握 NEC 工程施工合同及其合同条件下的工程造价管理与控制,不但有利于我国的施工企业、咨询监理公司熟悉国际工程治理惯例,而且对我国建筑企业进一步开拓发达国家市场、参与国际竞争来说,也是十分必要的。

二、NEC 的组成内容

NEC 包括核心条款、主要选项条款、次要选项条款、成本组成简表、合同资料格式等。现分述如下。

(一)核心条款

工程合同的核心条款有:①总则;②承包商的主要责任;③工期;④测试和缺陷;⑤付款;⑥补偿事件;⑦所有权;⑧风险和保险;⑨争端和合同终止。

(二)主要选项条款

合同主要选项条款分别说明了六种不同的工程计价的结算方法,雇主选择实施项目合同的策略。当开始准备每个合同招标文件时,雇主应对自己的选择再作一次评价,从自身的技术力量、资金条件、风险控制能力、管理协调能力、承包商的风险承受能力等方面考虑,决定从 NEC 系列的选项中使用什么类型的合同。合同的主要选项有:①带有分项工程表的标价合同;②带有工程量清单的标价合同;③带有分项工程表的目标合同;④带有工程量清单的目标合同;⑤成本偿付合同;⑥管理合同。

(三)次要选项条款

NEC 合同中有 26 项选项条款从 A 到 Z 供选择,相当于传统合同里面的专用条款性质,A 到 F 为主要选项,每项合同可根据情况选择其中一项,次要选项条款从 G 到 Z,可单独选用或组合选用。次要选项分别说明在不同情况下的风险承担、价款调整及奖罚等系列条款或附加条件。

(四)成本组成表

成本组成表是承包商报价的成本明细表,是发生补偿事件时的计价基础资料。

三、NEC 条件下的项目组织

(一)FIDIC 传统合同的项目组织

传统合同的组织结构如图 8-3 所示,它反映了业主方与承包方两大阵营的对立。在工程实践活动中,业主方掌握主动,可以把工程中固有的风险尽量转移至承包方身上。

FIDIC 合同条件授予了咨询工程师至高无上的权利,因而权利与义务应当平等的合同关系受到了破坏,导致争端产生,索赔不断。

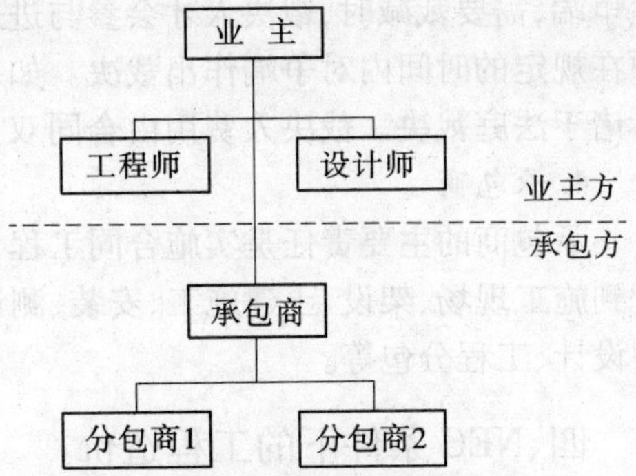

图 8-3　传统工程合同中合同参与方之间的组织关系

(二)NEC 中参与方之间的合同关系

工程施工合同是雇主和承包商之间订立的合同。NEC 专业服务合同是雇主与项目经理、设计师、监理工程师订立的合同,裁决人合同是雇主和承包商与裁决人订立的合同。

NEC 项目组织关系如图 8-4 所示。

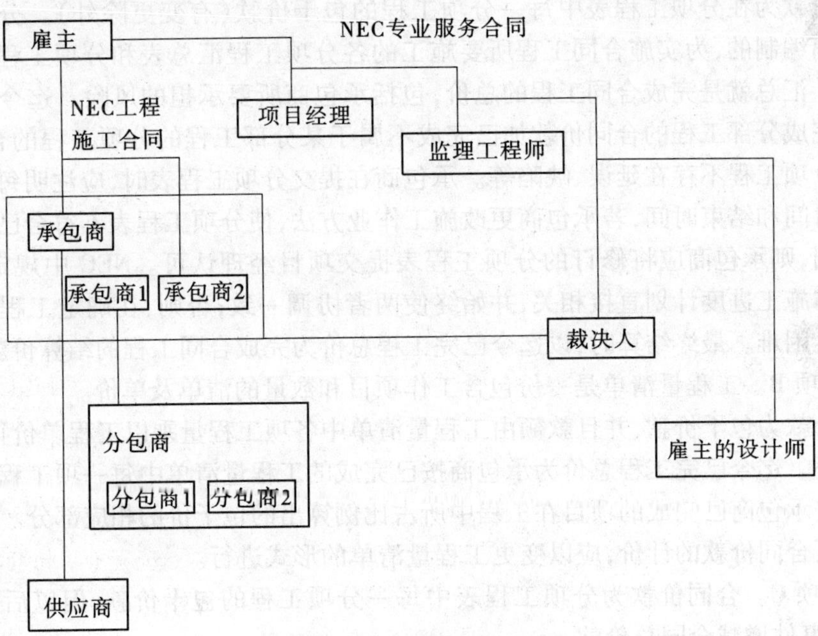

图 8-4　NEC 项目组织关系

1. 项目经理

项目经理是由雇主从其自己或外面的人中任命,项目经理在合同中的作用是为雇主管理合同,目的在于实现雇主所期望的工程目标。项目经理的责任包括代表雇主行使权利,就有关设计的采购、成本和工期的估算,可选施工方案的优劣以及选定最合适的合同策略方面为雇主提供咨询。

2. 监理工程师

监理工程师是由雇主为某一特定合同而指定的,主要作用是检查工程施工是否符合合同要求,可能需要质量检查员或工程管理人员协助。

3. 裁决人

裁决人是由雇主和承包商为双方订立合同联合指定的。只有当雇主和承包商双方发生争端，需要裁减时，裁决人才会参与进来，作为独立于雇主和承包商双方的人，裁决人必须在规定的时间内对争端作出裁决。如果合同任何一方不接受他的裁决，他们可以继续诉诸于法庭裁决。裁决人费用由合同双方平均承担。

4. 承包商

承包商的主要责任是实施合同工程，提供一切必要的资源以达到包括设计、制作、发货到施工现场、架设、土建施工、安装、测试和修补缺陷在内的最终目的，以及进行施工设备设计、工程分包等。

四、NEC 条件下的工程造价

六种主要选项下价款确定如下。

(1)选项 A。带有分项工程表的标价合同。

合同价款为在分项工程表中每一分项工程的包干价款（有变更除外）。分项工程表是由承包商编制的，为实施合同工程所要施工的各分项工程汇总表和分项工程报价。这些款项合计汇总就是完成合同工程的总价，包括承包商所要承担的风险。迄今已完工程总价为已完成分部工程的合同价款加已完成不属于某分部工程的分项工程的合同价款，并且这些分项工程不存在延误、缺陷等。承包商在提交分项工程表时，应注明每一分项工程的开始时间和结束时间，若承包商更改施工作业方法，使分项工程表不符合已认可的施工进度计划，则承包商应将修订的分项工程表提交项目经理认可。NEC 中规定，分项工程表必须与施工进度计划直接相关，并始终使两者协调一致；否则，在确定工程价款应付款额时产生困难。最终结算时，以迄今已完工程总价为完成合同工程的结算价款。

(2)选项 B。工程量清单是一份包含工作项目和数量的清单及单价。

合同价款为包干价款，并且款额由工程量清单中各项工程量乘以工程单价得出，但有变更时除外。迄今已完工程总价为承包商按已完成的工程量清单中每一项工程量乘以工程单价及按承包商已完成的项目在工程中所占比例算出的包干价的相应部分。对因补偿事件而变更合同价款的计价，应以变更工程量清单的形式进行。

(3)选项 C。合同价款为分项工程表中每一分项工程的包干价款，但以后合同变更时，以补偿事件增减合同总价款。

合同价款主要是用来决定承包商分摊金额的。迄今已完工程总价为承包商已支付的实际成本加间接费，实际成本为各分包工程给各分包商应付款项和未分包工程成本组成表中各组成部分的费用，减去拒付费用。拒付费用是指由项目经理决定的下列费用：

①承包商的账单和记录不能证明为合理的费用；

②按分包合同不应支付给分包商的费用；

③承包商为遵循工程信息中规定的验收或采购程序造成的费用；

④因补偿事件支付给分包商多于已认可补偿事件报价或计价所引起的费用；

⑤竣工后改正缺陷的费用；

⑥改正因承包商未遵从工程信息中规定的实施合同工程所用方法而造成的缺陷的费用；

⑦实施合同工程时未使用的设备和材料（考虑了合理损耗后）的费用；

⑧未用于实施合同工程资源（考虑了合理的可用性和利用率后），或当项目经理提出

要求后未从施工作业区撤离的资源的费用。

对因补偿事件而变更合同价款的计价，应以变更分项工程表的形式进行，双方同意条件下亦可使用成本组成简表对补偿事件计价。

承包商分摊金额：项目经理对合同价款与迄今已完工程价款的差额中承包商应分摊的金额进行计价审核，分摊金额计算分段范围的界线为迄今已完工程价除以合同价款总额，以百分率表示。若迄今已完工程价款少于合同价款总额，承包商应得所节约部分中的分摊金额。若迄今已完工程总价多于合同价款总额，则承包商应支付所超过部分中的分摊金额。最终结算合同终止时，项目经理应在签发合同终止证书后，对承包商的分摊金额进行计价审核。计价审核应以合同终止时迄今已完工程价款和合同终止前已完成的合同价款总额为基础结算。

(4)选项D。带有工程量清单的目标合同。

合同价款由工程量清单中各项工程量乘以单价得出，为包干价款，有变更时除外。其余同选项C。

(5)选项E。成本偿付合同。

合同价款为实际成本加间接费。迄今已完工程总价为承包商已支付的实际成本加间接费。实际成本为支付给各分包工程分包商应付款项和未分包工程成本组成表中各组成部分的费用减去拒付费用。拒付费用同选项C。

(6)选项F。管理合同。

合同价款为实际成本加间接费。迄今已完工程总价为承包商认可已支付的实际成本加间接费。实际成本为支付给分包工程分包商的款额减去拒付费用。拒付费用同选项C的前四项。

五、NEC的风险及分摊和补偿事件

(一)NEC条件下的风险

1.雇主的风险

(1)索赔、诉讼、补偿和应付费用。

(2)雇主或代表雇主的其他方向承包商提供的设备和材料，在承包商收货并认可前发生损失和损坏。

(3)已为雇主接收的合同工程某一部分的损失和损坏，但不包括在缺陷证书签发前由于一些原因引起的损失和损坏。

(4)合同终止后，合同工程以及雇主尚保留在工地现场的设备及材料的损失和损坏，但不包括合同终止后因承包商在工地现场内活动引起的损失和损坏。

2.承包商的风险

自开工日至缺陷证书签发，凡不属于雇主承担的风险均由承包商承担。

(二)NEC的风险分摊

NEC的六个主要计价方式，不同的主要选项提供各种风险在雇主和承包商之间不同的基本分摊方案。由于风险分摊不一样，每个选项使用不同的向承包商付款的方式。

选项A：带有分项工程表的标价合同，合同中的分项工程表是一个由承包商制定的，为实施合同工程所要施工的各分项工程的汇总表。当承包商对分项工程表报价后，每个分项工程的固定总价就是雇主支付给承包商该项工程的款项。这些款项的总和就是承包商完成整个合同工程的价格，包括所有承包商要承担的风险，计价方式为承包商的间接费率乘以实际成本，在双方同意的条件下，承包商可依成本组成简表对补偿事件计价。选项A提供的是阶段付款。

选项B：带有工程量清单的标价合同，工程量清单是一份包括工作项目和数量的清单。投标人根据招标文件提供的资料以及承包商应承担的所有风险对工程各个工作项目进行报价。与FIDIC合同计价方式基本相似。

选项C和选项D：带有分项工程表或工程量清单的目标合同，目标合同的财务风险按照下面方法由雇主和承包商共同分担：

(1)承包商通过使用分项工程表或工程量清单以合同总价的形式报出目标价格。目标价格包括承包商估算的实际成本加其他成本以及承包商间接税中的治理费和利润。

(2)承包商按实际成本的间接费率报出自己的间接费。

(3)在合同执行的过程中，承包商得到的款项是实际成本加间接费，即迄今已完工程总价，可因补偿事件和通货膨胀因素而调整。

(4)在合同结束之时，承包商根据合同资料中提供的计算公式应得到(或支付)最终合同总价与最终迄今已完工程总价之间的分摊金额。

选项E：成本补偿合同在这种合同中，承包商除承担那些需要管理自己的雇员和资源的风险外，不再承担成本风险。承包商得到的款项是实际成本加上所报价的间接费。

(三)补偿事件

补偿事件指非承包商过失而引起的事件，承包商有权要求根据补偿事件对合同价款作出补偿。NEC核心条款有18项补偿事件，因项目经理、雇主、监理工程师造成的工程成本的增加如下：

(1)项目经理发出指令变更工程信息(非承包商原因造成)。

(2)在已认可的施工进度计划所要求的占有日与某一部分工地现场的现场占有日两者较迟日期之前，雇主未将该部分工地现场的占有权交给承包商。

(3)在已认可的施工进度计划所要求的日期内，雇主未提供应由其提供的物品或条件。

(4)项目经理发出某一工程停工指令或不开工指令等。

因自然因素造成的工程成本的增加如下：

(1)承包商在工地现场遇到非气象条件引起的以及有经验承包商判断在合同生效日出现几率极小而有理由不予考虑的实际条件。

(2)所记录的实际气象数据与气象资料相比表明，该值平均出现频率低于十年一遇。

(四)成本组成表

工程施工合同中的成本组成表用途：规定了因补偿事件引起成本变化计价中所包含的成本组成项目，规定了承包商可直接得到补偿的成本组成项目。成本组成表不适合选项F。

成本组成表中包括人员费用、施工设备成本组成、设备和材料成本、各类收费、制造和组装费用、设计费用、支付保险费用成本等项目。

（五）通知补偿事件

此类事件均因项目经理或监理工程师行为引起。当事件发生时项目经理应通知承包商并发出提交报价的指令。当补偿事件是由于承包商原因引起的或报价已提交时，不发报价提交指令。然而，为避免出现问题，一般项目经理通知补偿事件时，同时说明不发提交报价指令的理由，承包商必须执行指令或变更后的决定。

（六）对补偿事件的报价

（1）用区别于认可的方案其他方法来调整工程计划以处理补偿事件及其后果。

（2）报价应是包括工期和费用在内的“一揽子”报价。这里的报价指根据补偿事件所引起的预测或有记录的实际成本和时间的计价基础编制，要求有报价的明细组成。

（3）时限的规定旨在促进合同过程有效管理。一般承包商应在接到项目经理要求报价指令后三周内提交报价，除非双方在事前已达成协议。

（七）对补偿事件的计价

由于补偿事件会影响工程价款，所以对补偿事件的计价以其实际成本加上间接费的影响为基础计价，通常是指对将实施的工程所需成本的预测，但有时也包括已完工程的实际发生成本。

（1）根据补偿事件对已实施工程的实际成本和尚未实施工程的预计实际成本，以及由此产生的间接费的影响来计算合同价款的改变。

（2）若补偿事件的影响使实际成本总额减少，除合同规定另有说明外，合同价款不予减少。但当该事件为变更工程信息或更正项目经理为先前补偿事件的计价所做的假定条件时，则合同价款予以减少。

（3）竣工日的延误指由于补偿事件是预期竣工日期迟于已认可的施工进度计划所示的计划竣工日期，并以一个时间段表示。

（4）若项目经理已将其决定通知承包商，认为承包商未就补偿事件发出过一个有经验的承包商应发出的早期警告，则该补偿事件按承包商未发出过早期警告的情形计价。

（5）对补偿事件影响的计算应包括发生几率极大且按本合同属于承包商风险的问题的费用和风险机动时间。

（6）计价所依据的假定条件是承包商对补偿事件能做出应有的及时反应、补偿事件引起的额外实际成本和耗用时间较为合理，并且已认可的施工进度计划可以修改。

（7）为消除歧义和矛盾而变更的工程信息所发出的指令属补偿事件，按下述原则计算：若变更由雇主提供的工程信息，则该补偿事件的影响按合同价款和竣工日对承包商最有利的解释进行计价；若变更由承包商提供的工程信息，则该补偿事件影响按合同价款和竣工日对雇主有利的解释进行计价。

（八）项目经理自行计价

项目经理在以下情况自行对补偿事件进行计价：

（1）承包商在允许时间内尚未提交所要求的报价及其详细计价的；项目经理作出的决定，认为承包商在报价中未对补偿事件正确计价，并且不再指令承包商提交修正的报价时；承包商提交补偿事件报价时，未提交本合同要求提交的施工进度计划；承包商提交补偿事件报价的同时，项目经理以本合同说明的某一理由未认可承包商的最新施工进度计划。

(2)项目经理以自己对剩余工程的施工进度计划的估价来计价补偿事件，若无已认可的施工进度计划或承包商未按本合同要求修正的施工进度计划提交认可。

(3)项目经理应在允许承包商为同一补偿事件提交报价所需的期限内，将其对补偿事件的计价连同其详细的计价资料通知承包商，此期限从项目经理自行计价的必要性显而易见时开始。

六、合同争端的解决

传统合同形式中解决争端的唯一手段是仲裁或诉讼，而这两种方法费时且费用不菲。新工程合同体系引入了一种以裁决形式的独立解决争端的中间手段。此举旨在使一切争端均交由雇主和承包商共同指定的独立工作的裁决人解决，但当事人一方不满意裁决人的决定时，亦可将该争端提交法庭或仲裁。

(一)争端的解决

任何在 NEC 条件下或与本合同有关而引起的争端应按表 8-1 提交裁决人，裁决人按表 8-1 解决。

表 8-1　合同争端的解决办法

争端起因	应由何方提交裁决人	应在何时提交裁决人
项目经理和监理工程师的作为	承包商	承包商向项目经理通知争端后 2 ~4 周内，此通知应在承包商觉察该行为 4 周内发出
项目经理和监理工程师的不作为	承包商	承包商向项目经理通知争端后 2 ~4 周内，此通知应在承包商觉察该行为 4 周内发出
任何其他原因	任一当事人	向另一当事方和项目经理通知争端后 2 ~4 周内

承包人应在本合同允许时限内，将其决定连同理由通知当事双方和项目经理以解决争端。当事双方和项目经理应继续正常工作，直至争端解决，如同争端未发生。除非直至经法庭改正，裁决人的决定为最终的和最有约束力的解决方案。

(二)裁决

(1)将争端提交裁决人的当事方，应在提交争端时一并提交供裁决人考虑的以解决争端的资料。某一当事方应在此后 4 周内提供供裁决人考虑的进一步资料。裁决人应在资料提供期限截止后 4 周内通知其决定，裁决人可视争端性质并经当事双方同意，要求延长本条规定的 2 ~4 周期限。

(2)若在分包合同下或与分包合同有关而引起争端的事项，亦视同在本合同下或与本合同有关而引起争端的事项，承包商可在将主合同争端提交裁决人时一起提交该分包合同争端。裁决人随后应将此两种争端一起解决，因争端涉及的当事双方应解释为包括分包商在内。

(三)裁决人

裁决人作为独立裁决人而非仲裁人来解决争端。由于当事双方之间的合同义务决定其具有强制性质,而不是一种仲裁裁决。裁决人的权利包括对与争端有关的项目经理和监理工程师的任何行为或不作为的审查和修正。某一当事方与裁决人之间的任何函件也应送至另一当事方。若裁决人的决定包含对承包商额外费用计价或工期延误的计算,其方法与补偿事件的计价方法相同。

思考题与习题

1. 简述 FIDIC 组织成立的时间、地点及其宗旨。
2. FIDIC 合同在项目管理中包括哪些内容?
3. FIDIC 合同条件下项目有哪些参与方?各方的工作内容有哪些规定?
4. FIDIC 合同条件下有哪些证书?
5. 简述 FIDIC 合同的风险承担的基本原则。
6. 简述 NEC 的宗旨。
7. FIDIC 合同在项目管理中包括哪些内容?
8. 简述补偿事件计价原则。
9. 采用 FIDIC 合同有哪些限制条件?
10. 简述国际工程造价的组成。开办费包括哪些内容?
11. FIDIC 合同条件下工程造价的费用组成形式有哪些?
12. 简述工程变更的一般内容。
13. FIDIC 合同索赔争端解决的方式有哪几种?
14. NEC 与传统合同有哪些区别?
15. NEC 条件下项目有哪些参与方?各方的工作内容有哪些?
16. NEC 条件下工程造价的形式有哪几种?
17. NEC 的风险雇主承担的风险有哪些?
18. 简述 NEC 争端解决的方式。

参考文献

[1] 2007 年全国一级建造师执业资格考试用书编写委员会. 建设工程管理与实务[M]. 北京:中国建筑工业出版社,2007.

[2] 2009 年全国造价工程师执业资格考试培训教材编审组. 工程造价计价与控制[M]. 北京:中国计划出版社,2009.

[3] 郭婧娟. 工程造价管理[M]. 北京:清华大学出版社,北京交通大学出版社,2008.

[4] 吴怀俊,马楠. 工程造价管理[M]. 北京:人民交通出版社,2007.

[5] 何增勤. 工程项目投标策略[M]. 天津:天津大学出版社,2005.

[6] 吴现立,冯占红. 工程造价控制与管理[M]. 武汉:武汉理工大学出版社,2008.

[7] 张凌云. 工程造价控制[M]. 北京:中国建筑工业出版社,2008.

[8] 尚梅. 工程估价与造价管理[M]. 北京:化学工业出版社,2008.

[9] 李建峰. 工程计价与造价管理[M]. 北京:中国电力出版社,2007.

[10] 中华人民共和国建设部,中华人民共和国国家质量监督检验检疫总局. GB 50500—2008 建设工程工程量清单计价规范[S]. 北京:中国计划工业出版社,2008.